“十二五”国家重点出版规划项目
雷达与探测前沿技术丛书

雷达标校技术

Radar Calibration Technology

张中升　王志辉　编著

国防工業出版社
·北京·

内容简介

本书首先讲述雷达测量精度的定义以及雷达常规标校技术等基础内容，然后结合大量的工程案例，深入介绍系列前沿标校技术，如电视标校、GPS/北斗标校、三角交会标校、射电星标校以及卫星标校等，并给出了自动化标校、精度校验和卫星跟踪规划的实现方法。

本书适合作为"雷达系统设计""电子设备结构"等专业的本科选修课教材，也可用作"雷达系统工程"等相关专业的研究生教材，并可供从事雷达系统总体、武器系统总体专业相关工作的科研和工程技术人员阅读和参考。

图书在版编目(CIP)数据

雷达标校技术 / 张中升，王志辉编著. —北京：国防工业出版社，2017.12
(雷达与探测前沿技术丛书)
ISBN 978-7-118-11422-5

Ⅰ. ①雷… Ⅱ. ①张… ②王… Ⅲ. ①雷达技术
Ⅳ. ①TN95

中国版本图书馆 CIP 数据核字(2018)第 021513 号

※

国防工业出版社出版发行
(北京市海淀区紫竹院南路 23 号　邮政编码 100048)
天津嘉恒印务有限公司印刷
新华书店经售

*

开本 710×1000　1/16　**印张** 17¼　**字数** 318 千字
2017 年 12 月第 1 版第 1 次印刷　**印数** 1—3000 册　**定价** 89.00 元

国防书店：(010)88540777　发行邮购：(010)88540776
发行传真：(010)88540755　发行业务：(010)88540717

“雷达与探测前沿技术丛书”
编审委员会

编辑委员会

总　序

雷达在第二次世界大战中初露头角。战后，美国麻省理工学院辐射实验室集合各方面的专家，总结战争期间的经验，于1950年前后出版了一套雷达丛书，共28个分册，对雷达技术做了全面总结，几乎成为当时雷达设计者的必备读物。我国的雷达研制也从那时开始，经过几十年的发展，到21世纪初，我国雷达技术在很多方面已进入国际先进行列。为总结这一时期的经验，中国电子科技集团公司曾经组织老一代专家撰著了"雷达技术丛书"，全面总结他们的工作经验，给雷达领域的工程技术人员留下了宝贵的知识财富。

电子技术的迅猛发展，促使雷达在内涵、技术和形态上快速更新，应用不断扩展。为了探索雷达领域前沿技术，我们又组织编写了本套"雷达与探测前沿技术丛书"。与以往雷达相关丛书显著不同的是，本套丛书并不完全是作者成熟的经验总结，大部分是专家根据国内外技术发展，对雷达前沿技术的探索性研究。内容主要依托雷达与探测一线专业技术人员的最新研究成果、发明专利、学术论文等，对现代雷达与探测技术的国内外进展、相关理论、工程应用等进行了广泛深入研究和总结，展示近十年来我国在雷达前沿技术方面的研制成果。本套丛书的出版力求能促进从事雷达与探测相关领域研究的科研人员及相关产品的使用人员更好地进行学术探索和创新实践。

本套丛书保持了每一个分册的相对独立性和完整性，重点是对前沿技术的介绍，读者可选择感兴趣的分册阅读。丛书共41个分册，内容包括频率扩展、协同探测、新技术体制、合成孔径雷达、新雷达应用、目标与环境、数字技术、微电子技术八个方面。

(一) 雷达频率迅速扩展是近年来表现出的明显趋势，新频段的开发、带宽的剧增使雷达的应用更加广泛。本套丛书遴选的频率扩展内容的著作共4个分册：

(1)《毫米波辐射无源探测技术》分册中没有讨论传统的毫米波雷达技术，而是着重介绍毫米波热辐射效应的无源成像技术。该书特别采用了平方千米阵的技术概念，这一概念在用干涉式阵列基线的测量结果来获得等效大口径阵列效果的孔径综合技术方面具有重要的意义。

(2)《太赫兹雷达》分册是一本较全面介绍太赫兹雷达的著作,主要包括太赫兹雷达系统的基本组成和技术特点、太赫兹雷达目标检测以及微动目标检测技术,同时也讨论了太赫兹雷达成像处理。

(3)《机载远程红外预警雷达系统》分册考虑到红外成像和告警是红外探测的传统应用,但是能否作为全空域远距离的搜索监视雷达,尚有诸多争议。该书主要讨论用监视雷达的概念如何解决红外极窄波束、全空域、远距离和数据率的矛盾,并介绍组成红外监视雷达的工程问题。

(4)《多脉冲激光雷达》分册从实际工程应用角度出发,较详细地阐述了多脉冲激光测距及单光子测距两种体制下的系统组成、工作原理、测距方程、激光目标信号模型、回波信号处理技术及目标探测算法等关键技术,通过对两种远程激光目标探测体制的探讨,力争让读者对基于脉冲测距的激光雷达探测有直观的认识和理解。

(二) 传输带宽的急剧提高,赋予雷达协同探测新的使命。协同探测会导致雷达形态和应用发生巨大的变化,是当前雷达研究的热点。本套丛书遴选出协同探测内容的著作共10个分册:

(1)《雷达组网技术》分册从雷达组网使用的效能出发,重点讨论点迹融合、资源管控、预案设计、闭环控制、参数调整、建模仿真、试验评估等雷达组网新技术的工程化,是把多传感器统一为系统的开始。

(2)《多传感器分布式信号检测理论与方法》分册主要介绍检测级、位置级(点迹和航迹)、属性级、态势评估与威胁估计五个层次中的检测级融合技术,是雷达组网的基础。该书主要给出各类分布式信号检测的最优化理论和算法,介绍考虑到网络和通信质量时的联合分布式信号检测准则和方法,并研究多输入多输出雷达目标检测的若干优化问题。

(3)《分布孔径雷达》分册所描述的雷达实现了多个单元孔径的射频相参合成,获得等效于大孔径天线雷达的探测性能。该书在概述分布孔径雷达基本原理的基础上,分别从系统设计、波形设计与处理、合成参数估计与控制、稀疏孔径布阵与测角、时频相同步等方面做了较为系统和全面的论述。

(4)《MIMO雷达》分册所介绍的雷达相对于相控阵雷达,可以同时获得波形分集和空域分集,有更加灵活的信号形式,单元间距不受$\lambda/2$的限制,间距拉开后,可组成各类分布式雷达。该书比较系统地描述多输入多输出(MIMO)雷达。详细分析了波形设计、积累补偿、目标检测、参数估计等关键技术。

(5)《MIMO 雷达参数估计技术》分册更加侧重讨论各类 MIMO 雷达的算法。从 MIMO 雷达的基本知识出发,介绍均匀线阵,非圆信号,快速估计,相干目标,分布式目标,基于高阶累计量的、基于张量的、基于阵列误差的、特殊阵列结构的 MIMO 雷达目标参数估计的算法。

(6)《机载分布式相参射频探测系统》分册介绍的是 MIMO 技术的一种工程应用。该书针对分布式孔径采用正交信号接收相参的体制,分析和描述系统处理架构及性能、运动目标回波信号建模技术,并更加深入地分析和描述实现分布式相参雷达杂波抑制、能量积累、布阵等关键技术的解决方法。

(7)《机会阵雷达》分册介绍的是分布式雷达体制在移动平台上的典型应用。机会阵雷达强调根据平台的外形,天线单元共形随遇而布。该书详尽地描述系统设计、天线波束形成方法和算法、传输同步与单元定位等关键技术,分析了美国海军提出的用于弹道导弹防御和反隐身的机会阵雷达的工程应用问题。

(8)《无源探测定位技术》分册探讨的技术是基于现代雷达对抗的需求应运而生,并在实战应用需求越来越大的背景下快速拓展。随着知识层面上认知能力的提升以及技术层面上带宽和传输能力的增加,无源侦察已从单一的测向技术逐步转向多维定位。该书通过充分利用时间、空间、频移、相移等多维度信息,寻求无源定位的解,对雷达向无源发展有着重要的参考价值。

(9)《多波束凝视雷达》分册介绍的是通过多波束技术提高雷达发射信号能量利用效率以及在空、时、频域中减小处理损失,提高雷达探测性能;同时,运用相位中心凝视方法改进杂波中目标检测概率。分册还涉及短基线雷达如何利用多阵面提高发射信号能量利用效率的方法;针对长基线,阐述了多站雷达发射信号可形成凝视探测网格,提高雷达发射信号能量的使用效率;而合成孔径雷达(SAR)系统应用多波束凝视可降低发射功率,缓解宽幅成像与高分辨之间的矛盾。

(10)《外辐射源雷达》分册重点讨论以电视和广播信号为辐射源的无源雷达。详细描述调频广播模拟电视和各种数字电视的信号,减弱直达波的对消和滤波的技术;同时介绍了利用 GPS(全球定位系统)卫星信号和 GSM/CDMA(两种手机制式)移动电话作为辐射源的探测方法。各种外辐射源雷达,要得到定位参数和形成所需的空域,必须多站协同。

（三） 以新技术为牵引，产生出新的雷达系统概念，这对雷达的发展具有里程碑的意义。本套丛书遴选了涉及新技术体制雷达内容的6个分册：

（1）《宽带雷达》分册介绍的雷达打破了经典雷达5MHz带宽的极限，同时雷达分辨力的提高带来了高识别率和低杂波的优点。该书详尽地讨论宽带信号的设计、产生和检测方法。特别是对极窄脉冲检测进行有益的探索，为雷达的进一步发展提供了良好的开端。

（2）《数字阵列雷达》分册介绍的雷达是用数字处理的方法来控制空间波束，并能形成同时多波束，比用移相器灵活多变，已得到了广泛应用。该书全面系统地描述数字阵列雷达的系统和各分系统的组成。对总体设计、波束校准和补偿、收/发模块、信号处理等关键技术都进行了详细描述，是一本工程性较强的著作。

（3）《雷达数字波束形成技术》分册更加深入地描述数字阵列雷达中的波束形成技术，给出数字波束形成的理论基础、方法和实现技术。对灵巧干扰抑制、非均匀杂波抑制、波束保形等进行了深入的讨论，是一本理论性较强的专著。

（4）《电磁矢量传感器阵列信号处理》分册讨论在同一空间位置具有三个磁场和三个电场分量的电磁矢量传感器，比传统只用一个分量的标量阵列处理能获得更多的信息，六分量可完备地表征电磁波的极化特性。该书从几何代数、张量等数学基础到阵列分析、综合、参数估计、波束形成、布阵和校正等问题进行详细讨论，为进一步应用奠定了基础。

（5）《认知雷达导论》分册介绍的雷达可根据环境、目标和任务的感知，选择最优化的参数和处理方法。它使得雷达数据处理及反馈从粗犷到精细，彰显了新体制雷达的智能化。

（6）《量子雷达》分册的作者团队搜集了大量的国外资料，经探索和研究，介绍从基本理论到传输、散射、检测、发射、接收的完整内容。量子雷达探测具有极高的灵敏度，更高的信息维度，在反隐身和抗干扰方面优势明显。经典和非经典的量子雷达，很可能走在各种量子技术应用的前列。

（四） 合成孔径雷达（SAR）技术发展较快，已有大量的著作。本套丛书遴选了有一定特点和前景的5个分册：

（1）《数字阵列合成孔径雷达》分册系统阐述数字阵列技术在SAR中的应用，由于数字阵列天线具有灵活性并能在空间产生同时多波束，雷达采集的同一组回波数据，可处理出不同模式的成像结果，比常规SAR具备更多的新能力。该书着重研究基于数字阵列SAR的高分辨力宽测绘带SAR成像、极化层析SAR三维成像和前视SAR成像技术三种新能力。

(2)《双基合成孔径雷达》分册介绍的雷达配置灵活，具有隐蔽性好、抗干扰能力强、能够实现前视成像等优点，是SAR技术的热点之一。该书较为系统地描述了双基SAR理论方法、回波模型、成像算法、运动补偿、同步技术、试验验证等诸多方面，形成了实现技术和试验验证的研究成果。

(3)《三维合成孔径雷达》分册描述曲线合成孔径雷达、层析合成孔径雷达和线阵合成孔径雷达等三维成像技术。重点讨论各种三维成像处理算法，包括距离多普勒、变尺度、后向投影成像、线阵成像、自聚焦成像等算法。最后介绍三维MIMO-SAR系统。

(4)《雷达图像解译技术》分册介绍的技术是指从大量的SAR图像中提取与挖掘有用的目标信息，实现图像的自动解译。该书描述高分辨SAR和极化SAR的成像机理及相应的相干斑抑制、噪声抑制、地物分割与分类等技术，并介绍舰船、飞机等目标的SAR图像检测方法。

(5)《极化合成孔径雷达图像解译技术》分册对极化合成孔径雷达图像统计建模和参数估计方法及其在目标检测中的应用进行了深入研究。该书研究内容为统计建模和参数估计及其国防科技应用三大部分。

(五) 雷达的应用也在扩展和变化，不同的领域对雷达有不同的要求，本套丛书在雷达前沿应用方面遴选了6个分册：

(1)《天基预警雷达》分册介绍的雷达不同于星载SAR，它主要观测陆海空天中的各种运动目标，获取这些目标的位置信息和运动趋势，是难度更大、更为复杂的天基雷达。该书介绍天基预警雷达的星星、星空、MIMO、卫星编队等双/多基地体制。重点描述了轨道覆盖、杂波与目标特性、系统设计、天线设计、接收处理、信号处理技术。

(2)《战略预警雷达信号处理新技术》分册系统地阐述相关信号处理技术的理论和算法，并有仿真和试验数据验证。主要包括反导和飞机目标的分类识别、低截获波形、高速高机动和低速慢机动小目标检测、检测识别一体化、机动目标成像、反投影成像、分布式和多波段雷达的联合检测等新技术。

(3)《空间目标监视和测量雷达技术》分册论述雷达探测空间轨道目标的特色技术。首先涉及空间编目批量目标监视探测技术，包括空间目标监视相控阵雷达技术及空间目标监视伪码连续波雷达信号处理技术。其次涉及空间目标精密测量、增程信号处理和成像技术，包括空间目标雷达精密测量技术、中高轨目标雷达探测技术、空间目标雷达成像技术等。

(4)《平流层预警探测飞艇》分册讲述在海拔约 20km 的平流层，由于相对风速低、风向稳定，从而适合大型飞艇的长期驻空，定点飞行，并进行空中预警探测，可对半径 500km 区域内的地面目标进行长时间凝视观察。该书主要介绍预警飞艇的空间环境、总体设计、空气动力、飞行载荷、载荷强度、动力推进、能源与配电以及飞艇雷达等技术，特别介绍了几种飞艇结构载荷一体化的形式。

(5)《现代气象雷达》分册分析了非均匀大气对电磁波的折射、散射、吸收和衰减等气象雷达的基础，重点介绍了常规天气雷达、多普勒天气雷达、双偏振全相参多普勒天气雷达、高空气象探测雷达、风廓线雷达等现代气象雷达，同时还介绍了气象雷达新技术、相控阵天气雷达、双/多基地天气雷达、声波雷达、中频探测雷达、毫米波测云雷达、激光测风雷达。

(6)《空管监视技术》分册阐述了一次雷达、二次雷达、应答机编码分配、S 模式、多雷达监视的原理。重点讨论广播式自动相关监视(ADS-B)数据链技术、飞机通信寻址报告系统(ACARS)、多点定位技术(MLAT)、先进场面监视设备(A-SMGCS)、空管多源协同监视技术、低空空域监视技术、空管技术。介绍空管监视技术的发展趋势和民航大国的前瞻性规划。

(六) 目标和环境特性，是雷达设计的基础。该方向的研究对雷达匹配目标和环境的智能设计有重要的参考价值。本套丛书对此专题遴选了 4 个分册：

(1)《雷达目标散射特性测量与处理新技术》分册全面介绍有关雷达散射截面积(RCS)测量的各个方面，包括 RCS 的基本概念、测试场地与雷达、低散射目标支架、目标 RCS 定标、背景提取与抵消、高分辨力 RCS 诊断成像与图像理解、极化测量与校准、RCS 数据的处理等技术，对其他微波测量也具有参考价值。

(2)《雷达地海杂波测量与建模》分册首先介绍国内外地海面环境的分类和特征，给出地海杂波的基本理论，然后介绍测量、定标和建库的方法。该书用较大的篇幅，重点阐述地海杂波特性与建模。杂波是雷达的重要环境，随着地形、地貌、海况、风力等条件而不同。雷达的杂波抑制，正根据实时的变化，从粗犷走向精细的匹配，该书是现代雷达设计师的重要参考文献。

(3)《雷达目标识别理论》分册是一本理论性较强的专著。以特征、规律及知识的识别认知为指引，奠定该书的知识体系。首先介绍雷达目标识别的物理与数学基础，较为详细地阐述雷达目标特征提取与分类识别、知识辅助的雷达目标识别、基于压缩感知的目标识别等技术。

(4)《雷达目标识别原理与实验技术》分册是一本工程性较强的专著。该书主要针对目标特征提取与分类识别的模式,从工程上阐述了目标识别的方法。重点讨论特征提取技术、空中目标识别技术、地面目标识别技术、舰船目标识别及弹道导弹识别技术。

(七) 数字技术的发展,使雷达的设计和评估更加方便,该技术涉及雷达系统设计和使用等。本套丛书遴选了3个分册:

(1)《雷达系统建模与仿真》分册所介绍的是现代雷达设计不可缺少的工具和方法。随着雷达的复杂度增加,用数字仿真的方法来检验设计的效果,可收到事半功倍的效果。该书首先介绍最基本的随机数的产生、统计实验、抽样技术等与雷达仿真有关的基本概念和方法,然后给出雷达目标与杂波模型、雷达系统仿真模型和仿真对系统的性能评价。

(2)《雷达标校技术》分册所介绍的内容是实现雷达精度指标的基础。该书重点介绍常规标校、微光电视角度标校、球载BD/GPS(BD为北斗导航简称)标校、射电星角度标校、基于民航机的雷达精度标校、卫星标校、三角交会标校、雷达自动化标校等技术。

(3)《雷达电子战系统建模与仿真》分册以工程实践为取材背景,介绍雷达电子战系统建模的主要方法、仿真模型设计、仿真系统设计和典型仿真应用实例。该书从雷达电子战系统数学建模和仿真系统设计的实用性出发,着重论述雷达电子战系统基于信号/数据流处理的细粒度建模仿真的核心思想和技术实现途径。

(八) 微电子的发展使得现代雷达的接收、发射和处理都发生了巨大的变化。本套丛书遴选出涉及微电子技术与雷达关联最紧密的3个分册:

(1)《雷达信号处理芯片技术》分册主要讲述一款自主架构的数字信号处理(DSP)器件,详细介绍该款雷达信号处理器的架构、存储器、寄存器、指令系统、I/O资源以及相应的开发工具、硬件设计,给雷达设计师使用该处理器提供有益的参考。

(2)《雷达收发组件芯片技术》分册以雷达收发组件用芯片套片的形式,系统介绍发射芯片、接收芯片、幅相控制芯片、波速控制驱动器芯片、电源管理芯片的设计和测试技术及与之相关的平台技术、实验技术和应用技术。

(3)《宽禁带半导体高频及微波功率器件与电路》分册的背景是,宽禁带材料可使微波毫米波功率器件的功率密度比Si和GaAs等同类产品高10倍,可产生开关频率更高、关断电压更高的新一代电力电子器件,将对雷达产生更新换代的影响。分册首先介绍第三代半导体的应用和基本知识,然后详细介绍两大类各种器件的原理、类别特征、进展和应用：SiC 器件有功率二极管、MOSFET、JFET、BJT、IBJT、GTO 等；GaN 器件有 HEMT、MMIC、E 模 HEMT、N 极化 HEMT、功率开关器件与微功率变换等。最后展望固态太赫兹、金刚石等新兴材料器件。

本套丛书是国内众多相关研究领域的大专院校、科研院所专家集体智慧的结晶。具体参与单位包括中国电子科技集团公司、中国航天科工集团公司、中国电子科学研究院、南京电子技术研究所、华东电子工程研究所、北京无线电测量研究所、电子科技大学、西安电子科技大学、国防科技大学、北京理工大学、北京航空航天大学、哈尔滨工业大学、西北工业大学等近 30 家。在此对参与编写及审校工作的各单位专家和领导的大力支持表示衷心感谢。

王小谟

2017 年 9 月

前言

雷达是无线电技术领域中的重要学科之一，它利用无线电波对目标进行探测和定位。雷达被人们称为“千里眼”，它扩展了人们观测的视野，是人们探索宇宙认识世界的重要工具。自第二次世界大战以来，雷达技术的发展十分迅速，不仅用于军事领域探测，也日益广泛地应用于国民经济建设和各门科学研究之中，如气象探测、大地测绘、交通管理、宇宙航行、航海捕鱼、探地探矿等，遍布经济建设的各个领域，雷达在国防建设和国民经济建设中起着重要作用。

雷达测量精度(准确度)在雷达工作性能中占据重要位置，它是雷达主要战术技术指标之一，代表雷达测量目标数据的准确程度，也就是雷达对目标的测量值与目标的真实值偏离的程度。一般以雷达测量误差大小表示雷达的精度：误差大，则精度差；误差小，则精度高。雷达的测量精度取决于多种因素，其中有雷达设备本身状况、被探测目标的状态、外界环境对雷达电波传播的影响和信号转换量化误差等。本书将以工程应用为主描述如何正确设计、使用雷达并实现其精度指标，如何测定一部雷达的精度，如何分离各种误差因素，以及如何估算各种因素所造成误差分量的大小等内容。这些内容统称为雷达的标校技术。

雷达标校伴随雷达发展整个过程，对满足和保障雷达设备的工作质量不可缺少，研制单位和使用单位都极其重视雷达的标校。军事斗争、经济建设和科学技术研究对雷达提出越来越多的要求，需要雷达观察目标的类型不断扩展，测量目标的参数日益增多，定位目标的距离越来越远、需求测量精度越来越高，工作环境日渐恶化，可以说雷达面临严峻的挑战。对雷达及其标校系统的性能、研制周期和生产成本等诸多方面提出了更高的要求。

为了适应雷达技术现代化发展的需求，必须加强雷达标校技术的研究，不断提高雷达标校的技术水平，逐步实现雷达标校自动化。当前，数字集成电路(IC)、计算机中央处理器(CPU)、现场可编程门阵列(FPGA)和卫星全球定位系统(如：美国 GPS、中国“北斗”BD、俄罗斯 GLONASS、欧盟 Galileo)的普及和应用，为雷达标校技术的进步和雷达标校自动化提供了坚实的技术基础，展现出雷达标校技术发展的美好远景。本书介绍一些主要的雷达标校技术，供雷达研制和使用人员参考。

各章内容如下：

第 1 章“雷达测量精度”。介绍雷达误差源的性质、特征以及误差统计计算相关模型。描述雷达测角、测距和测速的误差源和误差估算方法,介绍雷达测量误差的综合、测定和分离过程。本章是雷达校准和精度分析的基础。

第2章"雷达常规标校"。雷达的常规标校是以配置在随雷达天线共同运动的光学望远镜(或工业测量电视)的光轴为基准和中介,标定雷达机械轴和电轴之间的系统误差,是雷达长期和广泛使用的标校方法。介绍雷达常规标定项目,利用标定的结果进行系统误差校正的方法。

第3章"微光电视角度标校"。微光电视系统是利用光学成像原理采集目标信息,获取目标实况图像资料的专用测量系统。本章介绍微光电视星体标校的原理,标校设备的功能和组成,实施标校的步序和标校解算模型。

第4章"球载BD/GPS标校"。说明该标校方法的需求背景,将BD/GPS等全球定位技术应用于雷达标校,实现在没有标校塔和方位标的情况下进行雷达标校的方法。本章介绍该标校方法需要的设备、标定的基本原理、标定的项目及其校正方法。

第5章"射电星角度标校"。说明利用射电星进行雷达角度标校的原理,简要介绍射电星,给出角度标校模型及其解算方法,描述标校实施过程。

第6章"基于民航机的雷达精度标校"。ADS-B系统是民航飞机部门广泛使用的一种飞机位置确定系统,这种系统用在雷达设备标定上,可以方便解决目标位置确定和雷达系统动态特性校准问题,是一种新型的雷达校准技术途径。

第7章"卫星标校"。利用人造地球卫星进行雷达标校是雷达一种动态标校技术。本章介绍该标校方法的基本特点,标定的原理、项目及其校正方法。将人造卫星的高科学技术应用于雷达标校中,解决大型天线的雷达标校的客观需求。

第8章"三角交会标校"。三角交会测量方法是一种非接触性测量方法,该方法可以测量出雷达天线及其附近固定或慢速目标的位置信息,一般是利用2台经纬仪或全站仪(可测距)或超站仪(加装BD/GPS)对可观测空中目标的同一部位进行瞄准,测出该点位相对于雷达原点的方位角、俯仰角和距离。本章介绍雷达天线上点位的测量、干涉仪测角雷达的标校和三角交会标校的计算方法。

第9章"雷达自动化标校"。雷达标校程序是在雷达标校工作中逐步积累并完善起来的标校软件。首先将雷达标校的数学模型程序化,用程序实现雷达标校的基本数学模型和相关标准,使得雷达标校数据处理模式相对固化,加快数据处理速度。然后使自动化标校的仪器设备实现智能化,雷达标校程序可以采集、处理标校仪器设备的数据,实现一体化的标校。本章介绍了雷达标校程序的基本功能、自动化标校的仪器设备和自动化标校方法。

第10章"雷达精度校验"。雷达在投入使用之前,必须经历大量的针对探测目标类型和性能的校飞,只有满足了各项战术技术指标后,才能正式交付给用户使用。在校飞的过程中,大量的工作是校验雷达测量精度、威力和抗干扰能力。雷达精度校验有两种途径,一种是模拟校飞,另一种是外场校飞。模拟校验需要利用雷达信号模拟设备和软件,产生雷达逼真的工作状态,检验雷达工作性能。外场校验应在雷达提供实际工作场景的条件下,检验雷达工作性能。

附录A"BD/GPS校验雷达精度"。差分BD/GPS与试验场常规的光学交会测量和靶场雷达测量手段相比,在获取目标位置的快速性、灵活性和经济性等方面显示出很强的优势,已经广泛用于雷达绝对坐标测量精度的校验。

附录B"$\alpha-\beta$滤波器参数选择"。由于测量雷达存在噪声和干扰,雷达所测得的目标数据总是含有随机误差,不能准确地得到目标当前的坐标和外推的坐标,只能进行"估计",对目标当前的坐标"估值"是平滑问题,对目标外推的坐标"估值"是预测问题,平滑和预测统称为滤波"估值",跟踪测量雷达常使用$\alpha-\beta$滤波器"估值"。α为目标坐标的平滑系数,β为目标速度的平滑系数。确定$\alpha-\beta$系数的方法有多种,本附录重点介绍比较简便实用的带宽周期确定法。

附录C"'寰宇星空'观测跟踪任务规划"。寰宇星空程序是集成在雷达标定程序中的一个子程序。该程序支持搜索显示测量站在某一个时间区段的恒星、行星和人造地球卫星过境情况,并具有包括测站坐标、赤道坐标和椭球坐标等在内的平面投影和3D显示方式。可以用来生成恒星、行星和人造地球卫星的观测跟踪任务规划,配有与观测目标对应的图片及文字说明文档。本附录介绍任务规划的内容和使用的工具及相关操作说明,给出光学观测和雷达跟踪星体的注意事项。

附录D"雷达跟踪精度处理方法"。按照雷达目标俯仰角的不同,分为低仰角和非低仰角两种情况,分别进行跟踪精度处理。对测量数据统计得到均值E和均方差δ,以$E\pm3\delta$为置信区间,超出区间时为异常值,应把这些异常值予以剔除。当某区间剔除的数据量超出本区间总数据量的10%,认为该区间数据无效。根据基准值数据T_1时刻位置和速度,对下一帧T_2时刻位置进行预测,设定预测位置误差为d_r。若$d_r<d_{r0}$,则T_1时刻数据有效,否则无效。d_{r0}为常数,视考核的区间确定。然后按给出的公式进行雷达跟踪精度统计处理。

附录E"本书物理量表"。按顺序列出本书用到的物理量,对于同符号有不同含义,分别进行列出,以便读者查阅。

编著者

2017年6月

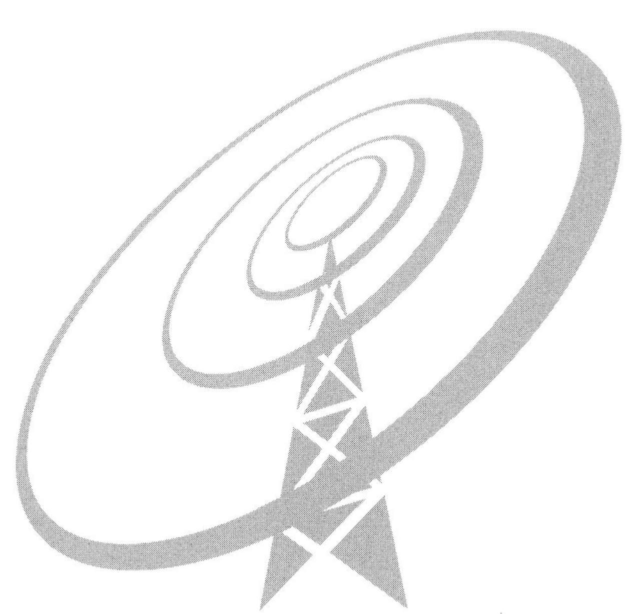

目　录

第1章 雷达测量精度

1.1 概　　述

雷达测量精度反映测量结果与真值的一致程度,由系统误差和随机误差的综合表示。在雷达精度测量中存在"准确度"和"精密度"两个术语。"准确度"定义为测量值与真值符合的程度,表示测量结果中系统误差的大小程度 。"精密度"定义为对同一真值进行的一组测量值接近和符合程度,用随机误差反映精密度的定量指标。

雷达测量精度在工作性能中占据重要位置,它是雷达主要战术技术指标之一,代表雷达测量目标数据的准确程度,也就是雷达对目标的测量值与目标的真实值偏离的程度。一般以误差大小表达雷达的精度:误差大,则精度低;误差小,则精度高[1]。雷达的测量精度取决于多种因素,包括雷达本身状况、被测目标的状态、外界环境对雷达电波传播的影响和信号转换量化误差等。如何正确设计雷达实现测量精度指标,如何测定一个雷达的精度,如何分离各种误差因素,以及如何估算各种因素所造成误差分量的大小,本章以工程应用为主进行描述。

1.1.1 误差源

按照雷达测量误差来源产生的部位,可以将误差分为目标误差、雷达跟踪误差、电波传播误差、转换误差和测量误差等[2]。

1.1.1.1 目标误差

目标误差是由目标运动和目标散射特性产生的误差,其主要影响因素有:

(1) 目标回波信号的起伏;

(2) 目标的闪烁;

(3) 目标极化性能;

(4) 目标运动的速度和加速度。

1.1.1.2 雷达跟踪误差

雷达跟踪误差的主要影响因素有：
(1) 天线电轴以及差波束零点漂移；
(2) 热噪声误差；
(3) 电气跟踪回路和伺服系统的电噪声和不灵敏区；
(4) 传动系统机械噪声和回差；
(5) 风力负载。

1.1.1.3 电波传播误差

传播误差是电波在大气中传播产生的误差，其主要影响因素有：
(1) 大气折射误差；
(2) 多路径误差；
(3) 传播途中干扰误差。

1.1.1.4 转换误差和测量误差

转换误差和测量误差的主要影响因素有：
(1) 雷达标定误差；
(2) 机械轴系误差；
(3) 光速度和频率不准误差；
(4) 信号传递系统误差；
(5) 数据量化、读取误差。

1.1.2 误差的性质和特征

雷达对目标测量产生误差的性质和特征可以分为随机误差分量和系统误差分量两大类。

随机误差也称为起伏误差，重复测量时它出现的大小和符号各不相同，没有规律，是纯粹的随机量。随机误差存在统计学上的规律性，其出现数值的大小具有一定的概率分布，可以应用统计学的方法进行分析和计算。有些随机误差量是随时间变化的，就是一种随机过程，有一定的频谱分布。与被测量目标运动无关的随机过程称为平稳随机过程，与目标运动相关的随机过程称为非平稳随机过程。

系统误差是重复测试基本保持同一个数值，或按一定规律变化的误差分量。雷达产生系统误差的主要原因是雷达设备自身缺陷或者参数装定偏离造成的。

1.1.3 误差的计算

雷达设备的测量精度通常是依据有限的测量数据估算，这是一个统计学上的问题，误差就是按照统计方法进行计算的。

1.1.3.1 均方误差

多次独立等精度测量误差平方的统计平均称为均方误差，均方误差可表示为

$$m^2 = \frac{1}{n}\sum_{i=1}^{n}\Delta_i^2 \tag{1.1}$$

式中：n 为测量次数；Δ_i 为第 i 次测量值与真值之差，也称真差。

1.1.3.2 平均误差

多次独立等精度测量误差的统计平均称为平均误差。平均误差可表示为

$$a = \frac{1}{n}\sum_{i=1}^{n}\Delta_i \tag{1.2a}$$

用有限的测量值来统计平均误差 a，必然与设备本身具有的平均误差 a_{m} 会有偏差，即

$$a - a_{\mathrm{m}} = \pm\frac{\sigma_{\mathrm{m}}}{\sqrt{n}} \tag{1.2b}$$

式中：σ_{m} 为设备本身具有的标准误差。

1.1.3.3 标准误差

多次独立等精度测量的真差与平均误差之差的均方根值称为标准误差，常称为随机误差的均方根值。标准误差可表示为

$$\sigma = \sqrt{\frac{1}{n-1}\sum_{i=1}^{n}(\Delta_i - a)^2} \tag{1.3a}$$

若随机误差是正态分布，误差值 $\Delta_i - a$ 出现在 $\pm\sigma$ 范围内的概率约为 0.68。

用有限的测量值来统计标准误差 σ，必然与设备本身具有的标准误差会有偏差，即

$$\sigma - \sigma_{\mathrm{m}} = \pm\frac{\sigma_{\mathrm{m}}}{\sqrt{2n}} \tag{1.3b}$$

均方误差、平均误差、标准误差之间的关系为

$$m^2 = a^2 + \frac{n-1}{n}\sigma^2 \tag{1.4a}$$

当 n 很大时，有

$$m^2 = a^2 + \sigma^2 \tag{1.4b}$$

1.1.3.4 或然误差

或然误差是这样一种误差 γ，在一组测定中，误差绝对值大于 γ 的测定值与误差绝对值小于 γ 的测定值出现的概率各占一半。也称中间误差或称概率误差。

对正态分布的误差，有

$$\gamma = 0.6745\sigma \tag{1.5}$$

1.1.3.5 算术平均误差

真差与平均误差之差的绝对值的统计平均值称为算术平均误差。算术平均误差可表示为

$$\delta = \frac{1}{n}\sum_{i=1}^{n} |\Delta_i - a| \tag{1.6}$$

δ 相当于统计中心一阶绝对矩。误差为正态分布时，$\delta = 0.7989\sigma$。

1.1.3.6 极限误差

可能出现的最大误差称为极限误差。常用 3σ 表示它的值，当误差为正态分布时，概率约为 99.7%。

1.1.3.7 相对误差

误差值与真值之比称为相对误差。

1.1.4 误差实时统计模型

1.1.4.1 平均误差模型

平均误差计算公式为

$$a = \frac{1}{n}\sum_{i=1}^{n} \Delta_i$$

由 $n-1$ 个样本的平均误差 a_{n-1} 递推出 n 个样本的平均误差 a_n 的模型为

$$a_n = \frac{\sum_{i=1}^{n} \Delta_i}{n} = \frac{n-1}{n} \cdot \frac{\sum_{i=1}^{n-1} \Delta_i + \Delta_n}{n-1}$$

$$a_n = \frac{n-1}{n} \cdot \frac{\sum_{i=1}^{n-1} \Delta_i}{n-1} + \frac{\Delta_n}{n} = \frac{n-1}{n} \cdot a_{n-1} + \frac{\Delta_n}{n}$$

$$a_n = a_{n-1} + \frac{\Delta_n - a_{n-1}}{n} \tag{1.7}$$

1.1.4.2 标准误差模型

标准误差计算公式：

$$\sigma = \sqrt{\frac{1}{n} \sum_{i=1}^{n} (\Delta_i - a_n)^2}$$

由 $n-1$ 个样本平均误差递推到 n 个样本的标准误差模型为

$$\sigma_n^2 = \frac{\sum_{i=1}^{n} (\Delta_i^2 - 2\Delta_i a_n + a_n^2)}{n} = \frac{\sum_{i=1}^{n} \Delta_i^2}{n} - \frac{2a_n \sum_{i=1}^{n} \Delta_i}{n} + \frac{\sum_{i=1}^{n} a_n^2}{n}$$

$$\sigma_n^2 = \frac{\sum_{i=1}^{n} \Delta_i^2}{n} - 2a_n^2 + a_n^2 = \frac{\sum_{i=1}^{n} \Delta_i^2}{n} - a_n^2$$

$$\sigma_n^2 = \frac{\sum_{i=1}^{n} \Delta_i^2}{n} - a_n^2 = \frac{n-1}{n} \frac{\sum_{i=1}^{n-1} \Delta_i^2 + \Delta_n^2}{n-1} - a_n^2$$

$$\sigma_n^2 = \frac{n-1}{n} \frac{\sum_{i=1}^{n-1} \Delta_i^2 + \Delta_n^2}{n-1} - a_n^2 = \frac{n-1}{n} S_{n-1}^2 + \frac{\Delta_n^2}{n} - a_n^2$$

其中

$$S_{n-1}^2 = \frac{\sum_{i=1}^{n-1} \Delta_i^2}{n-1} \tag{1.8}$$

在实时统计误差过程中，值得注意的是测量误差值 $\Delta_i - a$ 会有奇异点，需要将其大于极限误差 3σ 的测量值剔除掉，才能保障标准误差的精确度。

1.2 测角误差根源及其误差估算

由于雷达设备组成的差别，测角误差来源和估算公式会有很大的不同，本节主要介绍较为简单实用的测角误差估算方法，及其当前设备技术状态能实现的一部分经验数据。即便是已经研制生产的雷达，并进行了测试和试验，由于各种原因测试结果也常是近似的,仍然很难给出精度的准确数据,有些参数只能用经验数据进行估算。

1.2.1 测角体制

目前跟踪雷达,无论是抛物面天线还是电扫描相控阵天线的雷达,经常采用单脉冲接收体制,如图1.1所示。发射机系统通过天线馈源向空间辐射功率,经目标反射后回波再次经过天线馈源形成和/差信号,进入和、方位差、俯仰差三路接收机。三路接收机共用一个由和路信号控制的自动增益控制(AGC)自动增益回路,使输出信号强度归一化,使各路接收机的增益保持一致。同时也要使各路接收机和馈线系统总相移保持一致。以和信号作为参考,差信号在相位检波器得到误差电压,其幅度与目标偏离角呈正比,极性代表偏离的方向。经信号处理,以及控制计算机的控制,形成角度误差电压经过伺服控制系统放大后控制天线转动,使天线波束跟踪目标。同步系统和频率源为雷达系统的相关分系统提供时序和所需的频率和波形。

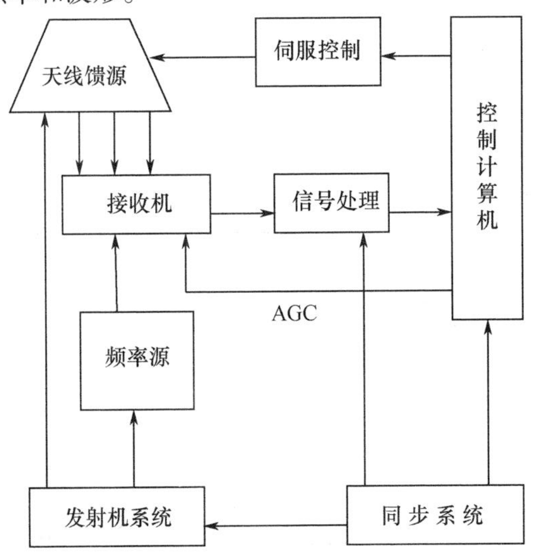

图1.1 雷达设备系统方框图

1.2.2 目标相关误差

目标运动将会产生信号幅度起伏、目标角闪烁、动态滞后、交叉极化等,这些因素引起角度的测量误差。

1.2.2.1 信号幅度起伏误差

信号幅度起伏误差是由于目标几何形状复杂、目标的运动以及雷达对目标的视角发生变化等因素引起的，这些因素会导致目标的等效反射截面积发生相应变化，使目标回波信号振幅产生起伏。这种起伏是随机的，所以也称为振幅噪声。

目标的起伏在频谱上展得比较宽，对于单脉冲雷达，只有在伺服系统通带内的部分才能在跟踪系统中产生误差。雷达接收机的自动增益控制能将接收机输出信号的起伏按输入信号进行归一化，就可以将伺服系统通带内的起伏功率抑制掉，所以一般来说单脉冲雷达不会产生目标起伏误差。

实际上自动增益控制并不能完全消除信号起伏，会有若干剩余，表现为一种随机误差，对高精度雷达来说不容忽视。则接收机输出信号幅度起伏误差引起的角度误差为

$$\sigma_{\mathrm{V}} = \frac{\Delta V_{\mathrm{a}}}{\sqrt{12} K_{\mathrm{J}} K_{\mathrm{a}}} \tag{1.9}$$

式中：ΔV_{a}为信号起伏的幅度（V）；K_{J}为接收机角度定向灵敏度（V/rad）；K_{a}为接收机开环直流增益。

信号幅度起伏误差引起的角度误差的单位为 rad。

1.2.2.2　目标角闪烁误差

目标闪烁表现为反射波到达天线的等相位面发生变化，或者说目标的等效相位中心产生了移动，形成了角度跟踪随机误差，常称为角噪声，并符合于正态分布。误差大小与目标垂直于雷达波束法向的横向尺寸相关。理论和实践都表明，10% ~20% 的误差会超出目标横向尺寸，目标角闪烁误差的估计公式为

$$0.20 \frac{L_{\mathrm{w}}}{R} \leqslant \sigma_{\mathrm{L}} \leqslant 0.35 \frac{L_{\mathrm{w}}}{R} \quad (\mathrm{w} = x, y) \tag{1.10}$$

式中：L_x为估计方位角误差时目标横向水平尺寸（m）；L_y为估计俯仰角误差时目标垂直尺寸（m）；R 为目标到雷达的距离（m）。

角闪烁误差的典型值 0.02 ~0.5mrad。

1.2.2.3　动态滞后误差

一般对目标采用Ⅱ型数据跟踪环路，目标角速度不会产生滞后误差，主要是目标的角加速度形成的动态滞后误差：

$$\sigma_{\mathrm{D}} = (1 - \alpha_{\mathrm{CD}}) \frac{\ddot{\phi} T_{\mathrm{S}}^2}{\beta_{\mathrm{CD}}} \tag{1.11}$$

式中：$\ddot{\phi}$ 为最大角加速度（rad/s^2）；T_{S}为取样周期（s）；α_{CD}为跟踪环路位置平滑

常数;β_{CD}为跟踪环路速度平滑常数。

动态滞后误差的典型值 0.1 ~ 0.5mrad。

1.2.2.4 交叉极化误差

交叉极化误差[3]可以用差波瓣的交叉极化响应和交叉极化截面积与期望目标截面积之比来表示,即

$$\sigma_o = \frac{\theta_3(\Delta_c/\Sigma)}{k_m\sqrt{2\sigma_c/\sigma}} \tag{1.12}$$

式中:θ_3为天线 3dB 波束宽度(°);Δ_c为差波瓣的交叉极化响应信号幅度(V);Σ为和波瓣的交叉极化响应信号幅度(V);k_m为单脉冲天线归一化差斜率;σ_c/σ为交叉极化的雷达截面积与期望目标截面积之比。

典型的反射面天线,在靠近波瓣的跟踪轴处 $\Delta_c/\Sigma\approx0.03$,飞机的 $\sigma_c/\sigma\approx0.3$,当单脉冲的差斜率 $k_m=1.4$ 时,得到 $\sigma_o=0.008\theta_3$。

1.2.3 雷达跟踪误差

1.2.3.1 电轴漂移和零点漂移

雷达波束指向目标,在目标不动时波束也会出现缓慢漂移,称为电轴漂移。雷达差信号支路的零值(天线的电轴)产生缓慢漂移,称为零点漂移。产生这两种漂移的原因有很多,也很难区分,其主要因素描述如下:

1) 相移误差

单脉冲雷达相移误差是由馈源、馈线和接收机和/差通道相移不一致引起的。比较器前的相移一般用天线差波瓣零值深度来表示,则相移误差为

$$\sigma_X = \frac{\theta_3\tan\varphi}{k_m\sqrt{G_n}} \tag{1.13}$$

式中:φ为比较器后的和、差通道之间的相移(rad);G_n为天线差波瓣零值深度。

2) 耦合误差

耦合误差主要是指和通道对差通道的耦合,一般用和/差耦合度来表示,耦合误差可以表示为

$$\sigma_I = \frac{\theta_3\tan\varphi}{k_m\sqrt{F_I}} \tag{1.14}$$

式中:F_I为和/差耦合度,通常 $F_I\geqslant50$dB。

1.2.3.2 热噪声误差[4]

雷达热噪声包括热辐射感应到天线的噪声、天线自身热损耗噪声、馈线噪声

和接收机噪声。它产生的角误差均方根数值的估计公式为

$$\sigma_R = \frac{\theta_3}{k_m \sqrt{2nS/N}} \tag{1.15}$$

式中：S/N 为单脉冲信噪比；n 为

$$n = \frac{f_r}{2B_n}$$

其中：f_r 为跟踪数据率（Hz）；B_n 为角跟踪回路带宽（Hz），当选用 α、β 滤波器时带宽 B_n 为

$$B_n = \frac{2\alpha^2 + \beta(2-3\alpha)}{2\alpha(4-\alpha-\beta)T_r} \tag{1.16}$$

其中：α 为滤波器的位置平滑系数；β 为滤波器的速度平滑系数；T_r 为脉冲重复周期（s）。

当 $n=1$ 时，须将计算得到误差乘以误差平滑系数，对于起伏误差，滤波器的平滑系数为

$$k = \sqrt{\frac{2\alpha^2 - 3\alpha\beta + 2\beta}{\alpha(4-2\alpha-\beta)}} \tag{1.17}$$

k_m 通常在 1.2～2.0 范围，σ_R 典型数值为 $0.005\theta_3 \sim 0.2\theta_3$。

1.2.3.3 波束指向误差[5]

电扫描相控阵雷达存在波束指向误差，可表示为

$$\sigma_{\theta 1} = \begin{cases} \dfrac{2\theta_3\sigma_\varphi}{\pi\sqrt{N}\cos\theta_0} & (\text{天线为线阵}) \\ \dfrac{2\theta_3\sigma_\varphi}{\pi\sqrt{MN}\cos\theta_0} & (\text{天线为正方形栅格平面阵}) \\ \dfrac{4\theta_3\sigma_\varphi}{\pi\sqrt{2MN}\cos\theta_0} & (\text{天线为三角形栅格平面阵}) \end{cases} \tag{1.18}$$

式中：σ_φ 为天线单元相位误差（rad）；M 为 X 方向天线单元数；N 为 Y 方向天线单元数；θ_0 为天线阵面法向与电轴之间的夹角（rad）；$\sigma_{\theta 1}$ 典型数值是 $0.001\theta_3 \sim 0.003\theta_3$。

影响天线单元相位误差 σ_φ 的主要因素：

（1）单元位置误差。

由于在制造加工和安装时有偏差，而天线单元配相是以理论单元间距计算的，带来天线指向误差，设定允许制造的单元间距误差为 ΔL（m），则单元相位误

差为

$$\sigma_{\mathrm{p}}=\frac{2\pi\Delta L}{\sqrt{3}\lambda}$$

式中:ΔL 为单元间距误差(m);λ 为波长(m)。

(2) 移相器相位散布及单元相位误差

设定单元最大相位误差为 $\Delta\varphi$(m),则引起移相器相位散布及单元相位误差为

$$\sigma_{\mathrm{H}}=\frac{\Delta\varphi}{\sqrt{3}}$$

(3) 移相器量化造成的单元相位误差。

设移相器位数为 n,则移相器量化造成的单元相位误差为

$$\sigma_{\varepsilon}=\frac{2\pi}{2\sqrt{3}\,2^{n}}$$

则天线单元相位误差为

$$\sigma_{\varphi}=\sqrt{\sigma_{\mathrm{p}}^{2}+\sigma_{\mathrm{H}}^{2}+\sigma_{\varepsilon}^{2}}$$

1.2.3.4 移相器量化误差

电扫描相控阵雷达存在移相器量化误差,可以表示为

$$\sigma_{\mathrm{P}}=\frac{2.6\theta_{3}}{2^{P}N_{\mathrm{L}}} \tag{1.19}$$

式中:P 为移相器位数;N_{L} 为俯仰或方位上线阵移相器单元数;σ_{P} 的典型值为 $0.001\theta_3 \sim 0.005\theta_3$。

1.2.3.5 阵面温度不均匀误差

设阵面温度不均匀的温度差引起的指向误差为

$$\sigma_{\mathrm{t}}=C\cdot\Delta T\cdot\tan\theta_{\mathrm{d}} \tag{1.20}$$

式中:C 为线膨胀系数,铝材 $C=0.238\times10^{-4}/℃$;ΔT 为横跨阵面温度梯度(℃);θ_{d} 为天线波束扫描角度(°)。

1.2.3.6 波束扫描误差

由于差通道方向图曲线斜率随扫描角离开法线变化而造成的误差,此误差包括波束宽度内的零值偏离误差 σ_{n} 和一个波束扫描总误差 σ_{i}。通常 σ_{n} 为 $0.01\theta_3 \sim 0.02\theta_3$,$\sigma_{\mathrm{i}}$ 为 $0.02\theta_3 \sim 0.04\theta_3$。

1.2.3.7　阵风误差

阵风力矩扰动天线，由于风谱的复杂性，引起的随机误差不便计算，根据经验取值，$\sigma_w = 0.02\text{mrad}$。

1.2.3.8　机械跟踪雷达应考虑的误差

伺服噪声误差：$\sigma_s = 0.03\text{mrad}$。

摩擦和噪声误差：$\sigma_f \approx 0.02\text{mrad}$（双电机消隙）。

轴承摆动误差：$\sigma_{sw} = 0.04\text{mrad}$（主要取决于轴承精度）。

传动联轴节游动误差：$\sigma_m = 0.03\text{mrad}$。

1.2.4　转换误差

1.2.4.1　机械轴系误差

经纬型轴系在雷达中应用最多，包括方位旋转轴和俯仰旋转轴，以及作为媒介的光轴和雷达的电轴。如果以地平面作为基准，天线方位轴不垂直于地平面（大盘水平），天线俯仰轴不垂直于方位轴，天线光轴不垂直于俯仰轴，电轴不平行于光轴，都会引入方位和俯仰角误差。

1）天线方位轴不垂直于地平面（大盘水平）

天线方位轴不垂直于地平面相当于地球的赤道平面旋转了一个角度 θ_M，则方位轴相对地球的北极也偏离了一个角度 θ_M，如图 1.2 所示。

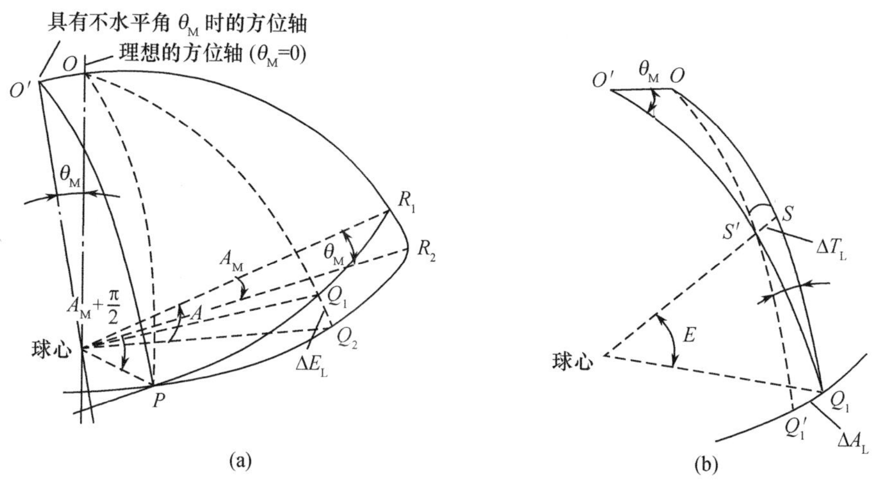

图 1.2　方位轴线不垂直地面引起误差

令方位轴偏移方向的方位角为 A_M，由图 1.2(a)可以看出，PQ_1R_1 为偏移后的赤道平面，PQ_2R_2 为原来的赤道平面，在 P 点的方位角 $A=A_M+\pi/2$，并且没有仰角误差，在 R_1 点方位角 $A=A_M$，仰角误差最大，为 θ_M。PQ_1Q_2 和 PR_1R_2 均为球面三角形，按球面三角正弦定律，求出任意方位角 A 时的仰角误差 ΔE_L。考虑 $\angle PQ_1Q_2$ 和 $\angle PR_1R_2$ 都为直角，$\angle Q_1PQ_2=\angle R_1PR_2$，并且 θ_M 和 ΔE_L 都很小，可得

$$\Delta E_L=\theta_M\frac{\sin PQ_2}{\sin PR_2}$$

因为 $PQ_2=\frac{\pi}{2}-(A-A_M)$，$PR_2=\frac{\pi}{2}$，计算方位轴线不垂直引起的仰角误差为

$$\Delta E_L=\theta_M\cos(A-A_M) \tag{1.21}$$

式中：A 为天线的方位角(°)。

方位轴线不垂直引起的方位角误差由图 1.2(b)可以看出。当天线座是水平时，在方位角 A 方向仰角变化时电轴沿大圆弧 Q_1O 移动。因为产生了倾斜角 θ_M，电轴沿大圆弧 Q_1O' 移动。在仰角 E 上产生横向角误差为 SS'，投影到赤道平面成为方位角误差 $Q_1Q'_1$。在球面三角形 Q_1OO' 中 $\angle OO'Q_1=A-A_M$，令 $\angle OQ_1O'=\alpha$，由正弦定律：$\sin\alpha=\frac{\pi}{180}\theta_M\cdot\sin(A-A_M)$。在球面三角形 Q_1SS' 中，$\angle SS'Q_1$ 为直角，应用球面直角三角形角边关系公式，得到横向角误差 ΔT_L：

$$\Delta T_L=\sin\alpha\sin E=\theta_M\sin(A-A_M)\sin E$$

式中：E 为天线的俯仰角(°)。

SS' 投影到赤道平面为 $Q_1Q'_1$，需要乘以 $\sec E$，故方位轴线不垂直引起的方位角误差为

$$\Delta A_L=\theta_M\sin(A-A_M)\tan E \tag{1.22}$$

A_M 和 θ_M 在雷达标定时用倾角测量传感器如合像水平仪、无线电子倾角仪等测量，然后综合计算得到。

2) 天线俯仰轴不垂直于方位轴

天线俯仰轴不垂直于方位轴，其夹角为 δ_M，引起的误差常称正交误差。设定天线座已经调平，仰角抬高或降低只引起方位角误差 ΔA_a，可以按图 1.2(b)和式(1.22)推算，用 δ_M 替代 $\theta_M\sin(A-A_M)$ 就可以，则 ΔA_a 表达式为

$$\Delta A_a=\delta_M\tan E \tag{1.23}$$

雷达设计和生产过程中保证不正交角为 δ_M 的大小，在高精度测量雷达中才考虑两轴线不垂直引起的方位角误差 ΔA_a。

3) 天线光轴不垂直于俯仰轴

光轴不垂直于俯仰轴，引起的方位误差如图 1.3 所示，当仰角变化时光轴应该在 QO 弧线上移动，由于存在光轴与俯仰轴不垂直，即光轴倾斜角 ψ，光轴却

沿 $Q'O'$ 移动，在仰角 E 时光轴指向产生横向偏差 SS'，投影到赤道面上为 QQ''，即为方位角误差。

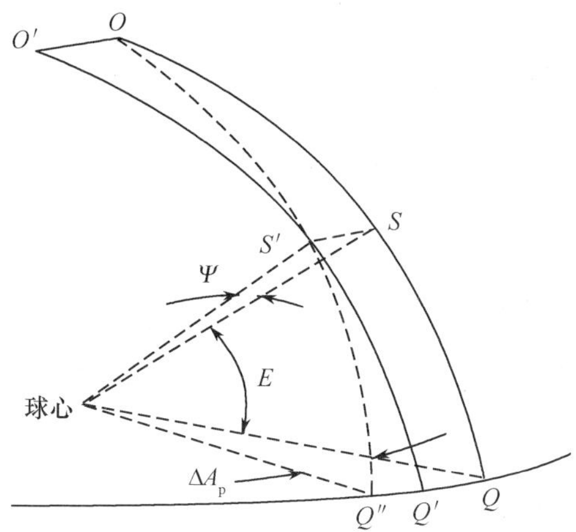

图 1.3　光轴不垂直于俯仰角引起的方位误差

$$\Delta A_{\mathrm{p}} = \psi \sec E \tag{1.24}$$

4）天线光轴与电轴不匹配

光轴与电轴不匹配引起的方位角误差 ΔA_{e} 以及俯仰角误差 ΔE_{e} 分别为

$$\begin{cases}\Delta A_{\mathrm{e}} = v_{\mathrm{T}} \sec E \\ \Delta E_{\mathrm{e}} = v_{\mathrm{E}}\end{cases} \tag{1.25}$$

式中：v_{T} 为水平方向光轴和电轴不匹配角（rad）；v_{E} 为俯仰方向光轴和电轴不匹配角（rad）。

1.2.4.2　数据传感器系统精度

雷达角位置数据的获取和传送普遍采用同步机，高精度的雷达则常采用光学编码器和其他数字传感元器件。

角位置传感器结构安装不准确，包括调零不准、轴歪斜或度盘偏心等原因产生的误差。轴歪斜或度盘偏心产生一个周期性误差，数值按正弦或余弦变化。角位置传感器偏心误差表示为

$$\delta = \frac{e}{r}\sin\theta \tag{1.26}$$

式中：e 为角位置传感器与回转轴线偏心距（m）；r 为角位置传感器度盘半径（m）；θ 为角位置传感器从偏心方向开始计算的转角（°）。

1.2.4.3　读数和量化误差

现在一般采用数字量输出，仍存在一个量化误差，通常量化误差均方根数

值取

$$\sigma_q = \frac{q}{\sqrt{12}} \tag{1.27}$$

式中：q 为角度最小量化单位(rad)。

例如方位角量化误差 $\sigma_{\theta A} = \frac{2\pi}{2^{\theta}\sqrt{12}}$，其中 θ 为计算机计算的位数，一般 $\sigma_{\theta A}$ 为 0.001 ~0.03mrad。

1.2.4.4 A/D 变换误差

雷达回波信号由模拟量到数字量变换中，由于电路和接触电位造成的 A/D 变换误差 $\sigma_{A/D}$，一般 $\sigma_{A/D}$ 为 0.01 ~0.05mrad。

1.2.5 电波传播误差

1.2.5.1 大气折射误差

大气折射率在空间和时间的不均匀性，即大气的温度、湿度和气压等参数随高度和水平方向都有复杂的变化，使作为温、湿、压函数的大气折射率 N 不等于真空中的折射率，对电磁波在大气中的传播必定会产生一定的影响。折射效应会使得电磁波的传播速度小于光速、传播的射线产生弯曲，使得雷达的测距和测角产生折射误差。因此，在利用电磁波空间传播的电子系统，为了提高测量精度必须考虑大气折射效应的影响。

在高精度雷达系统中，为了减小大气折射误差，实现精确定位和测速，必须采用大气折射误差修正的方法，提高雷达的测量精度。雷达电波的大气折射效应与大气结构参数密切相关，大量测试证明垂直方向的大气变化比水平方向要大 1 ~3 个数量级，因此，考虑雷达电波大气折射效应时，可以忽略大气的水平方向变化。视大气为球面分层，折射指数 n 可以简化为仅随地面高度 h 而变化的量，即 $n = n(h)$。对流层大气的状态主要决定于气体总压力 P、温度 T 和湿度 e_w，大气折射率的变化与气体总压力、温度和湿度的关系为

$$N = (n-1)\times 10^6 = \frac{77.6}{T}\left(P + \frac{4810 e_w}{T}\right) = \frac{77.6P}{T} + \frac{3.73\times 10^5 e_w}{T^2} \tag{1.28}$$

大气折射率随着海拔增加而减少，还与雷达所处地域、工作的季节、日期、时间相关。为此，新型雷达标校技术利用标校球携带探空仪，可以随地、随时测量气体总压力、温度和湿度随海拔的变化数值。

采用射线描迹法进行俯仰角和距离误差的修正，如图 1.4 所示。

图 1.4 中 C 点为地球球心，O 点为雷达坐标原点，T 点为目标。

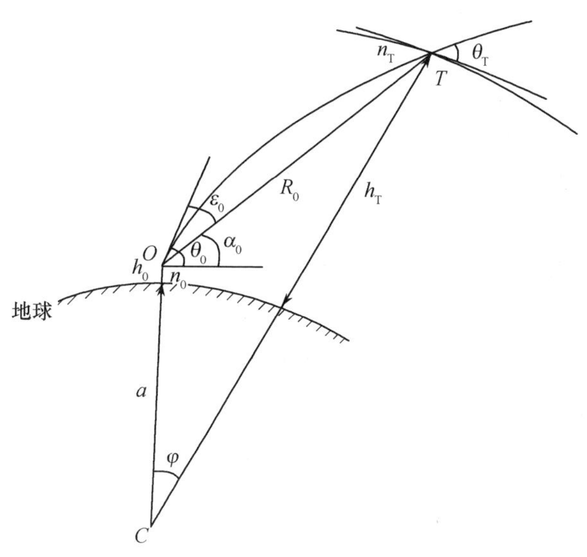

图 1.4　大气折射几何图形

1）俯仰角折射误差修正

目标的真实俯仰角表示为

$$\alpha_0 = \arctan\left(\cot\varphi - \frac{a + h_0}{a + h_T}\csc\varphi\right) \tag{1.29}$$

式中：a 为地球平均半径（m）；h_0 为雷达天线坐标原点的海拔（m）；h_T 为目标的海拔（m）；φ 为目标到地心的张角（°），表示为

$$\varphi = n_0(a + h_0)\cos\theta_0\int_{h_0}^{h_T}\frac{\mathrm{d}h}{(a + h)\sqrt{n^2(a + h)^2 - n_0^2(a + h_0)^2\cos^2\theta_0}} \tag{1.30}$$

其中：n_0 为 h_0 高度处的折射指数；θ_0 为目标的视在俯仰角（°）。

目标的俯仰角折射误差为

$$\varepsilon_0 = \theta_0 - \alpha_0 \tag{1.31}$$

当目标是在俯仰角 $\theta_0 \geqslant 5°$ 并且目标距离很远时，忽略电离层对电波折射的影响，俯仰角折射误差可以按下式计算：

$$\varepsilon_0 = N_s \times 10^{-6} c\tan\theta_0 \tag{1.32}$$

式中：N_s 为海平面折射率；c 为光速（m/s）。

俯仰角折射误差的典型值为 0.3mrad。

2）距离折射误差修正

目标的视在距离可以表示为

$$R_a = \int_{h_0}^{h} \frac{n^2(a+h)\mathrm{d}h}{n^2(a+h)^2 - n_0^2(a+h_0)^2\cos^2\theta_0} \tag{1.33}$$

低层大气与电离层分界的海拔高度 $h_t = 60\text{km}$，按式(1.33)由 h_0 到 h_t 积分得到视在距离 R_{at}。当 $R_a \leqslant R_{at}$ 时，目标在低层大气内，按式(1.33)由 h_0 到 h_T 积分得到 R_a；当 $R_a \geqslant R_{at}$ 时，目标在电离层内，按式(1.33)由 h_0 到 h_t 积分再加上 h_t 到 h_T 积分之和得到 R_a。

由图1.4可知，目标的真实距离为

$$R_0 = \frac{(a+h_T)\sin\varphi}{\cos\alpha_0} \tag{1.34}$$

距离折射误差为

$$\Delta R = R_a - R_0 \tag{1.35}$$

1.2.5.2 杂波误差

杂波干扰包括云雨、海浪和地面反射产生的多路传播干扰，这种情况与热噪声十分类似，可以按式(1.15)进行估算杂波引起的角误差。计算时可以用最大干扰信噪比 S/I 代替信号噪声比，干扰可能存在一定的相关性，有效的脉冲积累数代替 n。

单脉冲雷达的杂波误差均方根为

$$\sigma_{\theta i} = \frac{\theta_3}{k_m\sqrt{2(S/I)n_e}} \tag{1.36}$$

直线扫描雷达的杂波误差均方根为

$$\sigma_{\theta i} \approx \frac{0.5\theta_3}{\sqrt{(S/I)n_e}} \tag{1.37}$$

1.2.5.3 多路径误差

一般平坦反射面的多路径传播误差 $\sigma_{\theta m}$ 仍可以利用式(1.36)、式(1.37)计算，只需用 $\overline{G}_{se}/\rho^2$ 和 $\overline{G}_{sr}/\rho^2$ 代替 S/I 即可，其中 ρ 为地面反射系数。

单脉冲雷达多路径引起的传播角误差均方根为

$$\sigma_{\theta m} = \frac{\theta_3\rho}{k_m\sqrt{2\overline{G}_{se}n_e}} \tag{1.38}$$

式中：$\overline{G}_{se}$ 为在反射方向的方向图主瓣对边瓣的比，或均方根边瓣电平。

当 $n_e = 1$、$k_m = 2$ 时，$\sigma_{\theta m}$ 可以写为

$$\sigma_{\theta\mathrm{m}} = \frac{\theta_3\rho}{\sqrt{8\overline{G}_{\mathrm{se}}}} \tag{1.39}$$

直线扫描雷达多路径引起的传播角误差均方根为

$$\sigma_{\theta\mathrm{m}} \approx \frac{\theta_3\rho}{\sqrt{\overline{G}_{\mathrm{se}} n_{\mathrm{e}}}} \tag{1.40}$$

直线扫描雷达多路径引起的传播角误差典型均方根值为$0.005\theta_3 \sim 0.001\theta_3$。

1.3　测距误差来源及其误差估计

1.3.1　测距体制

1.3.1.1　测距原理

1）信号重心式跟踪

传统脉冲雷达最常用的跟踪方式是采用前后波门方式，提取测距误差。随着电子技术和数字化技术的发展，在雷达中普遍使用中频采样和全数字式信号处理，现在常用计算信号重心的方法提取距离误差，实现对目标的距离跟踪，如图 1.5 所示。

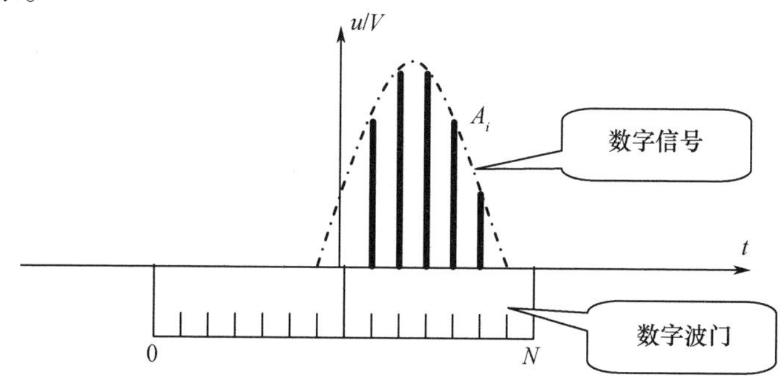

图 1.5　信号重心式距离误差原理图

从图 1.5 可以看出，在数字波门内对信号进行采样，满足采样定理，即采样频率要大于信号带宽的 2 倍。信号波门的宽度大于信号宽度的 2 倍，设波门内的采样脉冲数为 N，采集的信号幅度分别为 $A_i(i=0,1,\cdots,N)$，则信号重心偏离波门中心的距离折射误差表示为

$$\Delta R = \left(\frac{\sum_{i=0}^{N} iA_i}{\sum_{i=0}^{N} A_i} - \frac{N}{2}\right) \cdot T_{\mathrm{S}} \cdot c \tag{1.41}$$

距离跟踪回路利用 ΔR 这个误差控制波门移动,实现对目标的距离跟踪。

2) 信号脉冲前沿式跟踪

数字脉冲信号先经过门限电平削除基底噪声,再通过一个微分器,获得与信号前沿斜率最大时相对应的采样点,求出该点与波门中心的时间差,作为跟踪回路的误差,实现对信号前沿的跟踪。这种跟踪方法的优点是抗干扰能力强,距离分辨率较高,但跟踪误差较大。

1.3.1.2 测距体制

现代脉冲雷达一般都采用数字式测距体制,数字式测距的原理图如图 1.6 所示。

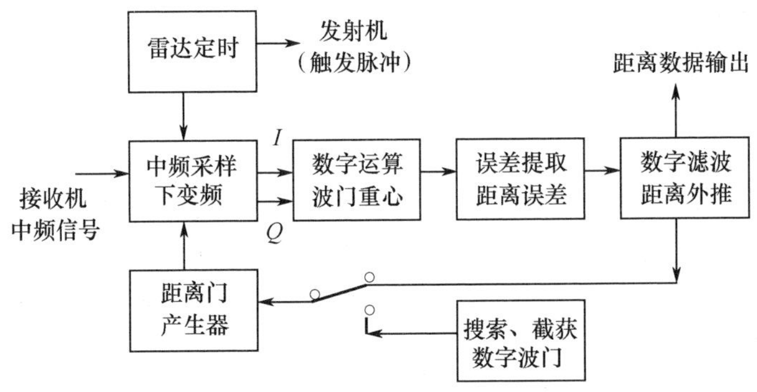

图 1.6 数字式测距原理框图

由于距离波门选通采样脉冲,对接收机的中频信号实施采样,并进行数字下变频,输出 I、Q 两路正交的视频数字信号。数字信号处理器进行波门重心计算,提取距离误差,进行距离数字滤波和外推,送距离波门产生器形成新的距离波门,实现雷达距离回路对目标的持续跟踪。距离数据可以直接从数字滤波器取出。另外雷达在搜索、截获状态,雷达控制计算机会将搜索、截获的数字波门数据送给距离波门产生器,完成最初的发现和截获目标。数字式测距回路带宽可以做得很宽,跟踪精度可以做得较高。随着数字技术和数字式元器件的发展,数字跟踪技术已经越来越广泛地应用到雷达中。

1.3.2 目标相关误差

1.3.2.1 信号幅度起伏

由于选择自动增益控制的带宽,必须适当地大于测距回路的带宽,并且自动增益控制的扼制倍数足够大,信号的振幅起伏一般不会产生测距误差。振幅起伏的扼制剩余会引起系统增益的变化,当有大的动态滞后时,也会有随机误差,在测距精度要求很高时可能产生影响。

1.3.2.2　目标闪烁

目标闪烁表现为反射波到达天线的等相位面发生变化,或者说目标的等效相位中心产生了径向移动,形成了距离跟踪随机误差,并符合于正态分布。误差的大小与目标沿雷达波束方向的纵向尺寸相关。理论和实践都表明有10%～20%的误差会超出目标纵向尺寸之外,目标闪烁的距离误差的估计公式为

$$\sigma_{\mathrm{rs}} = (0.20 - 0.35) L_{\mathrm{rs}} \tag{1.42}$$

式中:L_{rs}为目标纵向尺寸(m)。

目标闪烁的距离误差的典型值为0.1～10m。

1.3.2.3　动态滞后

一般对目标采用Ⅱ型距离跟踪环路,目标速度不会产生滞后误差,主要是目标的径向加速度形成的动态滞后误差,即

$$\sigma_{\mathrm{rd}} = (1 - \alpha_{\mathrm{CD}}) \frac{a T_{\mathrm{s}}^{2}}{\beta_{\mathrm{CD}}} \tag{1.43}$$

式中:a 为最大径向加速度($\mathrm{m/s^2}$)。

动态滞后误差的典型值为0.1～10m。

1.3.2.4　应答机延迟

在应答式跟踪的雷达中,应答机上转发信号的延迟可能产生较大的测距误差。延迟时间的长短与触发信号强度、应答机调谐及环境条件变化相关。为了隔离收发信号,应答机收到触发信号后延迟一段时间再转发回答信号。固定的延迟时间可以在雷达标定后予以修正,但延迟时间也会随温度、振动等条件的变化而变化,带来距离随机误差。一般情况应答机延迟的变化可以使距离随机误差达到10m左右。

1.3.3　雷达跟踪误差

雷达跟踪误差主要是雷达设备热噪声引起的测距误差,雷达热噪声包括热辐射感应到天线的噪声、天线自身热损耗噪声、馈线噪声和接收机噪声。它产生的热噪声误差表示为

$$\sigma_{\mathrm{TR}} = \frac{c\tau_{\mathrm{e}}}{2\sqrt{2nS/N}} \tag{1.44}$$

式中：τ_e 为等效脉冲宽度（$\tau_e = 1/B$），其中 B 为等效脉冲带宽（Hz）；$n = \frac{f_r}{2B_n}$，其中 f_r 为跟踪数据率（Hz），B_n 为跟踪回路带宽（Hz）。

当 $n=1$ 时，热噪声误差表示为

$$\sigma_{TR} = \frac{c\tau_e}{2\sqrt{2kS/N}}$$

其中，

$$k = \sqrt{\frac{2\alpha^2 - 3\alpha\beta + 2\beta}{\alpha(4 - 2\alpha - \beta)}} \tag{1.45}$$

为起伏误差滤波器平滑系数。

1.3.4 转换误差

1.3.4.1 距离量化误差

距离量化误差 σ_{QR} 定义为

$$\sigma_{QR} = \frac{R_m}{\sqrt{12}\,2^q} = \frac{L_{SB}}{\sqrt{12}} \tag{1.46}$$

式中：R_m 为最大作用距离（m）；q 为计算机数据位数；L_{SB} 为最小量化单位（m）。

距离数据量化误差典型值是 0.01 ~ 0.1m。

1.3.4.2 脉冲抖动

雷达发射机同步脉冲的时间抖动引起距离测量误差 σ_{PR}，估算公式为

$$\sigma_{PR} = \frac{c\Delta t_s}{2\sqrt{12}} \tag{1.47}$$

式中：Δt_s 为最大脉冲抖动时间（s）。

脉冲抖动误差的典型值是 0.1 ~ 0.5m。

1.3.4.3 测距时钟

测距基准频率的不准确和不稳定会引起测距误差，其测距时钟量化误差为

$$\sigma_{fR} = \frac{c}{2\sqrt{12}f_c} \tag{1.48}$$

式中：f_c 为时钟频率（Hz）。

测距时钟量化误差的典型值是 0.05 ~ 0.5m。

1.3.4.4　线性调频波形

线性调频的波形在匹配滤波器中使多普勒频移产生相对时间偏移，从而产生距离调频误差。这种误差可以通过求得距离变化率后，在跟踪计算机中予以补偿。

$$\sigma_{FM} = \frac{V_m T_d f_0}{\sqrt{12}B} \tag{1.49}$$

式中：V_m 为补偿剩余速度（m/s）；T_d为信号时间宽度（s）；f_0为发射脉冲信号的频率（Hz）；B 为调频带宽（Hz）。

距离调频误差（矩形包络的线性调频波形）的典型值是 0.15 ~ 15m。

1.3.4.5　A/D 变换

雷达回波信号由模拟量到数字量变换中，由于电路和接触电位造成的模拟取样误差 σ_{AD}（m），一般典型数值为 0.1 ~ 0.5m。

1.3.5　电波传播误差

1.3.5.1　距离折射误差

距离折射误差为

$$\Delta R = R_a - R_0$$

1.3.5.2　多路径误差

$$\sigma_{MR} = \frac{c\rho\tau_e}{2\sqrt{8G_{SL}}} \tag{1.50}$$

式中：G_{SL}为天线主副瓣比；τ_e 为等效脉冲宽度（s）（脉压后的脉冲宽度）。

1.4　测速误差来源及其估算

1.4.1　测速原理及测速体制

1.4.1.1　测速原理

为精确测量目标速度（径向速度），雷达采用细谱线跟踪技术。跟踪目标信号的中心谱线，精确测量目标多普勒频率，从而达到精确测量速度。

雷达发射和接收信号之间的相位差为

$$\phi = -2\pi\left(\frac{2R}{\lambda}\right) \tag{1.51}$$

式中:ϕ 为发射和接收信号之间的相位差(rad);"－"表示相位滞后。

利用脉冲多普勒频率表示,则有

$$f_{\mathrm{d}} = \frac{1}{2\pi}\left(\frac{\mathrm{d}\phi}{\mathrm{d}t}\right)$$

则有

$$f_{\mathrm{d}} = -\frac{2}{\lambda}\left(\frac{\mathrm{d}R}{\mathrm{d}t}\right) = -\frac{2v}{\lambda} \tag{1.52}$$

式中:f_{d}为脉冲多普勒频率(Hz);v 为目标对雷达的径向运动速度(m/s)。

目标接近时f_{d}为正值,目标远离时f_{d}为负值。可以看出,能测量出目标运动的多普勒频率就得到了目标径向运动速度。因此,测速精度取决于对目标多普勒频率的测量精度。

1.4.1.2 测速体制

现代脉冲雷达一般都采用数字式测速体制,数字式测速的简要原理如图1.7 所示。

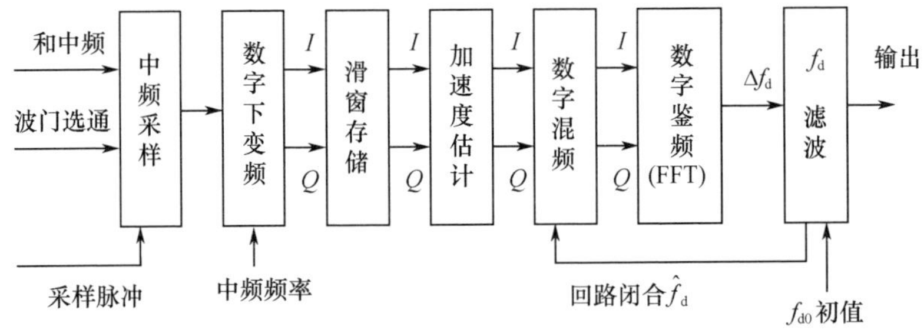

图 1.7 数字式测速原理框图

距离波门选通采样脉冲,对接收机的中频信号实施采样,并进行数字下变频,输出 I、Q 两路正交的视频数字信号。数字信号处理器进行脉冲串的滑窗式存储,加速度估计,与脉冲多普勒滤波器外推值$\hat{f}_{\mathrm{d}}$ 进行数字混频,数字鉴频提取脉冲多普勒频率误差 Δf_{d},进行数字滤波和外推,实现雷达速度回路对目标脉冲多普勒频率的细谱线跟踪。速度数据可以从数字滤波器取出 f_{d} 并通过变换得到。另外雷达在搜索、截获目标的多普勒频率时,雷达控制计算机会将搜索、截获的脉冲多普勒频率初值 f_{d0} 提供给测速回路,完成最初的发现和截获目标的脉冲多普勒频率f_{d}。数字式测速回路带宽可以做得很宽,跟踪精度可以做得较高。随着数字技术和数字式元器件的发展,数字跟踪技术已经越来越广泛地应用到雷达测速中。

1.4.2 目标误差

1.4.2.1 信号幅度起伏

由于选择自动增益控制是宽带的，并且自动增益控制的扼制倍数足够大，信号的振幅起伏一般不会产生测速误差。

振幅起伏的扼制剩余会引起系统增益的变化，当有大的动态滞后时，也会有随机误差，在测速精度要求很高时可能产生影响。

1.4.2.2 目标闪烁

目标闪烁表现为反射波到达天线的等相位面发生变化，或者说目标的等效相位中心产生了径向移动，形成了速度跟踪随机误差，并符合于正态分布。误差的大小与目标沿雷达波束方向的横向尺寸相关。理论和实践都表明有 10% ~ 20% 的误差会超出目标横向尺寸之外，参考文献[1]给出目标闪烁的速度误差 σ_{fs} 的估计公式为

$$\sigma_{\mathrm{fs}} = (0.20 \sim 0.35)\frac{2L_x\omega_{\mathrm{a}}}{\lambda} \tag{1.53}$$

式中：ω_{a} 为目标旋转等效的角频率（rad/s）。

目标闪烁的速度误差典型值是 0.5 ~ 15m/s。

1.4.2.3 动态滞后

一般对目标采用Ⅱ型速度跟踪环路，目标径向速度不会产生滞后误差，主要是目标的径向加速度形成的速度动态滞后误差 σ_{fd}，为

$$\sigma_{\mathrm{fd}} = (1 - \alpha_{\mathrm{CD}})\frac{\sqrt{2}aT_{\mathrm{S}}}{\beta_{\mathrm{CD}}} \tag{1.54}$$

速度动态滞后误差的典型值是 0.15 ~ 15m/s。

1.4.3 雷达热噪声误差

雷达设备的热噪声引起的测速误差。雷达热噪声包括热辐射感应到天线的噪声、天线自身热损耗噪声、馈线噪声和接收机噪声。速度热噪声误差估计公式表示为

$$\sigma_{\mathrm{TV}} = \frac{\lambda}{2T_{\mathrm{d}}\sqrt{2S/N}} \tag{1.55}$$

速度热噪声误差的典型值为 1.5 ~ 15m/s。

1.4.4 转换误差

1.4.4.1 数据量化

目标速度量化误差为

$$\sigma_{QV}=\frac{V_m}{\sqrt{12}\,2^q} \tag{1.56}$$

目标速度量化误差的典型值是0.01~0.1m/s。

1.4.4.2 脉冲抖动

雷达发射机同步脉冲的时间抖动引起速度测量误差,估算公式为

$$\sigma_{PV}=\frac{c\Delta t_s}{2\sqrt{6}T_0} \tag{1.57}$$

其中 T_0 为观察目标时间(s)。

脉冲抖动误差的典型值是0.06~0.3m/s。

1.4.5 传播误差

1.4.5.1 大气折射误差

由对流层中距离延迟变化所形成的多普勒速度误差,与本地折射指数成正比,即

$$\sigma_N=vN_t\times10^{-6} \tag{1.58}$$

其中 N_t 为目标附近对流层折射率。

由对流层起伏造成的距离变化率误差:

$$\sigma_{TE}\approx0.33\times10^{-12}v_d^{3/2}f_d^{-1/2}L \tag{1.59}$$

式中:v_d 为空气团的漂移速度(m/s);L 为对流层中传播路径长度(m)。对流层中距离延迟变化所形成的多普勒速度误差的典型值是0.01m/s。

1.4.5.2 多路径误差

目标多路径引起的测速误差为

$$\sigma_{MV}=\sigma_{fd}\cdot\lambda/2 \tag{1.60}$$

多路径引起多普勒频率误差为

$$\sigma_{fd}=\frac{\sqrt{2}h\dot{E}\rho}{\lambda\sqrt{G_{SL}}}=\frac{\sqrt{2}h\rho V\sin\gamma}{\lambda R\sqrt{G_{SL}}} \tag{1.61}$$

其中:$\dot{E}$ 为目标仰角变化的速率(rad/s);

ρ 为地面反射系数(根据工作区域地表选取参数);

γ 为垂直平面内目标速度矢量和雷达天线波束指向之间的夹角(°)。

目标多路径引起的测速误差的典型值是 0.005 ~0.06m/s。

1.5　误差的综合

1.5.1　误差综合的要求

一般误差由若干不同误差源构成,估计误差时必须考虑各种不同来源的误差分量,将它们合成以求得总误差。工程实践上需要误差合成满足下列要求:

(1) 必须保证误差合成有一定的准确性,即估计精度的误差应不超过某一较小的数值;

(2) 误差合成的运算方法必须便利,增强工程上应用的可能性;

(3) 误差合成的结果要有一定的置信度,误差超出估价范围的概率不大于某一较小的值。

1.5.2　误差的分布和数字特征

误差综合使用最广的方法是"概率法"。各个部分误差的分布多数都是随机的,随机量数值的大小只有统计学的规律性,需要用概率分布和表征分布的数学特征来描述[1]。

1.5.2.1　误差的分布

实际常遇到的误差分布,除正态分布之外还有一些其他形式,如 t 分布、三角分布和均匀分布等。

1.5.2.2　数字特征

由中心极限定理知道,当有大量随机量相加时,若每个随机量都占总和的很小部分,则总和的分布总是趋于正态分布。对于正态分布的数学特征只有一阶矩和二阶矩,即数学期望和方差。由若干独立随机变量的数学期望 M 和方差 D 的加法定理可以知道,总和的数学期望和方差决定于各随机变量的数学期望和方差。

若干随机变量之和的数学期望等于各随机变量数学期望之和,即

$$M\left(\sum_{i=1}^{n}\xi_i\right) = \sum_{i=1}^{n}M(\xi_i) \tag{1.62}$$

其中 ξ_i 为随机变量。

若各随机变量均不相关，随机变量之和的方差等于各随机变量方差之和，即

$$D\left(\sum_{i=1}^{n}\xi_i\right) = \sum_{i=1}^{n}D(\xi_i) \tag{1.63}$$

1.5.3 误差综合规则

1.5.3.1 系统误差

系统误差可以分为固定误差和变化误差，固定误差的值是不变的，变化误差的值是有规律变化的，或者是无规律慢慢变化的。

系统误差用均方值表示为

$$a^2 = a_0^2 + \sigma_a^2 \tag{1.64}$$

式中：a_0为系统误差中的固定误差；σ_a为系统误差中的变化误差。

1.5.3.2 多误差综合

各误差分量之间有的相关，有的不相关，也有的部分相关。有些误差分量之间有确定的函数关系，可以认为它们完全相关。在综合时必须考虑这些关系。

1）各误差分量完全不相关时

系统误差的固定分量 a_0^2为

$$a_0^2 = \sum_{i=1}^{n}a_{0i}^2 \tag{1.65}$$

式中：a_{0i}为分误差的固定值。

系统误差的变化分量 σ 或随机误差 σ^2为

$$\sigma^2 = \sum_{i=1}^{n}\sigma_i^2 \tag{1.66}$$

式中：σ_i为分误差的变化分量。

2）各误差分量有些是相关时

需要知道相关系数ρ。

$\rho=0$ 时则不相关，$\rho=\pm1$ 是完全相关的固定误差，直接求代数和，完全相关的固定误差为

$$a'_0 = \sum_{i=1}^{n}a'_{0i} \tag{1.67}$$

式中：a'_{0i}为分量的固定误差。

$\rho=+1$ 至 -1 之间时（$\rho=0$ 除外），其相关的系统误差变化分量 σ'或随机误差 σ 的计算，系统误差变化分量为

$$\sigma'^2 = \sum_{i=1}^{n} \sigma_i'^2 + \sum_{\substack{i,j=1 \\ i \neq j}}^{n} \rho_{ij} \sigma'_i \sigma'_j \tag{1.68}$$

式中：σ'_i、σ'_j分别为变化分量；ρ_{ij}为变化分量间的相关系数。

1.5.3.3　总误差

系统误差 a 和随机误差 σ 综合在一起称为总误差。系统误差 a 可以分为固定误差 a_0和变化误差 σ_a，总误差用均方误差表示为

$$m^2 = a_0^2 + \sigma_a^2 + \sigma^2 \tag{1.69}$$

式中：σ_a为系统误差中的变化误差。

1.6　误差的测定和分离

1.6.1　概述

对误差进行测定和分离是一项十分重要的工作，用实验的方法来研究误差的大小、变化规律和它们的相互关系，借以获得设计资料，验证设计和计算的准确性，并得到进一步提高设备精度的方法。有些误差分量可以直接测出，但大部分误差分量需要通过分离才能获得各个误差分量。

1.6.1.1　非随机误差

大部分系统误差都属于非随机误差。

1）固定误差

改变目标位置和其他参数，以及重复测量时误差值不变，例如标定误差。按误差频谱特性，固定误差是直流成分。

2）函数变化误差

改变目标位置和其他参数，以及重复测量时误差值按一定的函数规律变化，但多次重复测量的结果不变，例如轴系误差。按误差频谱特性，函数变化误差是低频成分。

3）变符号误差

当目标运动状态反转时误差的符号也随着改变，例如动态滞后、不灵敏区误差等。

1.6.1.2　随机误差

1）随机变量

在离散测量时，误差的变化是随机的，例如量化误差。

2）平稳随机过程

改变目标位置和其他参数,误差是平稳的随机过程,例如目标起伏误差。

3）非平稳随机过程

误差是随机过程,但它的数字特征又是目标参数的函数,例如角噪声、热噪声误差等是非平稳随机过程。

通常平稳随机过程和非平稳随机过程,按误差频谱特性,主要是频率较高的部分。

1.6.1.3 准随机误差

1）重复性随机误差

当改变目标参数时误差的变化是周期性重复,但在一个周期内是随机的,例如齿轮传动误差。

2）非重复性系统误差

当连续改变目标参数时误差是固定或按某一函数变化,但以后重复测量时,误差虽然仍有相同的变化规律,数值却发生了变化。许多变化慢的因素引起的误差常常属于这一类,例如零点漂移。

1.6.2 误差分离的方法

通常误差伴随在测量数据之中,首先要从测量值中将误差和真值分开,然后根据各误差的特征分离出常用误差分量。

1.6.2.1 直接比较法

用一种仪器或设备,其测量精度比雷达误差高得多,可以作为比较标准(真值)。仪器和雷达同时进行测量,比较两者的测量结果,其差值就可以认为是雷达测定的误差。

1.6.2.2 平滑法

设有测量值或误差曲线可以表示为

$$y(t) = A(t) + \xi(t) \tag{1.70}$$

式中:$A(t)$为真值或系统误差;$\xi(t)$为零平均值的随机误差。

经过平滑后$\xi(t)$可以被消掉,剩下$A(t)$。将$y(t)$与$A(t)$相减就分离出随机误差$\xi(t)$。

若测量值或误差是一组数字序列,可以写成

$$y(t_i) = A(t_i) + \xi(t_i) \tag{1.71}$$

式中：t_i为数据抽样时间。

则可以按 1.1.4 节误差实时统计模型，统计出 $y(t)$ 的平均值 $A(t)$，即为真值或系统误差，同时统计出随机误差 $\xi(t)$ 的标准偏差 σ_ξ。

1.6.2.3　最小二乘法拟合

当测量值的真值高于一次曲线时，用简单的平滑方法得到的真值 $A(t)$ 会产生较大的误差，平滑的时间越长误差越大，采用最小二乘法可以减小平滑误差。

使用最小二乘法首先判定 $A(t)$ 可以用某一多项式或其他函数表示，用最小二乘法从测量值 $y(t)$ 的一组抽样值 $y(t_i)$ 中求出多项式的系数或函数的参数。抽样区间不要太长，使测量值变化不太大，用二阶多项式可以近似表达，然后采用滑窗式处理拟合成平滑曲线。

利用二次抛物线模型平滑

$$y \approx a + bt + ct^2 \tag{1.72}$$

式中：a、b、c 为多项式系数。

使残差平方和最小，即可求得 a、b、c

$$\sum_{i=-n}^{n}[(a + bt_i + ct_i^2) - y_i]^2 = \min$$

令方程分别对 a、b、c 的一阶偏导数等于零，则有方程组

$$\begin{cases} \sum\limits_{i=-n}^{n}(a + bt_i + ct_i^2 - y_i) = 0 \\ \sum\limits_{i=-n}^{n}(a + bt_i + ct_i^2 - y_i)t_i = 0 \\ \sum\limits_{i=-n}^{n}(a + bt_i + ct_i^2 - y_i)t_i^2 = 0 \end{cases}$$

将各项分别求和，则有

$$\begin{cases} (2n+1)a + 2(1^2 + 2^2 + \cdots + n^2)c - \sum\limits_{i=-n}^{n} y_i = 0 \\ 2(1^2 + 2^2 + \cdots + n^2)b - \sum\limits_{i=-n}^{n} t_i y_i = 0 \\ 2(1^2 + 2^2 + \cdots + n^2)a + 2(1^4 + 2^4 + \cdots + n^4)c - \sum\limits_{i-n}^{n} t_i^2 y_i = 0 \end{cases} \tag{1.73}$$

其中 $1^2 + 2^2 + \cdots + n^2 = \dfrac{1}{6}n(n+1)(2n+1) = \dfrac{n^3}{3} + \dfrac{n^2}{2} + \dfrac{n}{6}$

$$1^4+2^4+\cdots+n^4=\frac{1}{30}n(n+1)(2n+1)(3n^2+3n-1)=\frac{n^5}{5}+\frac{n^4}{2}+\frac{n^3}{3}-\frac{n}{30}$$

则得到求解 a、b、c 系数的方程组

$$\begin{cases}(2n+1)a+2\left(\frac{n^3}{3}+\frac{n^2}{2}+\frac{n}{6}\right)c=\sum_{i=-n}^{n}y_i \\ 2\left(\frac{n^3}{3}+\frac{n^2}{2}+\frac{n}{6}\right)b=\sum_{i=-n}^{n}t_iy_i \\ 2\left(\frac{n^3}{3}+\frac{n^2}{2}+\frac{n}{6}\right)a+2\left(\frac{n^5}{5}+\frac{n^4}{2}+\frac{n^3}{3}-\frac{n}{30}\right)c=\sum_{i=-n}^{n}t_i^2y_i\end{cases}$$

1）递推计算

用抛物线逼近折线

$$R(t)=a+bt+ct^2$$

用最小二乘法使残差平方和最小，解出常数 a,b,c。

$$R(t+T)=a+b(t+T)+c(t+T)^2$$

$$R(t+T)=a+bt+ct^2+bT+2ctT+cT^2$$

$$R(t+T)=R(t)+2ctT+bT+cT^2$$

令：$\begin{cases}\alpha_i=bT+cT^2 \\ \beta_i=2ctT\end{cases}$

同理：$\beta_{i+1}=2c(t+T)T=2ctT+2cT^2=\beta_i+2cT^2$

则有迭代公式

$$R_{i+1}=R_i+\alpha_i+\beta_i$$

$$\alpha_{i+1}=bT+cT^2$$

$$\beta_{i+1}=\beta_i+2cT^2 \tag{1.74}$$

式中：R_{i+1} 为平滑量的外推值；R_i 为本周期的平滑值；α_{i+1} 为位置平滑增量值；β_{i+1} 为速度平滑外推的位置增量；T 为平滑外推的周期。

2）五点平滑（$n=2$）

将 $n=2$ 代入求解二次抛物线系数的方程组（1.73），解出 a、b、c 并代入式（1.72），则可以得到

$$\overline{Y}_i=\frac{24-5n^2}{70}\sum_{i=-n}^{n}Y_i+\frac{n}{10}\sum_{i=-n}^{n}t_iY_i+\frac{n^2-2}{14}\sum_{i=-n}^{n}t_i^2Y_i \tag{1.75}$$

将各点的 n 值代入式（1.77），便可以得到各点测量数据的平滑值。

$$\begin{cases}\overline{Y}_{-2} = \dfrac{1}{35}(31Y_{-2} + 9Y_{-1} - 3Y_0 - 5Y_1 + 3Y_2) \\ \overline{Y}_{-1} = \dfrac{1}{35}(9Y_{-2} + 13Y_{-1} + 12Y_0 + 6Y_1 - 5Y_2) \\ \overline{Y}_0 = \dfrac{1}{35}(-3Y_{-2} + 12Y_{-1} + 17Y_0 + 12Y_1 - 3Y_2) \\ \overline{Y}_1 = \dfrac{1}{35}(-5Y_{-2} + 6Y_{-1} + 12Y_0 + 13Y_1 + 9Y_2) \\ \overline{Y}_2 = \dfrac{1}{35}(3Y_{-2} - 5Y_{-1} - 3Y_0 + 9Y_1 + 31Y_2)\end{cases} \tag{1.76}$$

3）七点平滑（$n=3$）

将 $n=3$ 代入求解二次抛物线系数的方程组（1.73），解出 a、b、c 并代入式（1.72），则可以得到：

$$\overline{Y}_i = \frac{28n^2 - 19}{651}\sum_{i=-n}^{n} Y_i + \frac{n}{28}\sum_{i=-n}^{n} t_i Y_i + \frac{28 - 7n^2}{651}\sum_{i=-n}^{n} t_i^2 Y_i \tag{1.77}$$

将各点的 n 值代入式（1.77），便可以得到测量数据的平滑值。

$$\begin{cases}\overline{Y}_{-3} = \dfrac{1}{42}(32Y_{-3} + 15Y_{-2} + 3Y_{-1} - 4Y_0 - 6Y_1 - 3Y_2 + 5Y_3) \\ \overline{Y}_{-2} = \dfrac{1}{14}(5Y_{-3} + 4Y_{-2} + 3Y_{-1} + 2Y_0 + Y_1 - Y_3) \\ \overline{Y}_{-1} = \dfrac{1}{14}(Y_{-3} + 3Y_{-2} + 4Y_{-1} + 4Y_0 + 3Y_1 + Y_2 - 2Y_3) \\ \overline{Y}_0 = \dfrac{1}{21}(-2Y_{-3} + 3Y_{-2} + 6Y_{-1} + 7Y_0 + 6Y_1 + 3Y_2 - 2Y_3) \\ \overline{Y}_1 = \dfrac{1}{14}(-2Y_{-3} + Y_{-2} + 3Y_{-1} + 4Y_0 + 4Y_1 + 3Y_2 + Y_3) \\ \overline{Y}_2 = \dfrac{1}{14}(-Y_{-3} + Y_{-1} + 2Y_0 + 3Y_1 + 4Y_2 + 5Y_3) \\ \overline{Y}_3 = \dfrac{1}{42}(5Y_{-3} - 3Y_{-2} - 6Y_{-1} - 4Y_0 + 3Y_1 + 15Y_2 + 32Y_3)\end{cases} \tag{1.78}$$

4）九点平滑（$n=4$）

将 $n=4$ 代入求解二次抛物线系数的方程组（1.73），解出 a、b、c 并代入式（1.72），则可以得到：

$$\overline{Y}_i = \frac{708 - 60n^2}{2772}\sum_{i=-n}^{n} Y_i + \frac{n}{60}\sum_{i=-n}^{n} t_i Y_i + \frac{9n^2 - 60}{2772}\sum_{i=-n}^{n} t_i^2 Y_i \tag{1.79}$$

将各点的 n 值代入式（1.80），便可以得到测量数据的平滑值。

$$
\begin{cases}
\overline{Y}_{-4} = \dfrac{1}{165}(109Y_{-4} + 63Y_{-3} + 27Y_{-2} + Y_{-1} - 15Y_0 - 21Y_1 - 17Y_2 - 3Y_3 + 21Y_4) \\
\overline{Y}_{-3} = \dfrac{1}{330}(126Y_{-4} + 92Y_{-3} + 63Y_{-2} + 39Y_{-1} + 20Y_0 + 6Y_1 - 3Y_2 - 7Y_3 - 6Y_4) \\
\overline{Y}_{-2} = \dfrac{1}{2310}(378Y_{-4} + 441Y_{-3} + 464Y_{-2} + 447Y_{-1} + 390Y_0 + 293Y_1 \\
\qquad + 156Y_2 - 21Y_3 - 238Y_4) \\
\overline{Y}_{-1} = \dfrac{1}{2310}(14Y_{-4} + 273Y_{-3} + 447Y_{-2} + 536Y_{-1} + 540Y_0 + 459Y_1 \\
\qquad + 293Y_2 + 42Y_3 - 294Y_4) \\
\overline{Y}_0 = \dfrac{1}{231}(-21Y_{-4} + 14Y_{-3} + 39Y_{-2} + 54Y_{-1} + 59Y_0 + 54Y_1 \\
\qquad + 39Y_2 + 14Y_3 - 21Y_4) \\
\overline{Y}_1 = \dfrac{1}{2310}(-294Y_{-4} + 42Y_{-3} + 239Y_{-2} + 459Y_{-1} + 540Y_0 + 536Y_1 \\
\qquad + 447Y_2 + 273Y_3 + 14Y_4) \\
\overline{Y}_2 = \dfrac{1}{2310}(-238Y_{-4} - 21Y_{-3} + 156Y_{-2} + 293Y_{-1} + 390Y_0 + 447Y_1 \\
\qquad + 464Y_2 + 441Y_3 + 378Y_4) \\
\overline{Y}_3 = \dfrac{1}{330}(-6Y_{-4} - 7Y_{-3} - 3Y_{-2} + 6Y_{-1} + 20Y_0 + 39Y_1 + 63Y_2 + 92Y_3 + 126Y_4) \\
\overline{Y}_4 = \dfrac{1}{165}(21Y_{-4} - 3Y_{-3} - 17Y_{-2} - 21Y_{-1} - 15Y_0 + Y_1 + 27Y_2 + 63Y_3 + 109Y_4)
\end{cases}
\tag{1.80}
$$

5）二十三点平滑（$n=11$）

将 $n=11$ 代入求解二次抛物线系数的方程组(1.73)，解出 a、b、c 并代入式(1.72)，则可以得到

$$
\overline{Y}_i = \frac{79-n^2}{805}\sum_{i=-n}^{n} Y_i + \frac{n}{1012}\sum_{i=-n}^{n} t_i Y_i + \frac{n^2-44}{35420}\sum_{i=-n}^{n} t_i^2 Y_i \tag{1.81}
$$

将各点的 n 值代入式(1.81)，便可以得到测量数据的平滑值。例如取终点平滑值 $n=11$，则有

$$
\overline{Y}_{11} = -\frac{42}{805}\sum_{i=-n}^{n} Y_i + \frac{1}{92}\sum_{i=-n}^{n} t_i Y_i + \frac{1}{460}\sum_{i=-n}^{n} t_i^2 Y_i \tag{1.82}
$$

将式(1.82)展开便可以得到

$$
\overline{Y}_{11} = \sum_{i=-n}^{n} \alpha_i \frac{Y_i}{230} \tag{1.83}
$$

其中：$i=-11,-10,\cdots,-1,0,1,\cdots,10,11$；

α_i =21,13,6,0, -5, -9, -12, -14, -15 -15, -14,
-12, -9, -5,0,6,13,21,30,40,51,63,76。

1.6.3 随机误差分离

把拟合的多项式或其他函数记为 $\hat{A}(t)$,于是随机误差 $\xi(t)$ 的标准偏差 σ_ξ 可以表示为

$$\sigma_\xi = \sqrt{\frac{1}{r-k}\sum_{i=1}^{r}[y(t_i) - \hat{A}(t_i)]^2} \tag{1.84}$$

其中 r 为抽样总数。

k 为拟合多项式的待定系数或函数参数的数目,若为 P 阶多项式,则 $k = P+1$。

1.6.3.1 变量差分法

在一组随时间变化的测量值中,真值和系统误差是随时间慢速变化的函数,可以用一个多项式近似表示,随机误差则是平稳随机过程。故离散的测量值可以表示为

$$y_i = \sum_{j=1}^{P} A_{j-1} t_i^{j-1} + \xi_i (i = 1,2,\cdots,n) \tag{1.85}$$

其中 A_{j-1} 多项式各项系数。

对这组测量值作差分就是对它们相邻的值两两相减。

采用后向差分:一阶向前差分:$\Delta y_k = y_{k+1} - y_k$

二阶向前差分:$\Delta^2 y_k = \Delta y_{k+1} - \Delta y_k$

……

m 阶向前差分:$\Delta^m y_k = \Delta^{m-1} y_{k+1} - \Delta^{m-1} y_k$

向后差分计算表如表 1.1 所列。

表 1.1 向前差分表

t_i	y_k	Δy_k	$\Delta^2 y_k$	$\Delta^3 y_k$	$\Delta^4 y_k$
t_0	y_0				
		Δy_0			
t_1	y_1		$\Delta^2 y_0$		
		Δy_1		$\Delta^3 y_0$	
t_2	y_2		$\Delta^2 y_1$		$\Delta^4 y_0$
		Δy_2		$\Delta^3 y_1$	……
t_3	y_3		$\Delta^2 y_2$		
		Δy_3		……	
t_4	y_4		……		
		……			
……	……				

t_i是等间隔分布的,当作 p 阶差分时,凡包含有系数 $A_{j-1}(j=1,2,\cdots,p)$ 的各项均等于 0,剩下的是包含随机误差 ξ_i的项。

1）差分阶次

可以从差分数据上判断差分用的阶数,首先观察差分数列的正负号应频繁变化,其次查看数列没有明显的趋向性(数值逐渐增大或减小),再次是数列的总平均值应接近于零。分别计算 p 阶差分的总平均值 a_Δ^p 和总均方根数值 σ_Δ^p

$$a_\Delta^p = \frac{1}{\sum_m (n_k - p)} \sum_m \sum_{i=0}^{n_k-p-1} \Delta^p y_{k+il} \tag{1.86}$$

$$\sigma_\Delta^p = \sqrt{\frac{1}{\sum_m (n_k - 1)} \sum_m \sum_{i=0}^{n_k-1} (\Delta^p y_{k+il} - a_\Delta^p)^2} \tag{1.87}$$

其中:p 为差分的阶数;

m 为所取差分数据的组数;

n_k 为第 k 组 p 阶差分的个数;

$\sum_m$ 为对 m 组的数据求和;

$\Delta^p y_{k+il}$ 为第 k 组数据的 p 阶向前差分;

l 为差分取值的步长。

若 $\frac{a_\Delta^p}{\sigma_\Delta^p} \leqslant \frac{1}{d}$ $(d=3\sim6)$ 就可以认为平均值已经很小,说明差分用的次数合适。如果再差分一阶算出的结果和上一阶的差别不大,也可认为差分用的阶次合适。

2）步长的选择

通过试算来确定,先用某一选定步长进行差分计算,然后增长步长再计算一种结果,若两次计算结果无大差别,说明步长已经足够了。

参考文献

[1] 楼宇希．雷达精度分析[M]．北京:国防工业出版社．1979.

[2] QJ 2674－1994 制导雷达精度分析方法[S]．北京:航空航天部．1994.

[3] [美]David．K．Barton 著．雷达评估手册[M]．电子部第十四研究所五部,译．南京:电子部第十四研究所五部．1992.

[4] [美] P. J. Kahrilas 著．电扫描雷达系统设计手册[M]．锦江,译．北京:国防工业出版社. 1979.

[5] 焦培南,张忠治．雷达环境与电波传播特性[M]．北京:电子工业出版社,2007.

第2章 雷达常规标校

2.1 概　　述

雷达作为“千里眼”拓展了人们观测的视野,雷达探测目标的测量精度直接影响着雷达的工作效能和生存竞争能力。雷达测量精度用测量参数的随机误差和系统误差表示,雷达的测量误差与目标、大气传播及雷达设备性能等诸多因素有关。雷达测角误差是由多个方面引起的,如雷达天线的设计、安装误差,接收机热噪声及信号处理引入的误差,角度回路延时带来的误差,等等。雷达测距误差则是与系统延时、接收机热噪声、信号波形与系统带宽、定时时钟等有关。因此,在雷达设计、制造、安装等各个环节必须采取措施以避免误差的形成,对已存在的各种误差要进行分析,尽力予以消除或减小。从误差的性质来讲,所有误差均可以分解为系统误差和随机误差两部分。随机误差部分要求在雷达的设计、制造等环节采取措施予以减小。随机误差是多次测量中无规律的误差,具有一定统计概率和一定概率分布的误差分量,可以通过平滑、滤波等信号数据处理进行抑制。系统误差部分则能在雷达制造、安装等环节之后采取适当的措施予以消除,系统误差是在多次测量的平均值与基准值之间的固定偏移或按一定规律变化的误差分量,通常用误差的数学期望表示。雷达标校的目的是为了消除系统误差,这种对系统误差进行标定和校正的过程称为标校,通过标校提高雷达系统测量精度。

这里介绍雷达标校是指精密测量雷达在正常使用期间系统误差的标定与校正,即用相应的仪器和方法对雷达的轴系误差、零值、特性曲线或误差模型系数进行标定、测试或校准。标定是在规定条件下利用专用设备、仪器对雷达某些参数进行测定的过程,校正是利用标定获得的数据修正雷达参数提高雷达测量精度[1]。

2.2 雷达常规标定

雷达的常规标定是以雷达大盘上望远镜的光轴为基准和中介,标定雷达机械轴和电轴之间的系统误差,也是雷达长期和广泛使用的标定方法[2]。

光轴是安装在天线上作为轴系基准的望远镜或其他光学设备的视轴。天线电轴是指天线波束内某一角度方向,当目标处在该角度位置时,跟踪雷达的角误差信号为零(单脉冲雷达天线方向图的差波瓣零点所指的方向)。机械轴处于光轴与俯仰轴组成的平面,通过雷达旋转轴心并垂直于俯仰轴的一条轴线。

雷达常规标定的项目:

(1) 方位轴不垂直于地平面(大盘水平度)误差;

(2) 方位角零值和仰角零值;

(3) 光轴与机械轴匹配误差;

(4) 光轴与电轴匹配误差;

(5) 距离零值;

(6) 重力下垂角的测定;

(7) 角度定向灵敏度;

(8) 俯仰轴不垂直于方位轴(方位轴、俯仰轴正交度)测量。

2.2.1 方位轴不垂直于地平面(大盘水平度)误差标定

大盘是安装雷达天线的水平基座。大盘水平度标定是确定大盘倾斜的方位角及其倾斜量。

2.2.1.1 标定设备

大盘水平度标定常用的仪器有合像水平仪、电子水平仪和无线电子倾角仪等。合像水平仪为人工测量并判读的仪器,测量精度一般优于5″(角秒);电子水平仪为有线测量仪器,测量分辨率约为0.001mrad,测量量程约为±1.5mrad;无线电子倾角仪则采用无线测量模式,具有大量程、高测量精度等优点。

2.2.1.2 无线电子倾角仪

倾角测量在军事工程、民用工程领域和加工制造领域都有广泛的应用。倾角测量根据传感器和外围设备的不同各有其特点。无线电子倾角测量系统由便携式无线电子倾角仪(以下简称"倾角仪")、无线数据采集终端(以下简称"采集终端")和接口应用软件等组成。具有以下优点:

(1) 使用方便。倾角仪在以无线方式进行测量时,与其他设备间不需要使用任何线缆连接,采集终端可以配置在环境条件相对较好的区域(如机房、舱室)进行数据采集。被测载体转动测量时可以不担心线缆缠绕问题。

(2) 测量精度高,测量范围大。传感器可以在较大范围内实现高精度倾角测量。

(3) 可靠性高。包括传感器在内的倾角仪,内部没有任何运动部件,可以实现在复杂振动、船摇等条件下的运动载体倾角测量。

（4）灵活性好。倾角仪的配置可以实现远距离绝对/差分测量。具有无线/有线工作方式，可以与被测设备进行集成完成自动化倾角测量。采集终端可以同时采集多个倾角仪的测量数据。并具有中继功能以实现跨区组网测量功能。

将无线电子倾角仪置于大盘水平基准面上，其无线通信接收器与雷达计算机相连，如图 2.1 所示。无线电子倾角仪的技术指标如下：

（1）测量范围：±30°；

（2）测量精度：0.02mrad；

（3）工作温度：-20～40℃；

（4）数据传输距离：≥3km（开阔地带）；≥500m（非屏蔽建筑）；≥200m（开门舱室）；

（5）电池持续工作时间：16h；

（6）终端处理能力：双通道差分，显示、存储、转发。

图 2.1　无线电子倾角仪与雷达计算机连接示意图

2.2.1.3　方位轴不垂直于地平面（大盘水平）自动标定

把无线电子倾角仪置于天线座方位转台上与（雷达正常工作时）天线俯仰指向一致的一侧，然后启动标定程序，驱动天线方位转动，每隔 15°雷达计算机自动录取电子倾角仪的数据，直到天线转动 360°。一共 4 个测回（正反各两转），然后对测试数据进行整理，计算出同一测点在不同测回的水平度的平均值，最后用谐波分析法求出方位轴不垂直地平面（大盘水平）引起的最大仰角误差及其方位轴偏移方向的方位角，即

$$
\begin{cases}
\theta_{\mathrm{M}} = \sqrt{\left(\dfrac{2}{n}\sum\limits_{i=1}^{n}\theta_i\cos A_i\right)^2 + \left(\dfrac{2}{n}\sum\limits_{i=1}^{n}\theta_i\sin A_i\right)^2} \\
A_{\mathrm{M}} = \arctan\left(\dfrac{\dfrac{2}{n}\sum\limits_{i=1}^{n}\theta_i\sin A_i}{\dfrac{2}{n}\sum\limits_{i=1}^{n}\theta_i\cos A_i}\right) + A_0
\end{cases}
\tag{2.1}
$$

式中：A_0为雷达方位零值(°)；$\theta_i = \frac{1}{m}\sum_{j=1}^{m} \theta_{ij}$为测点 i 处水平度平均值(°)；A_i为测点 i 处方位角(°)；θ_{ij}为测量点 i 处，第 j 测回水平度测量值，可由相对法或绝对法测得；m 为测回数。

2.2.2 方位角和仰角零值标定

通过雷达天线口径平面中心，并且垂直口面的轴线称为天线机械轴，是雷达天线方位轴与俯仰轴正交的轴。约定大地正北方向为方位零，雷达机械轴顺时针方向旋转为正，逆时针方向旋转为负；约定大地水平方向为俯仰零度，雷达机械轴向上旋转为正，下俯旋转为负。

雷达天线大盘调整水平合格后，机械轴对准天文北方时，方位轴角编码器输出的数值称为方位角零值。雷达天线机械轴与大地平行时，俯仰轴角编码器输出的数值称为俯仰零值。方位角和俯仰零值标定是要测定雷达方位零值 A_0 和雷达俯仰零值 E_0。

2.2.2.1 标定设备

标定雷达方位和俯仰零值，需要在雷达阵地上建立地标，光学望远镜安装在天线左下角，如图 2.2 所示。

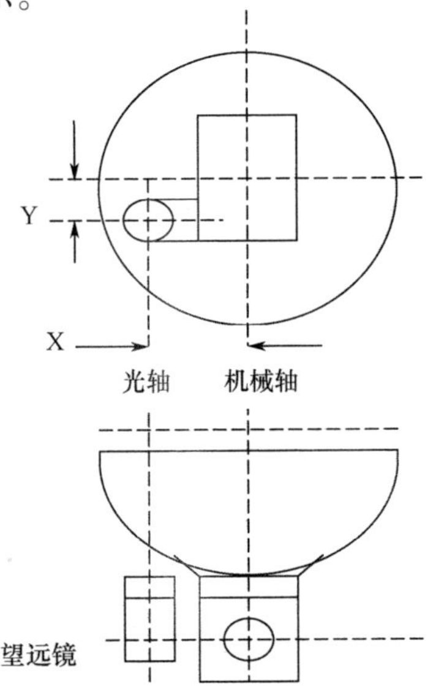

图 2.2 光学望远镜安装图

2.2.2.2 地标设置

一般要求在距雷达原点半径为 500 ~ 1000m 的圆周上，均匀设置 3 ~ 5 个地标,为便于望远镜观察,要求每个地标与雷达间应通视无遮挡。地标和天线坐标原点要经过三等精度的大地测量,望远镜应满足下列技术指标:

(1) 放大倍数:20 倍;

(2) 分辨率:0. 015mrad;

(3) 视角: ±8. 5mrad;

(4) 刻度:mrad/格。

地标上安装有十字光标板,十字光标板上涂有黑白相间的图案,其中心高度应保障雷达观测仰角在 0°左右,推荐十字光标尺寸如图 2. 3 所示。

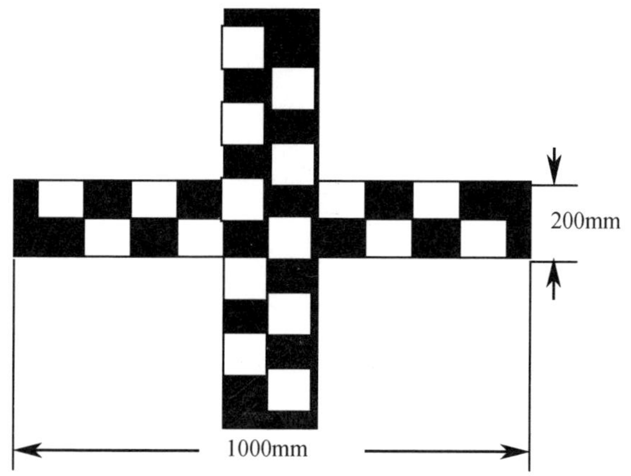

图 2. 3　方位标上的十字光标板

2. 2. 2. 3　雷达方位和雷达俯仰零值自动标定

首先将已经编号的方位标的大地测量值(A_1、E_1、R_1,A_2、E_2、R_2,…,A_n、E_n、R_n)输入到计算机,然后启动标定程序转动天线,使望远镜的十字刻线逐一对准方位标上的十字标,如图 2. 4 所示,计算机逐一自动录取各方位标的码盘值(A'_1、E'_1,A'_2、E'_2,…,A'_n、E'_n)。

将录取的码盘数值进行视差修正为

$$\begin{cases} A'_{ni} = A'_i - \dfrac{1000X}{R_i} \\ E'_{ni} = E'_i - \dfrac{1000Y}{R_i} \end{cases} \tag{2.2}$$

式中:A'_i、E'_i为观测 i 号方位标时,方位与俯仰轴角编码器的输出值(°);A'_{ni}、E'_{ni}为经视差修正后的 i 号方位标的雷达方位与俯仰观测值(°);R_i为 i 号方位标与雷达坐标原点之间的距离(m);X、Y 为光轴与雷达天线机械轴线之间的水平距离和垂直距离(m)。

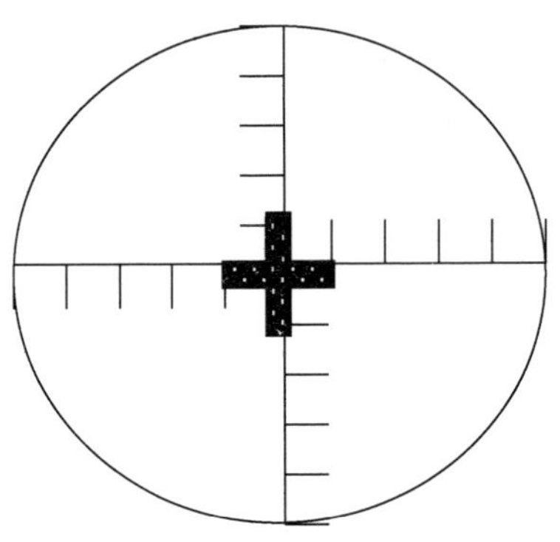

图 2.4　望远镜十字刻线与方位标的十字标

计算雷达方位和俯仰零值(A_0、E_0)为

$$\begin{cases} A_0 = \dfrac{1}{n}\sum_{i=1}^{n}(A_i - A'_{ni}) \\ E_0 = \dfrac{1}{n}\sum_{i=1}^{n}(E_i - E'_{ni}) \end{cases} \tag{2.3}$$

式中:A_i、E_i为方位标的方位角和俯仰角大地测量值(°)。

更精确的雷达需要在式(2.3)的基础上以三角函数关系式进行光学视差修正。方位角视差修正关系如图 2.5 所示,俯仰角视差修正关系如图 2.6 所示。

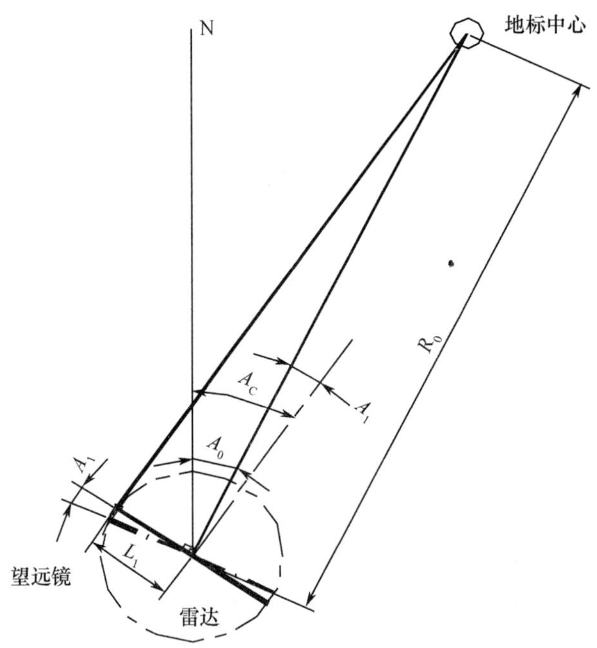

图 2.5　方位角视差修正关系图

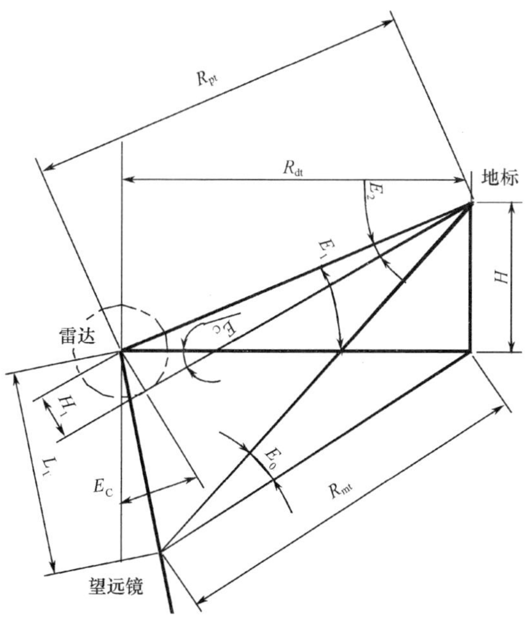

图 2.6 俯仰角视差修正关系图

修正后的方位角为

$$A_c = A_0 + \arcsin(L_1/R_0) \tag{2.4}$$

式中:A_0为大地测量给出相对雷达中心的方位角(°);R_0为地标到雷达中心的水平距离(mm);L_1为望远镜到雷达中心的水平距离(mm)。

修正后的俯仰角 E_c 为

$$\begin{cases} E_c = E_1 + E_2 \\ E_1 = \arctan(H/R_{dt}) \\ H = R_{mt} \times \tan(E_0) \\ R_{dt} = \sqrt{R_{mt}^2 - L_1^2} \\ E_2 = \arcsin(H_1/R_{pt}) \\ R_{pt} = \sqrt{R_{dt}^2 + H^2} \end{cases} \tag{2.5}$$

式中:E_1为折算到俯仰轴端的俯仰角(°);E_2 为望远镜垂直偏移引起地标俯仰角差(°);R_{mt}为地标到望远镜的水平距离(mm);L_1为望远镜到雷达中心的水平距离(mm);H_1为望远镜到雷达中心的垂直距离(mm);R_{dt}为地标到雷达俯仰轴端的水平距离(mm);R_{pt}为地标到雷达俯仰轴端的斜距(mm)。

如果望远镜的实际安装位置与图 2.5、图 2.6 不一致时,只要将相应的尺寸以相应的数值代替即可。如果是用“倒镜”的方法观察目标,方位角的修正除了要修改望远镜相应尺寸的数值外，最后计算的方位角的数值需要再增加 180°。俯仰角则要修改望远镜的相应尺寸的符号外，还需使用 180°与计算的俯仰角相减。

2.2.3 光机轴偏差标定

光轴是雷达天线上校准望远镜的光学中心视线，光机轴偏差标定是测定光轴与机械轴的偏差。对正像望远镜，机械轴滞后于光轴，光机轴偏差取“+”号。

2.2.3.1 标定设备

标定设备有方位标和望远镜。

2.2.3.2 方位光轴和机械轴偏差的标定

方位光轴标定通常有两种方法，一是“正、倒镜”的方法，二是望远镜倒插法。这两种方法各有其特点。

1）望远镜正插法

利用带光学镜像的校准装置（如图 2.7 所示）。望远镜先对准校准装置左下光标（方位角和俯仰角分别记为 A_{b1}，E_{b1}），然后方位旋转约（$A_{b1}+180°$），俯仰旋转约（$180°-E_{b1}$），再精确对准校准装置的右上标（方位角和仰角分别记为 A_{b2}，E_{b2}）。计算光轴与机械轴的偏差：$\Delta A_{GJ}=(A_{b2}-A_{b1}+180°)/2$。

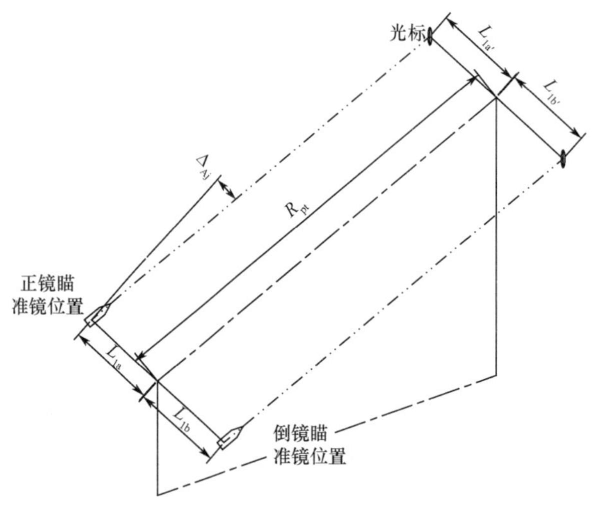

图 2.7 “正、倒镜”标校装置

2）望远镜倒插法

选取一个方位标，使其十字标志板的中心设置在雷达天线俯仰角为零值的位置；转动天线使望远镜的十字刻线对准十字标；望远镜倒插，天线俯仰角转动180°，微调天线的方位和俯仰，使望远镜的十字刻线垂线与十字标志的垂线重合，锁定方位角；望远镜正插，俯仰角转回原位置；望远镜上读取十字刻线垂线与十字标志板垂线的偏差为 a，则方位光轴和机械轴偏差 $\Delta A_{GJ}=a/2$。

“正、倒镜”法的优点是校准精度高，操作简单，自动化程度高，缺点是需要一个镜像结构的校准装置配合；望远镜倒插法的优点是不需要镜像结构的校准装置配合，缺点是需要人工把望远镜再反向装配一次或多次，再装配存在重复定位和反向定位误差问题，并且只能人工操作。

2.2.3.3　俯仰光轴和机械轴偏差的标定

俯仰光轴和机械轴偏差已经隐含在方位轴不垂直于地平面（大盘水平度）标定和仰角零值标定的公式中，不需要单独对此项误差进行标定。

2.2.4　光电轴偏差标定

雷达天线差波瓣零值点的方向称为电轴。光电轴偏差标定是测定雷达方位、俯仰的光轴与电轴的偏差。

2.2.4.1　标定设备

光电轴偏差的常规标定需要利用标校塔。

1）标校塔架设距离

标校塔架设位置与雷达原点间的距离，要考虑校准塔信号源在雷达天线上产生的路程差应小于 $\lambda/16$，故标校塔与雷达原点间的距离 R 应满足

$$R \geqslant \frac{2(D+d)^2}{\lambda} \tag{2.6a}$$

如果不考虑天线测试的需要，标校塔喇叭天线到雷达天线的距离应满足

$$R \geqslant \frac{2(D+d)^2}{\lambda} \text{或} R \geqslant \frac{D^2}{\lambda} \tag{2.6b}$$

式中：D 为雷达天线最大尺寸（m）；d 为信号源天线最大尺寸（m）。

2）标校塔架设高度

为减小地面多路经效应，在雷达校准的过程中要确保天线在一定的仰角条件下工作。一般情况下，取雷达天线俯仰角 $E \geqslant 3\theta$ 时（θ 为天线主波束宽度），认为多路经效应对雷达校准标定的影响较小，标校塔喇叭天线的架设高度 H 应满足

$$H \geqslant R \times \tan(3\theta) + h \text{ 或 } H \geqslant R \times \tan(1.5\theta) + h \tag{2.7}$$

式中：H 为喇叭天线的架设高度（m）；θ 为雷达天线垂直波束宽度（°）。

在雷达实际布站、架设标校塔时，要合理利用高坡、土丘等有利地形，当雷达

天线电轴对准标校塔信号源时，要至少确保天线主波束不照射地面。

3）喇叭天线和井字标板

标校塔上安装喇叭天线和井字标板，如图 2.8 所示。喇叭天线位于井字标板平面的中心，到井字标标线的距离 X、Y 与望远镜光轴到机械轴的 X、Y 坐标相同。

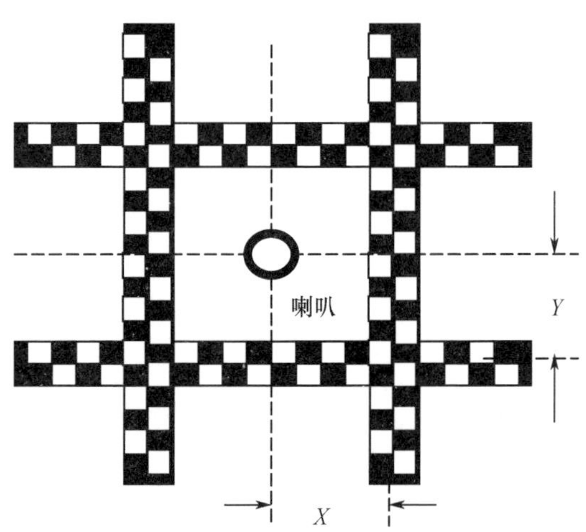

图 2.8　井字标板和信号源喇叭

4）标校信号源

为喇叭天线提供辐射信号的信号源应满足的主要技术指标：

（1）工作方式：脉冲或连续波；

（2）工作频率：雷达的工作频率；

（3）峰值功率：≥20mW（喇叭天线输出）。

2.2.4.2　幅度和相位自动标校

雷达通道幅度相位标校是指雷达各接收通道之间的幅度一致性和相位一致性的标定和校正。雷达除发射机分系统之外，雷达其他分系统和标校塔信号源都处于工作状态。启动标校程序，其标校的步骤为：

（1）输入大地测量的标校塔天线的方位角 A_T、俯仰角 E_T，作为基准值；

（2）控制天线方位角 $A_C = A_T + \theta_{A1}/2$、俯仰角 $E_C = E_T + \theta_{E1}/2$，$\theta_{A1}$、$\theta_{E1}$ 分别为天线方位、俯仰波束宽度；

（3）统计记录雷达各接收通道信号的幅度和相位数据；

（4）扫描控制天线方位角 $A_C = A_T - \theta_{A1}/2$、俯仰角 $E_C = E_T - \theta_{E1}/2$；

（5）统计记录雷达各接收通道信号的幅度和相位数据；

（6）通过计算机软件或接收机通道硬件进行补偿，使接收机各通道的幅度和相位达到平衡,雷达能够正常跟踪标校塔的信号源。

2.2.4.3　光电轴偏差自动标定

雷达除发射机分系统之外,雷达其他分系统和标校塔信号源都处于工作状态。启动标校程序,望远镜对准标校塔井字标左下角的十字标,雷达计算机录取方位和俯仰轴角编码器输出的数据 A_{L}、E_{L}。雷达转入自动跟踪信号源,雷达计算机录取方位和俯仰轴角编码器输出的数据 A'_{ni}、E'_{ni}。光轴对准井字标左下角时的方位和俯仰的光电轴偏差为

$$\begin{cases}\Delta A_{\mathrm{L}} = \dfrac{1}{n}\sum\limits_{i=1}^{n}(A_{\mathrm{L}} - A'_{ni}) \\ \Delta E_{\mathrm{L}} = \dfrac{1}{n}\sum\limits_{i=1}^{n}(E_{\mathrm{L}} - E'_{ni})\end{cases} \tag{2.8}$$

式中:A_{L} 为光轴对准时,方位轴角编码器输出的数据(°);E_{L} 为光轴对准时,俯仰轴角编码器输出的数据(°);A'_{ni}为电轴对准时,方位轴角编码器输出的数据(°);E'_{ni}为电轴对准时,俯仰轴角编码器输出的数据(°)。

引导雷达天线使方位转 180°,俯仰转(180° − 2E),E 是标校塔的俯仰角。望远镜对准标校塔井字标志右上角的十字标,雷达计算机录取方位和俯仰轴角编码器输出的数据 A_{R}、E_{R}。雷达转入自动跟踪信号源,雷达计算机录取方位和俯仰轴角编码器输出的数据 A'_{Ri}、E'_{Ri},光轴对准井字标志右上角时的方位和俯仰光电轴偏差 ΔA_{R}、ΔE_{R} 为

$$\begin{cases}\Delta A_{\mathrm{R}} = \dfrac{1}{n}\sum\limits_{i=1}^{n}(A_{\mathrm{R}} - A'_{\mathrm{Ri}}) \\ \Delta E_{\mathrm{R}} = \dfrac{1}{n}\sum\limits_{i=1}^{n}(E_{\mathrm{R}} - E'_{\mathrm{Ri}})\end{cases} \tag{2.9}$$

式中:A_{R} 为光轴对准时,方位轴角编码器输出的数据(°);E_{R} 为光轴对准时,俯仰轴角编码器输出的数据(°)。

雷达的方位和俯仰的光电轴偏差为

$$\begin{cases}\Delta A_{\mathrm{GD}} = \dfrac{1}{2}(\Delta A_{\mathrm{L}} - \Delta A_{\mathrm{R}}) \\ \Delta E_{\mathrm{GD}} = \dfrac{1}{2}(\Delta E_{\mathrm{L}} - \Delta E_{\mathrm{R}})\end{cases} \tag{2.10}$$

2.2.5　距离零值标定

雷达相对于坐标原点输出的距离值称为距离零值,也可以认为测距信号在雷达设备内的延时所对应的距离。距离零值标定是要测定雷达的距离零值。

2.2.5.1 标定设备

距离零值的常规标定需要使用距离标，一般距离标是由金属板制造的正三棱锥形状的角反射体，开口面朝向雷达天线，如图 2.9 所示，固定在非金属构架上。

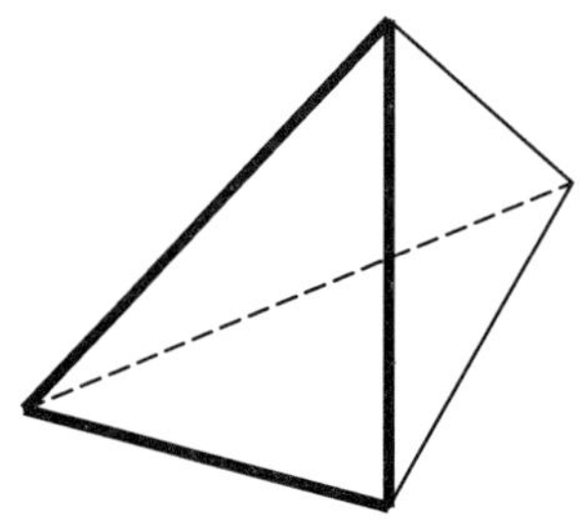

图 2.9 三棱锥角反射体

距离标的主要技术指标为：

(1) 距离标的 RCS 使雷达接收机的信噪比 $S/N \geqslant 30$dB，但接收机不饱和；

(2) 架设高度满足雷达天线远场测试要求；

(3) 距离标相对于雷达的坐标原点应经过三等大地测量。

距离标的架设位置和高度需要根据雷达周围的地势和雷达工作特点进行选择，一般需要考虑：

(1) 距离标的架设位置不影响雷达主要工作方向；

(2) 距离标的架设高度能够使得雷达正确区分距离标和地物；

(3) 雷达与距离标连线的延长方向没有物理和电气延迟等效的强背景。

2.2.5.2 距离零值自动标定

雷达全机处于工作状态，输入距离标的大地测量值 R_1，启动标定程序，引导雷达天线对准距离标，距离回路自动跟踪，计算机录取测量的距离数据，距离零值为

$$R_0 = \frac{1}{n}\sum_{i=1}^{n}(R_1 - R'_i) \tag{2.11}$$

式中：R_1 为雷达原点到距离标的距离(m)；R'_i 为第 i 次测量的距离值(m)。

2.2.6 重力下垂角的测定

由于用雷达电轴、望远镜(或摄像头)光轴通过“倒镜”方法跟踪标校装置时，它们在俯仰上各自的扫过角不同，利用电轴、光轴在俯仰上扫过角的差异就可以测算出雷达天线的重力下垂角 E_{mg}。

按下述操作过程描述扫过角：雷达电轴（光轴）在俯仰上（0°～90°）对准信号源（光标），记录雷达俯仰码盘读数 E_{1d}（E_{1g}），然后把雷达天线在方位上转过 180°，接着转动天线俯仰、使天线调头过天顶，让天线电轴（光轴）在俯仰上（90°～180°）重新对准信号源（新的对应光标），记录雷达俯仰码盘读数 E_{2d}（E_{2g}），那么 $E_{2d}-E_{1d}$ 即为电扫过角，$E_{2g}-E_{1g}$ 即为光扫过角。则重力下垂角为

$$E_{mg}=\frac{(E_{2g}-E_{1g})-(E_{2d}-E_{1d})}{2} \tag{2.12}$$

式中：E_{2g} 为光轴在俯仰上（90°～180°区间）对准新对应光标时俯仰码盘读数；E_{1g} 为光轴在俯仰上（0°～90°区间）对准光标时俯仰码盘读数；E_{2d} 为电轴在俯仰上（90°～180°区间）对准信号源时俯仰码盘读数；E_{1d} 为电轴在俯仰上（0°～90°区间）对准信号源时俯仰码盘读数。

2.2.7　定向灵敏度标定

雷达天线的电轴偏离目标一个单位角时，接收机输出角误差的电压值称为定向灵敏度。定向灵敏度标定是要测量天线电轴扫过目标时，接收机输出角误差的电压相当于扫描角的变化曲线。

2.2.7.1　标校设备

雷达整机和标校塔。

2.2.7.2　定向灵敏度自动标定

雷达除发射机分系统之外，雷达其他分系统和标校塔信号源都处于工作状态，启动标校程序。

（1）引导雷达天线到标校塔方位、俯仰方向 A_T、E_T；

（2）引导天线俯仰角在 E_T，天线的方位以 A_T 为中心作 ± 线性范围内的扫描，提取方位误差电压为零时的方位角 A_{0i}，并取其平均值 A_0；

（3）引导天线方位角在 A_0，天线的俯仰以 E_T 为中心作 ± 线性范围内的扫描，提取俯仰误差电压为零时的俯仰角 E_{0i}，并取其平均值 E_0；

（4）引导天线俯仰角在 E_0，天线的方位以 A_0 为中心作 $\pm\theta_{A1}/2$ 范围内扫描，提取接收机方位误差电压 U_{Ai}，画出方位灵敏度曲线，如图 2.10（a）所示；

（5）引导天线方位角在 A_0，天线的俯仰以 E_0 为中心作 $\pm\theta_{E1}/2$ 范围内扫描，提取接收机俯仰误差电压 U_{Ei}，画出俯仰定向灵敏度曲线，如图 2.10（b）所示。

2.2.8　俯仰轴不垂直于方位轴（方位轴、俯仰轴正交度）测量

在天线方位轴不垂直于水平面（大盘水平）调整完毕，就可以进行俯仰轴、

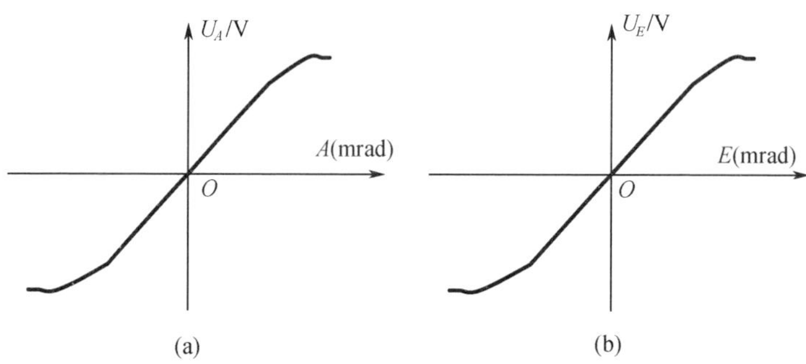

图 2.10　方位、俯仰定向灵敏度曲线

方位轴正交度误差的测定。将无线电子倾角仪(或其他水平度测量仪器)置于俯仰轴一端,在方位角 A 处仪器判读数据 δ_A,程序控制转动天线座到方位角 $A+180°$处,仪器判读数据 $\delta_{A+180°}$。δ_A,$\delta_{A+180°}$的符号有正有负。则方位轴、俯仰轴正交度误差 $\delta_n=(\delta_A-\delta_{A+180°})/2$。

一般来讲,俯仰轴、方位轴正交度误差一经出厂测定,在以后的使用过程中基本保持不变,无需反复测量,除非设备返厂大修。

2.3　雷达校正

雷达校正是使用雷达标定获得的参数,校正雷达实际测量的参数,提高雷达实际的测量精度。将校正公式、标定参数存入计算机,由计算机自动进行实时校正。

2.3.1　方位轴不垂直于地平面(大盘水平)的校正

方位轴不垂直于地平面(大盘水平)的校正为

$$\begin{cases}\Delta A_1=\delta_M\times\sin(A_n-A_M)\times\tan E_3\\ \Delta E_1=\delta_M\times\cos(A_n-A_M)\end{cases}\tag{2.13}$$

式中:$E_3=E_n+E_0$;A_n 为方位轴角编码器输出值(°);E_n 为俯仰轴角编码器输出值(°);E_0为雷达俯仰零值(°)。

2.3.2　光电轴偏差校正

方位和俯仰光电轴偏差校正分别为

$$\begin{cases}\Delta A_P=\Delta A_{GD}\times\sec E_3\\ \Delta E_P=\Delta E_{GD}\end{cases}\tag{2.14}$$

2.3.3 方位系统误差校正

校正后的方位角为

$$A_X = A_n + A_0 + \Delta A_1 + (1/K_a)\Delta U_a \times \sec E_3 + \delta_n \tan E_3 + (\Delta A_P + \Delta A_{GJ}) \times \sec E_3 \tag{2.15}$$

式中:K_a 为方位定向灵敏度(V/°)(定向灵敏度曲线的斜率); ΔU_a 为方位角误差电压(V)。

2.3.4 俯仰系统误差校正

校正后的俯仰为

$$E_X = E_n + E_0 + \Delta E_1 + (1/K_e)\Delta U_e + \Delta E_{GD} + E_{mg} \times \cos E_3 + \Delta\delta_r \tag{2.16}$$

式中:K_e 为俯仰定向灵敏度(V/°)(定向灵敏度曲线的斜率); ΔU_e 为俯仰角误差电压(V);$E_{mg} = \frac{1}{2}(\Delta E_L + \Delta E_R)$为天线重力下垂角(°),符号取负;$\Delta E_L$ 为光轴位于井字标左下角时,俯仰光电轴偏差(°);ΔE_R 为光轴对准“井”字标的右上角位置时,俯仰的光电轴偏差(°);$\Delta\delta_r$ 为大气折射误差(°),符号取负。

2.3.5 距离系统误差校正

校正后的距离为

$$R_X = R_n + R_0 + R_{DZ} \tag{2.17}$$

式中:R_n 为雷达测量距离值(m);R_0为雷达距离零值(m);R_{DZ}为大气折射误差(m),符号取负号。

2.4 小　　结

雷达的常规标定是以雷达大盘上望远镜的光轴为基准和中介,标定雷达机械轴和电轴之间的系统误差,也是雷达长期和广泛使用的标定方法。该方法需要建设多个方位标和一个标校塔,适用于中、小型固定雷达站的标校,对于大型雷达站和机动型雷达的标校需要寻求新的标校方法。

参考文献

[1] 李宗武. 一种新的机载雷达标校方法[J]. 现代雷达,2001(2):7-12.
[2] GJB 3153-1998 精密测量雷达标定与校正[S]. 北京:国防科学技术委员会,1998.

第3章 微光电视角度标校

3.1 概　　述

微光电视标校系统是利用光学成像原理采集目标信息,经处理得到所需的目标特性参数,获取目标实况图像资料的专用测量系统。系统具有获得目标影像直观性强、测量精度高、不受地面杂波干扰、可以事后重放等特点,适用于未设固定雷达天线罩的雷达或安装透明材料天线罩的雷达。

微光电视标校系统的主要作用是将视场中目标偏离光轴的脱靶量检测出来,去控制伺服系统,带动电视镜头跟踪目标,使脱靶量变小,使目标始终保持在电视视场中心。另外电视系统可以获得目标图像,实时监视跟踪目标的状态,作为填补雷达盲区,捕获跟踪低空、近距离目标的重要手段。

微光电视标校是雷达机械轴和光轴外场精度标校和误差修正的方法之一。它是以恒星及恒星的星历为基准,找出雷达方位零值、俯仰零值以及轴系精度的机械因素和误差之间的关系,提高雷达测量精度。星体标校包括选星、引导星和数据处理三部分工作。

3.2 微光电视星体标校原理

在雷达时间信号控制下,微光电视标校系统对恒星体进行静态拍摄,可以得到星体角度(水平角和天顶角)的测量值。根据拍摄星的时间、雷达站址的天文经纬度、星体的坐标(赤经、赤纬)等参数,可以推算出该时刻星体的理论角度值(水平角和天顶角)。以理论值为基准,经过数据处理后,可以获得微光电视对准星体时的静态角度指示误差。对不同方位角、俯仰角的星体重复进行静态拍摄,然后对测量的数据进行统计分析,分离其中的大盘水平度和最大不水平方向、方位轴 - 俯仰轴正交度等分量,然后由雷达进行补偿,提高雷达的测角精度[1]。

星体标校的基本点是利用恒星理论位置的确定性。在已知星体的赤经 α、

赤纬 δ、测星点天文经度 λ、天文纬度 ϕ 和绝对时间 t 的情况下，星体的理论方位角和理论俯仰角是以上几个参数的函数[2]，即

$$\begin{cases}A(t)=G_1[a(t),\delta(t),\lambda(t),\phi(t),t]\\E(t)=G_2[a(t),\delta(t),\lambda(t),\phi(t),t]\end{cases}\tag{3.1}$$

式中：$a(t)$ 为星体的赤经（°）；$\delta(t)$ 为星体的赤纬（°）；$\lambda(t)$ 为测星点的天文经度（°）；$\phi(t)$ 为测星点的天文纬度（°）；t 为绝对时间（s）。

雷达电视测量星体位置，得到星体对雷达的方位角测量值 A_{ij}、俯仰角测量值 E_{ij}（下标 ij 表示第 i 颗星的第 j 次采样），与星体理论位置相减得 ΔA_{ij}、ΔE_{ij}，进而统计得出测量 i 星的方位偏差角 ΔA_i，俯仰偏差角 ΔE_i。雷达电视是高精度的光测设备，其静态测量精度优于 3″，雷达电视与雷达天线之间刚性连接，可以认为测量星的误差是雷达的零位误差、轴系误差（$A_0,E_0,\beta_x,\beta_y,\delta_n,S_b$）的函数，即

$$\begin{cases}\Delta A_i=F_1(A_0,E_0,\beta_x,\beta_y,\delta_n,\Delta A_{GJ})\\\Delta E_i=F_2(A_0,E_0,\beta_x,\beta_y,\delta_n,\Delta A_{GJ})\end{cases}\tag{3.2}$$

式中：F_1、F_2 为复杂函数；β_x、β_y 为方位轴不垂直于地平面（大盘水平）的两个修正分量（°）。

通过公式得到 F_1、F_2 线性模型，利用最小二乘法求 ΔA_0、ΔE_0（先扣除常规方法标定的零位，标定的结果是方位编码器零位偏差和俯仰编码器零位偏差 ΔA_0、ΔE_0）；β_x、β_y、δ_n、ΔA_{GJ} 的估计值具体作法如下：用雷达测量电视测出仰角在 20°～65°，方位间隔大体一致的 n 颗星，每颗星组数据修正编码器零位，然后与理论位置比对（i 表示星号，j 表示采样号，上标 0 表示理论值），其中理论值已加入大气传播误差修正量，即

$$\begin{cases}\Delta A_{ij}=A_{ij}-A_{ij}^0\\\Delta E_{ij}=E_{ij}-E_{ij}^0\end{cases}\tag{3.3}$$

式中：A_{ij}、E_{ij} 为第 i 颗星，第 j 次采样获得的方位、俯仰角测量值；A_{ij}^0、E_{ij}^0 为第 i 颗星，第 j 次采样获得的方位、俯仰理论值。

对每颗星 m 组数据求平均值，即

$$\begin{cases}\overline{\Delta A_i}=(1/m)\sum\Delta A_{ij}\\\overline{\Delta E_i}=(1/m)\sum\Delta E_{ij}\\\overline{A_i}=(1/m)\sum A_{ij}\\\overline{E_i}=(1/m)\sum E_{ij}\end{cases}\tag{3.4}$$

3.3 微光电视星体标校功能组成

微光电视星体标校系统是由光学镜头、CCD 器件、高灵敏度摄像机、伺服控

制、目标图像采集与检测、标校模型解算等单元组成[3]，如图 3.1 所示。

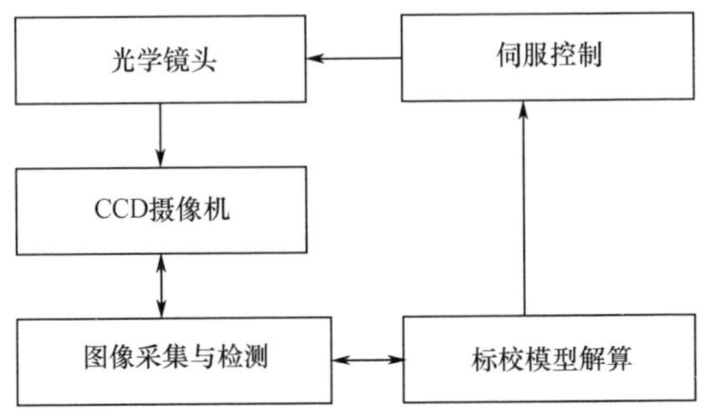

图 3.1　星体标校装置组成

CCD 是电荷偶合器件的简称。它能够将摄入光线转变为电荷，将其存储、转移，把成像光信号变为电信号输出，完成光电转换的功能。

星体标校的技术指标为

(1) 视场角：10′（角分）；

(2) 灵敏度：4.5 等星；

(3) 标校精度：5″；

(4) 标定时间：≤30min。

星体标校装置通过对星体目标的自动捕获、跟踪和检测，完成对雷达系统的水平基座姿态和指向误差、跟踪轴系的机械误差、测角传感器的非线性误差的精确标定。

3.4　微光电视星体标校

星体标校的内容包括雷达初始标定、恒星位置预报、星位位置测量和标校模型解算等四部分。

3.4.1　雷达初始标定

为了实现雷达微光电视在角度上能跟踪星体，需要对雷达进行初始标定。其中包括大盘水平标定、角度零值初始标定等项目。

3.4.1.1　标定仪器设备

利用无线电子倾角仪、CCD 望远镜、“BD/GPS”、“寻北仪”等设备，对天线进行常规的初始标定，以便实现雷达天线对星体进行捕获和跟踪。初始标定设备如图 3.2 所示。

(a) 无线电子倾角仪

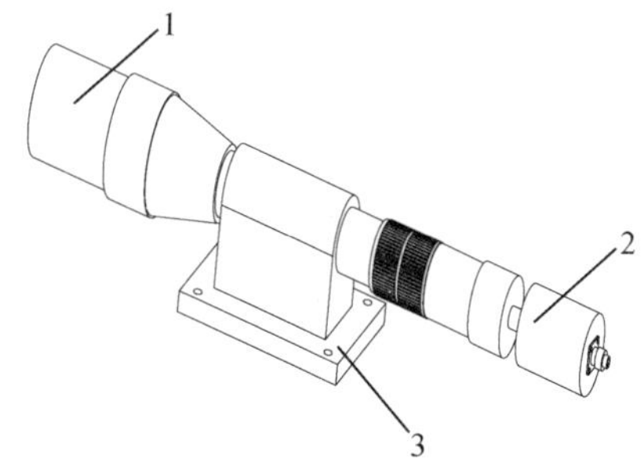

(b) CCD望远镜

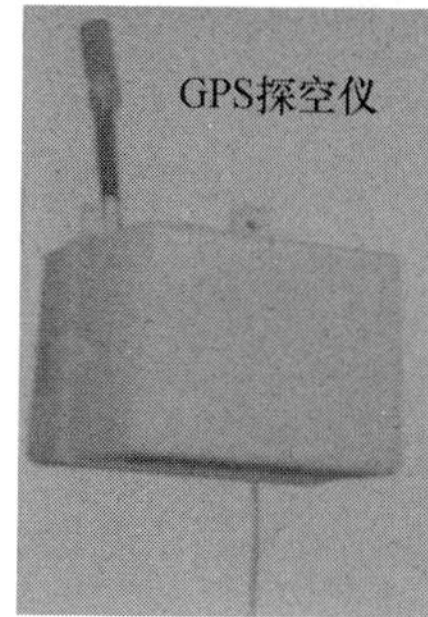

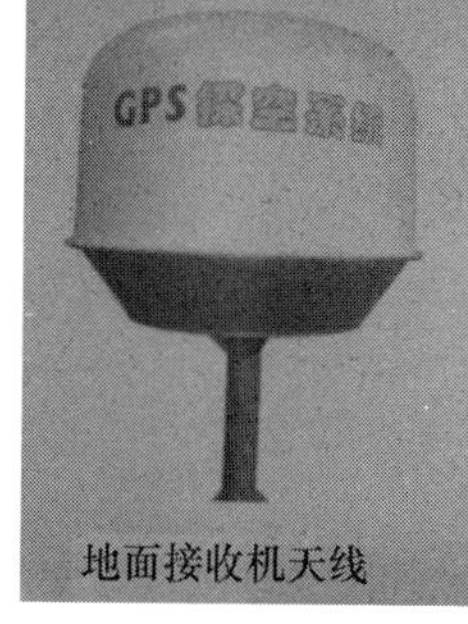

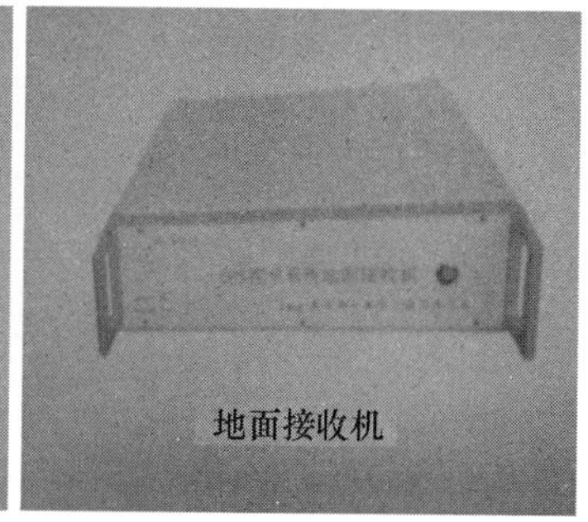

(c) "BD/GPS" 探空仪设备

图 3.2 雷达初始标定设备

1—物镜；2—传感器；3—底座。

3.4.1.2 方位轴不垂直于地平面(大盘水平)标定

利用无线电子倾角仪进行方位轴不垂直于地平面(大盘水平)标定,与雷达常规标定相同,参见第 2 章 2.2.1 节。获得方位轴偏移方向的方位角 A_M 和方位轴线不垂直于地平面(大盘水平)引起的最大仰角误差 θ_M。

3.4.1.3 角度零值初始标定

利用 BD/GPS 和 CCD 望远镜标定雷达角度零值,参见第 2 章 2.2.2 节。获得天线方位角零值和俯仰角的零值。

3.4.2 星位预报

星体标校的核心是应用星体数据库对理论位置精确的计算,控制计算机内设置星库,星库中每个恒星的记录有星号、星等、平赤经、平赤纬、目行、视差等参数,依据这些参数进行天文计算,可以得到任何时刻精确的星体位置。

3.4.2.1 星体理论位置计算[4]

要进行星体测量,首先要把所选恒星引入视场,并在视场里保持稳定。引导过程先要形成星体理论位置(参见附录 C),恒星理论位置计算公式为

$$\begin{cases} A_{ij} = \arctan\left(\dfrac{\cos\delta_i \times \sin t_{ij}}{\cos\delta_i \times \sin\Phi_{ij} \times \cos t_{ij} - \sin\delta_i \times \cos\Phi_{ij}}\right) \\ E_{ij} = \arcsin(\sin\Phi_{ij}\cos\delta_i + \cos\Phi_{ij} \times \cos\delta_i \times \cos t_{ij}) \end{cases} \tag{3.5}$$

其中:

$$t_{ij} = S_0 + (D_{ij} - 8h)(1 + \mu) \times 15 + \lambda - \alpha_i \times 15;$$

式中:t_{ij}为第 i 颗星的第 j 次采样时的恒星时(h,min,s);S_0为世界时零点恒星时(h,min,s);D_{ij}为第 i 颗星的第 j 次采样时的北京标准时(h,min,s);μ 为民用时化恒星时系数;δ_i、α_i为第 i 颗星当日(h,min,s)的视赤经、视赤纬(°); λ、φ 为测量点的天文经度、纬度(°)。

由于反正切函数的值域为$(-\pi/2,\pi/2)$而方位角的值域一般为$[0,2\pi]$,所以需要对按公式(3.5)计算出的理论方位角进行象限映射处理,对于 C 语言程序,可以使用 atan2(x,y)函数,直接获得正确的象限。

3.4.2.2 大气传播误差的修正

由于大气折射,观测得到的星体位置与星体真实位置不同,观测得到的星体高度应减去传播误差,才得到星体真实高度。星体的天顶距越大,误差越大,温度气压有所改变,传播误差的大小就有所不同,因此星体的理论仰角需加误差修正。测量星时一般采用天文年历的大气误差修正方法。考虑到应用的方便,把误差修正在理论值上。已进行大气传播误差修正的星体理论俯仰角为

$$E_{ij}^{\circ} = E_{ij} + \Delta E' \tag{3.6}$$

俯仰角大气传播误差为

$$\Delta E' = \frac{60.2'' \times \cot E_{ij} \times 273P}{1013T}$$

式中:P 为测站气压(Pa);T 为测站温度(K)。

3.4.3 星体位置测量

计算机控制自动进行恒星位置测量,测量的步骤为:

(1) 计算机运行星校控制指令。

(2) 提供界面输入雷达站址,温度,大气压强,天文参数,开始时间,恒星测

量间隔等过程控制参数。

(3) 自动计算、选择恒星,形成星体标校过程控制表,内容包括:序号、时刻、恒星方位角、恒星俯仰角(角度值计算时需要一些超前量,如测量时刻加一秒钟)等项目。北极星作为第一颗恒星,其他恒星方位按顺时针方向、俯仰按由低至高排序,如图 3.3 所示。以类似 PPI 的形式显示恒星位置,半径表示恒星所在的俯仰角,显示范围 0°~90°,有效范围 20°~70°。用颜色区分 PPI 图中恒星:测量成功、测量失败、正在测量、待测恒星。

(4) 按"开始"钮,进入自动模式。根据进度,将星校过程控制表逐项发送到控制机,由时间控制数据发送,超过当前恒星采集开始时刻,即开始发送下一颗恒星数据包。

(5) 雷达控制计算机接收过程控制表(当前项),将天线低速、平稳调转至恒星位置,等待过程控制表中该恒星数据采集时刻开始采集数据,每秒采集 20 点数据,采集 5s,共 100 点数据(维持天线位置不变),发送采集数据包括序号、时刻、伺服方位、伺服俯仰、方位误差、俯仰误差等数据。重复上述过程,测量完过程控制表中所有恒星。

(6) 接收、记录全部测量数据,得到全部测量数据,开始数据处理,产生数据报表。当恒星数少于 16 颗时,此次星校失败。

(7) 过程完成后,按"停止"钮,终止正在进行的过程,数据区、控制变量复位。按"退出"钮,设置退出状态,退出工作状态。

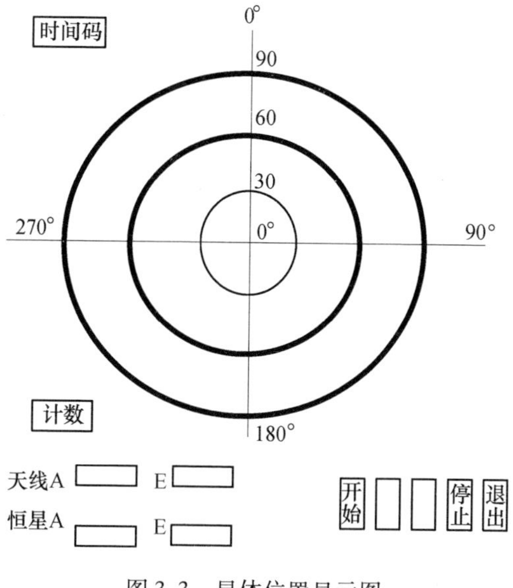

图 3.3　星体位置显示图

3.4.4 标校模型解算

把每颗星相应的方位、俯仰误差 ΔA_i、ΔE_i 看成是由设备轴系、零位差造成的，建立误差模型为

$$
\begin{cases}
\Delta\overline{A}_i = \Delta A_0 + \beta_y \cos\overline{A}_i \tan\overline{E}_i - \beta_x \sin\overline{A}_i \tan\overline{E}_i + \Delta A_{\mathrm{GJ}} \sec\overline{E}_i + \delta_{\mathrm{n}} \tan\overline{E}_i \\
\qquad + P_1 \cos\overline{A}_i + P_2 \sin\overline{A}_i \\
\Delta\overline{E}_i = \Delta E_0 + \beta_x \cos\overline{A}_i + \beta_y \sin\overline{A}_i + P_3 \sin\overline{A}_i + P_4 \cos\overline{A}_i
\end{cases}
\tag{3.7}
$$

式中：ΔA_0为方位编码器零位偏差（°）；ΔE_0为俯仰编码器零位偏差（°）；P_1、P_2为方位编码器非线性（°）；P_3、P_4为俯仰编码器非线性（°）。

令

$$
\boldsymbol{A} = \begin{bmatrix}
1 \cdot \cos\overline{A}_1 \tan\overline{E}_1 \cdot -\sin\overline{A}_1 \tan\overline{E}_1 \cdot \sec\overline{E}_1 \cdot \tan\overline{E}_1 \cdot \cos\overline{A}_1 \cdot \sin\overline{A}_1 \\
1 \cdot \cos\overline{A}_2 \tan\overline{E}_2 \cdot -\sin\overline{A}_2 \tan\overline{E}_2 \cdot \sec\overline{E}_2 \cdot \tan\overline{E}_2 \cdot \cos\overline{A}_2 \cdot \sin\overline{A}_2 \\
\vdots \\
1 \cdot \cos\overline{A}_n \tan\overline{E}_n \cdot -\sin\overline{A}_n \tan\overline{E}_n \cdot \sec\overline{E}_n \cdot \tan\overline{E}_n \cdot \cos\overline{A}_n \cdot \sin\overline{A}_n
\end{bmatrix}
$$

$$
\boldsymbol{\Delta A} = \begin{bmatrix} \Delta\overline{A}_1 \\ \Delta\overline{A}_2 \\ \vdots \\ \Delta\overline{A}_n \end{bmatrix}
$$

$$
\boldsymbol{\zeta} = \begin{bmatrix} \Delta A_0 \\ \beta_y \\ \beta_x \\ \Delta A_{\mathrm{GJ}} \\ \delta_n \\ P_1 \\ P_{2i} \end{bmatrix}
$$

$$
\boldsymbol{E} = \begin{bmatrix}
1 \cdot \sin\overline{A}_1 \cdot \cos\overline{A}_1 \cdot \sin\overline{E}_1 \cdot \cos\overline{E}_1 \\
1 \cdot \sin\overline{A}_2 \cdot \cos\overline{A}_2 \cdot \sin\overline{E}_2 \cdot \cos\overline{E}_2 \\
\vdots \\
1 \cdot \sin\overline{A}_n \cdot \cos\overline{A}_n \cdot \sin\overline{E}_n \cdot \cos\overline{E}_n
\end{bmatrix}
$$

$$\Delta\boldsymbol{E}=\begin{bmatrix}\Delta\overline{E}_1\\ \Delta\overline{E}_2\\ \vdots\\ \Delta\overline{E}_n\end{bmatrix}$$

$$\boldsymbol{\eta}=\begin{bmatrix}\Delta E_0\\ \beta_y\\ \beta_x\\ P_3\\ P_4\end{bmatrix}$$

其矩阵形式为

$$\begin{cases}\Delta\boldsymbol{A}=\boldsymbol{A}\boldsymbol{\zeta}\\ \Delta\boldsymbol{E}=\boldsymbol{E}\boldsymbol{\eta}\end{cases}\tag{3.8}$$

最小二乘法求解为

$$\begin{cases}\hat{\boldsymbol{\zeta}}=(\boldsymbol{A}^{\mathrm{T}}\boldsymbol{A})^{-1}\boldsymbol{A}^{\mathrm{T}}\Delta\boldsymbol{A}\\ \hat{\boldsymbol{\eta}}=(\boldsymbol{E}^{\mathrm{T}}\boldsymbol{E})^{-1}\Delta\boldsymbol{E}\end{cases}\tag{3.9}$$

其协方差矩阵为

$$\boldsymbol{V}(\hat{X})=\sigma^2(\boldsymbol{A}^{\mathrm{T}}\boldsymbol{A})^{-1}\tag{3.10}$$

其中：σ^2 由残差平方和估计为

$$\sigma^2=\sum_{i=1}^{n}(V_{1i}^2+V_{2i}^2)/(2n-3)\tag{3.11}$$

其中：

$$\begin{aligned}V_{1i}=&\Delta\overline{A}_i-\Delta\hat{A}_0-\hat{\beta}_y\cos\overline{A}_i\tan\overline{E}_i+\hat{\beta}_x\sin\overline{A}_i\tan\overline{E}_i-\Delta A_{\mathrm{GJ}}\sec\overline{E}_i\\ &-\delta_{\mathrm{n}}\tan\overline{E}_i-P_1\cos\overline{A}_i-P_2\sin\overline{A}_i\end{aligned}$$

$$V_{2i}=\Delta\overline{E}_i-\Delta\hat{E}_0-\hat{\beta}_x\cos\overline{A}_i+\hat{\beta}_y\sin\overline{A}_i-P_3\sin\overline{E}_i-P_4\cos\overline{E}_i$$

协方差矩阵反映了误差系数解算精度，并反映了误差系数间的相关程度。残差向量方差显示了误差系数的拟合优度。

3.5 小　　结

微光电视标校系统是利用光学成像原理采集天体恒星目标信息，经处理得到所需的角度坐标特性参数。系统能获取目标实况图像资料，具有获得目标影像直观性强、测量精度高、不受地面杂波干扰、可以事后复现等特点。

为了微光电视标校系统可靠地工作，需要按微光电视标校软件定义的内容，事先给定雷达原点的大地或者天文坐标,并使用常规标定方法或者其他标定方法获得的一定精度的方位、俯仰角度零值等数据作初始引导。另外由于作星光标校时,雷达电轴无法参与跟踪同一个目标,使得电轴与光轴之间的误差不能直接获得,部分限制了微光电视标校方法在雷达标校中的应用。

参考文献

[1] GJB 5824－2006 靶场高速电视摄像记录系统通用规范[S]. 北京:国家军用标准,2006.

[2] 姚兆宁,孙晓昶. 舰载精密测量雷达星体标校方法及应用[J]. 现代雷达,1998,21(4):7－12.

[3] GJB 5105－2002 机载电视机通用规范[S]. 北京:国防科学技术工业委员会,2002.

[4] 孙晓昶,皇甫堪. 以恒星位置为基准的运动平台上测控雷达精度标校技术[J]. 宇航学报,2002,23(3):29－33.

第4章 球载BD/GPS标校

4.1 概　　述

4.1.1 差分GPS定位技术简介[1]

该系统由空间在轨卫星、地面控制站和用户设备三部分组成:空间部分由按一定规律配置、高度约为20183km、运行周期为12h的24颗卫星组成,另外还有若干备份星;地面部分由1个主控站、5个监测站和3个数据注入站组成;用户设备即为海、陆、空三军和其他民用部门所应用的各种类型的GPS接收机。

该系统在1992年全面投入使用,并且在逐步升级换代,以替换老化卫星,扩充新功能,提高定位精度和抗干扰能力。

为了减小GPS定位误差中的系统误差以达到提高定位精度的目的,人们将差分技术用于GPS定位处理,形成了差分GPS定位技术。所谓差分GPS定位,就是在一个已经测定的已知点上建立一个差分基准台。在此安装GPS基准接收机,该机连续地接收GPS导航信号,经过处理再以基准台已知位置为依据进行分析比较,确定误差修正量,然后通过广播或数据链将这些修正数据传送给附近区域(约60km范围以内)的其他用户,以便他们利用这些数据进行修正,从而大大提高定位精度。

4.1.2 雷达标校的需求

雷达的常规标校是以望远镜的光轴为基准来进行的,由于光轴是机械轴的中介,而机械轴是天线调整的几何轴心,因而雷达常规标校方法同光轴对机械轴的调整密切相关,理论上这种方法标校精度可以较高,物理概念也清晰。但在实用上,这种方法操作起来非常复杂,例如光电标的架设要求很高,望远镜不易准确对准目标,望远镜的读数受人的视力和经验的影响,标校在室外作业,受天气的限制,等等。这使得其标校精度受到了限制,而且也不能随时进行。常规的雷达标校需要建立3~4个方位标和1个标校塔,占用地方大,需要设备多,操作繁琐[2]。

雷达常规标校利用方位标精确的大地测量值作为雷达的方位和俯仰的基准值,然后与雷达光轴对方位标的实测数据比对,实现雷达天线的标定,大口径天线的雷达难于实现常规标校。常规标校的理想条件是标校塔与雷达天线的距离应符合天线远场条件,即

$$R_0 \geqslant 2D^2/\lambda \tag{4.1}$$

设定雷达天线口径分别为5m、10m、20m、40m,天线俯仰角为1°,雷达工作频率为S、C频段情况下,标校塔的指标满足天线远场条件时,则标校塔的距离R_0和相对天线中心的高度H如表4.1所列。

表4.1　标校塔的距离和高度参考表

天线口径 D/m	标校塔距天线中心距离 R_0/m		标校塔距天线中心高度 H/m	
	S频段	C频段	S频段	C频段
5	500	1000	9	18
10	2000	4000	35	70
20	8000	16000	140	279
40	32000	64000	558	1117

当天线口径大于10m,标校塔的高度难以实现,对大口径天线必须探寻新的标校方法。利用当代高科学技术成果,将全球无线定位技术应用于雷达标校,是雷达无塔标校途径之一。以BD/GPS探空仪的坐标数据作为基准值(参照附录A),雷达跟踪金属球的坐标值作为测量值,将同一时刻雷达跟踪金属球的坐标数据与BD/GPS测量的坐标数据比对,统计雷达测量目标坐标的系统误差。利用坐标变换方法计算出该BD/GPS探空仪相对地面雷达站点、时刻的距离、方位角和俯仰角(R,A,E),利用合适的方法控制天线对载有BD/GPS的标校金属球进行跟踪,得到雷达实际测量的距离、方位角和俯仰角(R_c,A_c,E_c),两组数据进行比较得到雷达的系统误差($\Delta R,\Delta A,\Delta E$)。

4.2 标校设备

2013年国内研制成功完全基于自主技术的BD(兼容GPS)探空系统,其综合精度超过基于GPS技术的国产探空系统。

2001年提出了一种新的雷达精度评定方法[3],即利用搭载全球定位系统(GPS)的小型无人机作为雷达的跟踪目标,对雷达测量精度进行评定。

标校设备由BD/GPS探空仪和金属球组装构成,或者由小型无人机搭载

BD/GPS 全球定位系统组成。

4.2.1　BD/GPS 探空仪和标校金属球简介

4.2.1.1　BD/GPS 探空仪

GNSS 型探空仪载有 BD/GPS 定位系统,用于探测放飞区域内温度、相对湿度、气压、风速等气象参数。GNSS 型探空仪系统主要设备由 TX 型天线、JS 型地面接收机和 JZ 型基站组成,如图 4.1 所示,主要指标如表 4.2 所列。

图 4.1　BD/GPS 探空仪设备

表 4.2　GNSS 型探空仪主要指标

序号	参数	范围	分辨率	参考指标
1	温度	-90 ~ 60℃	0.1℃	0.5℃
2	湿度	0% ~ 100% RH	1% RH	5% RH
3	气压和位势高度	3 ~ 1080hPa	0.1hpa	1hPa(100 ~ 1080hPa) 0.5hPa(3 ~ 100hPa)
4	风速	0 ~ 150m/s	0.1m/s	0.15m/s

（续）

序号	参数	范围	分辨率	参考指标
5	风向	0°～360°	0.1°	2°
9	定位精度			10m
10	测量周期			1s
11	调制方式			FSK
12	传输距离			≥200km
13	尺寸			138mm×101mm×76mm
14	重量			340±20g
15	电源	干电池		9V

4.2.1.2 标校金属球

按照需求标校球的组装有两种形式：一种形式是带有气象参数测量功能，将BD/GPS探空仪的设备装载于直径为120mm或300mm的标准金属球内；另一种形式是只将BD/GPS设备、数据传输和电源安装在标准金属球内。GPS天线由金属球的上方伸出，通信天线由金属球的下方伸出，如图4.2所示。

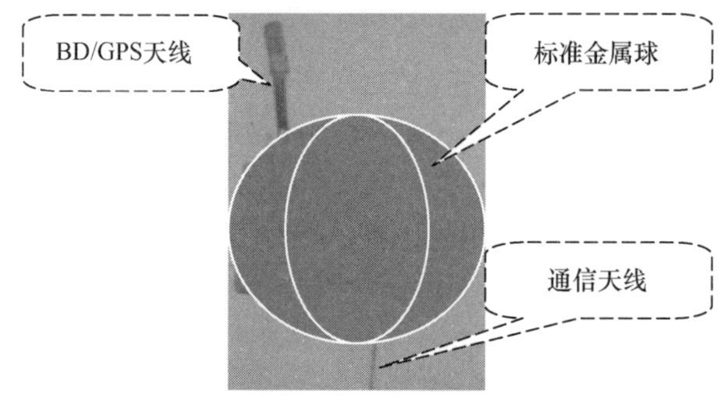

图4.2 标校金属球

4.2.2 小型无人机GPS系统

目前对于雷达设备的精度评定主要是应用有人驾驶飞机进行校飞，应用的设备主要是红外探测仪或高精度经纬仪等设备。这种方法虽然比较成熟，但是有明显的缺陷。首先，目标跟踪弧线短，可用数据量小；其次设备昂贵，投资巨大；并且观测条件要求高，应用地理范围狭窄；评定组织工作繁杂，观测周期长。小型无人机是一类低空、超低空无人飞行器，在军事领域和民用领域得到迅速发展和应用。

GPS系统是一种全天候的全球导航定位系统，它较好地解决了地面、空中及部分轨道飞行器的导航和定位问题。近年来差分 GPS 技术(DGPS)取得了长足的进步。它利用现有的卫星资源,在全球范围内显著提高了非美国军方授权用户的实时定位精度,进一步推动了 GPS 技术的普及。

研究应用小型无人机搭载 BD/GPS 系统进行雷达精度评定,确定雷达设备的测量误差,分析其误差变化规律,开辟小型无人机新的应用领域,是一项非常有价值的研究工作。

4.3　标校基准及坐标变换

标校球的基准位置是新型雷达标校的重要参数,标校的基准是用探空 BD/GPS 全球定位系统,准确确定的标校球和雷达坐标原点的位置,获得标校球坐标的基准值。雷达标校精度与 BD/GPS 的定位精度相关,对于精度高一些的测量雷达可以采用定位精度约为 1～5m 的 DGPS 接收机作为目标定位设备,例如交通部海事局"中国沿海 RBN－DGPS 系统",这种系统沿中国的海岸线大约间隔 300km 左右设有基站,向区域内用户的差分接收机发送伪距差分信号[5]。

BD/GPS 定位测量的是地心大地坐标,以经度、纬度和高程(L,B,H)表示,需要变换成雷达惯用的大地球坐标,以距离、方位和俯仰(R,A,E)表示。

4.3.1　地心大地坐标到地心空间笛卡儿坐标转换

4.3.1.1　地心大地坐标系

地心大地坐标系也称大地经纬度坐标系,分别用大地经度 L、大地纬度 B 和椭球高度 H 三维坐标表示,如图 4.3 所示。

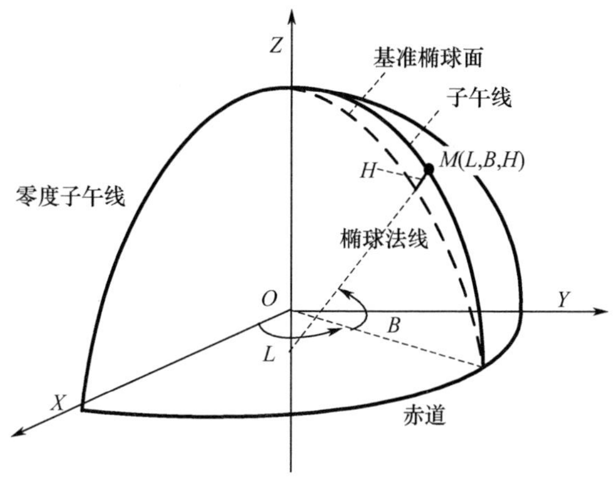

图 4.3　地心大地坐标系

L——经过测量点的子午面与格林尼治零度子午面的夹角。范围(-180°，+180°)，从格林尼治子午面开始向东为正；

B——经过测量点 M 的椭球法线与赤道平面的夹角。范围(-90°，+90°)，向北为正；

H——测量点 M 沿椭球法线至基准椭球面的距离。

4.3.1.2 地心空间笛卡儿坐标系

地心空间直角坐标系的坐标定义如图 4.4 所示。

原点 O——地球质心；

X 轴——过原点 O 指向赤道与零度子午线的交点；

Y 轴——位于赤道平面内，与 Z 轴、X 轴构成右手系；

Z 轴——过原点 O 指向地球北极。

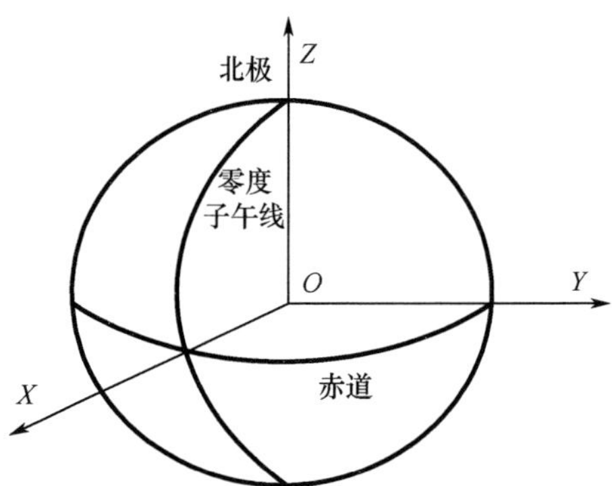

图 4.4 地心空间笛卡儿坐标系

4.3.1.3 地心大地坐标到地心空间笛卡儿坐标的转换

地心大地坐标到地心空间笛卡儿坐标的转换如式(4.2)所示。

$$\begin{cases} X=(N+H)\cos B\cos L \\ Y=(N+H)\cos B\sin L \\ Z=[N(1-e^2)+H]\sin B \end{cases} \tag{4.2}$$

式中：$N=\dfrac{a}{\sqrt{1-e^2\sin^2 B}}$为卯酉圈曲率半径，地球椭球参数均为 WGS-84 坐标系下的参数；a 为椭球长半轴，$a=6378137\text{m}$；e^2 为椭球第一偏心率平方，$e^2=0.00669437999013$。

4.3.2　地心空间笛卡儿坐标到大地北天东坐标变换

4.3.2.1　雷达惯性坐标系

雷达惯性坐标系，也叫雷达地平直角坐标系、大地测量坐标系等，这类坐标系的坐标原点选在雷达三轴中心。测量点坐标值与雷达本身姿态和天线指向无关，只与雷达原点有关，常用的雷达惯性坐标系有两种：雷达大地北天东坐标系和雷达大地球坐标系。

1）雷达大地北天东坐标系

大地北天东坐标系的坐标由 X、Y、Z 表示，如图 4.5 所示。

原点 O——平台中心；

X 轴——在过原点的水平面内，指向大地正北；

Y 轴——垂直于水平面，指向天顶；

Z 轴——水平面内，指向正东。

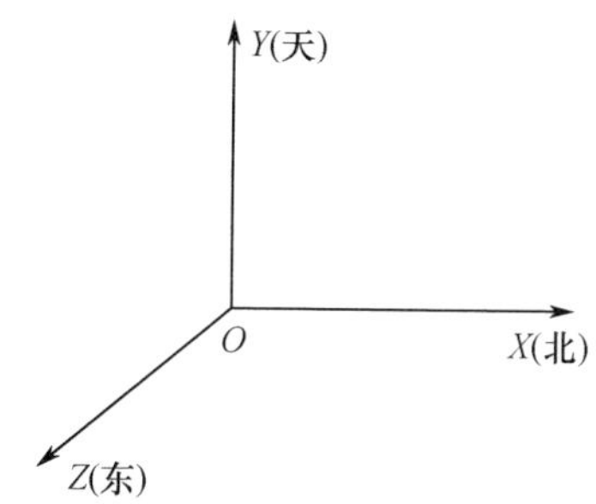

图 4.5　雷达大地北天东坐标系

2）雷达大地球坐标系

雷达大地球坐标系的坐标用 R、A、E 表示，如图 4.6 所示。

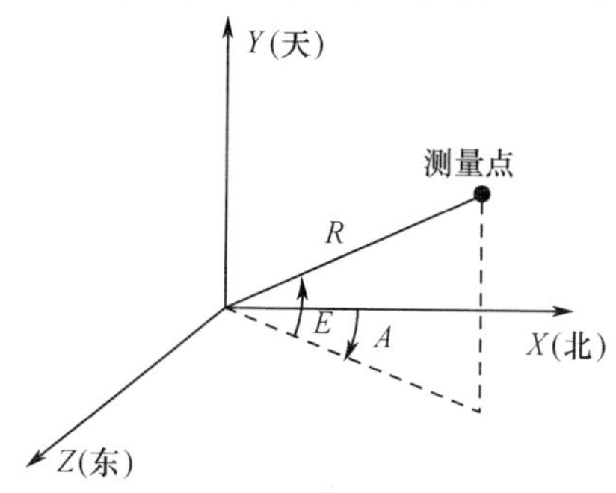

图 4.6　雷达大地球坐标系

原点 O——平台中心；

R——原点到空间测量点的距离；

A——测量目标的大地方位角，原点与测量点连线在水平面内投影与正北的夹角，从正北开始顺时针旋转，0°~360°；

E——测量目标的大地俯仰角；原点与测量点连线与水平面的夹角，水平面向上为正，俯仰角范围：0°~90°。

4.3.2.2 地心空间直角坐标到大地北天东坐标的变换

在进行坐标转换前，由置于坐标原点的 GPS 接收机测定大地北天东坐标系坐标原点的大地经度 L_0、大地纬度 B_0 和椭球高程 H_0，再转换为北天东坐标。

$$\begin{bmatrix} x_g \\ y_g \\ z_g \end{bmatrix} = \begin{bmatrix} -\cos L_0 \sin B_0 & -\sin L_0 \sin B_0 & \cos B_0 \\ \cos L_0 \cos B_0 & \sin L_0 \cos B_0 & \sin B_0 \\ -\sin L_0 & \cos L_0 & 0 \end{bmatrix} + \begin{bmatrix} x_{dx} - x_0 \\ y_{dx} - y_0 \\ z_{dx} - z_0 \end{bmatrix} \tag{4.3}$$

式中：x_g、y_g、z_g 为大地北天东坐标；x_{dx}、y_{dx}、z_{dx} 为地心空间笛卡儿坐标；L_0、B_0、H_0 为坐标原点的地心大地坐标；x_0、y_0、z_0 为坐标原点在地心空间笛卡儿坐标系下的坐标。

4.3.3 大地北天东坐标到大地球坐标变换

大地北天东坐标到大地球坐标的变换是两种常用的雷达惯性坐标系之间的转换，即

$$\begin{cases} R = \sqrt{x_g^2 + y_g^2 + z_g^2} \\ A = \arctan \dfrac{z_g}{x_g} = \arccos \dfrac{x_g}{\sqrt{x_g^2 + z_g^2}} \\ E = \arctan \dfrac{y_g}{\sqrt{x_g^2 + z_g^2}} = \arcsin \dfrac{y_g}{\sqrt{x_g^2 + y_g^2 + z_g^2}} \end{cases} \tag{4.4}$$

式中：R、A、E 为大地球坐标；x_g、y_g、z_g 为大地北天东坐标。

4.4 球载标定技术

一般测量雷达有三种轴：电轴、机械轴、光轴。常规的雷达标定是以光轴为中介标定电轴与机械轴的偏差，而机械轴自身的偏差即方位轴与俯仰轴的正交误差由制造厂家提供。雷达 GPS 标定是利用差分 BD/GPS 技术，精确测量目标位置作为雷达标定的基准，取消了光轴中介及其引入的标定误差，直接标定雷达电轴与机械轴的偏差。

雷达新型标定除完成常规雷达标定功能之外，扩充了雷达常规标定的项目，

从影响雷达测量误差因素中的雷达自身参数标定，扩展到雷达目标和大气环境影响的测定。

雷达标定的项目：

（1）方位轴不垂直于地平面（大盘水平度）；

（2）雷达接受通道幅度、相位；

（3）方位零值、俯仰零值和距离零值；

（4）方位角、俯仰角定向灵敏度；

（5）大气折射误差；

（6）雷达目标散射截面积 RCS；

（7）雷达威力等。

4.4.1　标校球的标定原理

雷达球载 BD/GPS 型标定设备组成的原理框图如图 4.7 所示。

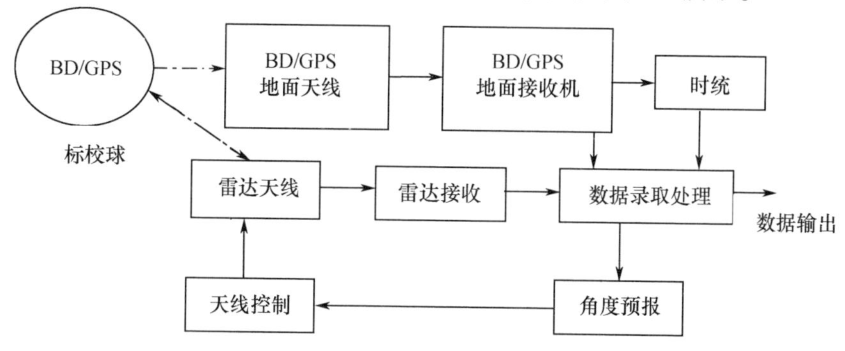

图 4.7　BD/GPS 型标定设备组成的原理

对标校球在某段时间进行测量，首先由 BD/GPS 和时统设备提供精准的时间，再由 BD/GPS 系统测量标校球的空间位置，数据录取处理设备将其测量的地心大地坐标(L,B,H)变换成大地球坐标(R,A,E)，作为标校基准值。同时雷达跟踪标校球，获得标校球的空间坐标(R_c,A_c,E_c)的测量值。最后由数据录取处理标校球坐标的测量值和基准值，得到雷达坐标的系统误差，作为雷达测量系统的校正量。

4.4.2　大盘水平标定

大盘是指安装雷达天线的水平基座。大盘水平标定是确定方位轴偏移方向的方位角 A_M 及其方位轴线不垂直于地平面（大盘水平）引起的最大仰角误差 θ_M。

标定设备　将无线电子倾角仪置于大盘水平基准面上，其无线通信接收器与雷达计算机相连，如图 4.8 所示。无线电子倾角仪的技术指标有：

(1) 测量范围：±30°；

(2) 测量精度：0.02mrad；

(3) 工作温度：-20～40℃。

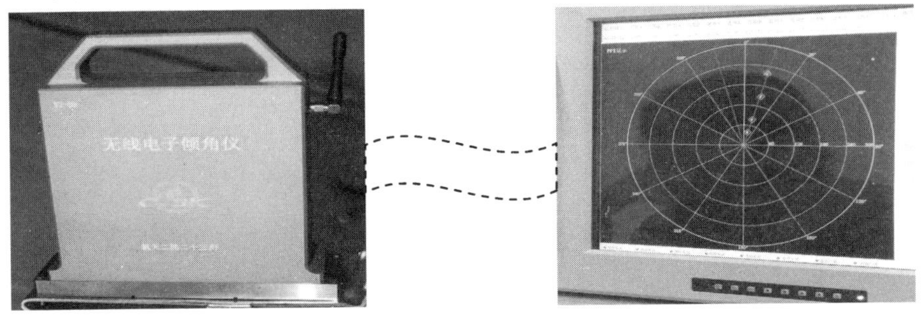

图 4.8　无线电子倾角仪与雷达计算机连接示意图

大盘水平自动标定　首先固定雷达天线仰角，然后启动标定程序，驱动天线方位转动，每隔 15°雷达计算机自动录取电子倾角仪的数据，直到天线转动 360°停止录取。计算机用最小二乘法拟合录取的方位角及其倾斜量数据(A_1、δ_1，A_2、δ_2，……)，得到大盘最大倾斜方位角 A_M 和最大倾斜量 δ_M。

4.4.3　雷达通道幅度、相位标校

雷达为了跟踪目标必须进行接收机各通道的幅度和相位的标定和校正。在无标校塔的雷达相位标校中有静态标校和动态标校两种方法。

4.4.3.1　无塔静态标校通道幅度、相位

该标校通道幅度、相位技术是利用高频模拟信号源来完成校正功能，模拟源代替原标校塔上的信标机，完成跟踪通道的幅度、相位调整。在雷达已经配置高频模拟信号源的基础上，增加 I、Q 矢量调节器。模拟源根据天线的位置变化，实时模拟产生天线馈源的输出信号，送给接收机的射频输入口，使系统依据此信号来完成通道幅度、相位校正。

雷达高频信号模拟源在作相位校正时具有以下功能：

(1) 能同时模拟产生相对相位和幅度随天线位置变化而变化的和、差、差 3 个通道的射频信号，也就是实时模拟天线馈源的输出的信号，送给接收分系统 3 个通道的射频输入口；

(2) 实时接收测角分系统送出的天线角度信息；

(3) 根据所使用的天线馈源的射频信号特性和传输电缆等影响因素，即天线的极化椭圆形状及其在空间取矢量，及和、差信号因路径长度不同而引起的相对相移，计算出差信号相对于和信号的相位差和幅度关系所需要的修正值；

（4）依据收到的天线角度信息、设置相位校正零点以及修正值，实时计算出符合要求的差信号的相移和幅度关系的控制量。

模拟源输出的信号应仿真天线馈源输出的信号为

和信号：$U_{\Sigma} = A\cos \varpi t$

方位差信号：$U_{A} = \mu_{A}\theta_{A}A\cos(\varpi t + \varphi_{A})$

俯仰差信号：$U_{E} = \mu_{E}\theta_{E}A\sin(\varpi t + \varphi_{E})$

其中：U_{Σ}、U_{A}、U_{E} 为和、方位差、俯仰差信号；

A 为信号幅度；

μ_{A}、μ_{E} 为方位、俯仰归一化差斜率；

ϖ为信号角频率；

φ_{A}、φ_{E} 为方位差、俯仰差信号初始相位；

θ_{A}、θ_{E} 为电波方向偏离天线瞄准轴的方位、俯仰角。

设计相位校正信号模拟源时，充分考虑并利用射频自检时的和、差通道射频输入信号的相位和幅度控制，控制量由天线相对于相位校正零点的位置来决定，同时修正射频信号的特性和电缆传输等因素的影响，产生的信号通过电缆送入接收机的射频输入口，使用这些信号就可以完成系统的相位校正工作。无塔相位校正具体实现框图如图 4.9 所示，其中高频信号模拟源输出的信号通过同轴电缆送入接收机和、差通道的低噪声放大器，进行校相，可以达到较好的效果。

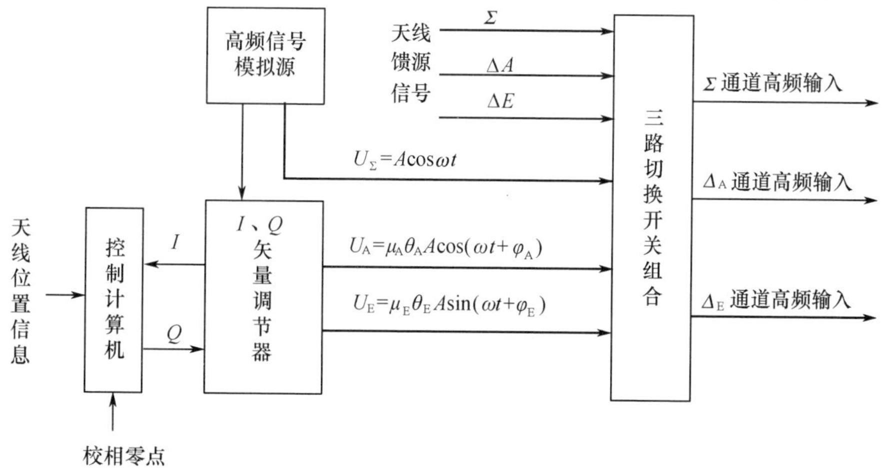

图 4.9　利用模拟源校正相位的原理框图

I、Q 矢量调节器的作用是实现射频信号的相位和幅度控制。送入到正交功率分配器的射频信号被分为 2 路输出，幅度相同，相位相差 90°。0°相位的定义为 I 通道，90°相位的定义为 Q 通道。I、Q 两个信号分别通过一个相位在 0°～180°之间可设置、幅度也可调节的相位调节器。2 个调节器的输出合成为 1 个矢量信号，该矢量信号的相位和幅度就可受控。

和信号直接由高频模拟源分路输出后，送给和通道的射频自检输入口。高频模拟源分路后的另一路信号经过 I、Q 矢量调制器调节其幅度和相位，形成 U_A、U_E 二路差信号，再送给差信道的射频自检输入口。I、Q 矢量调制器由控制计算机来控制，控制量由天线位置、相位校正零点以及综合各种因素的修正量来决定。

为了模拟天线馈源输出的差信号，控制计算机必须知道天线当前的位置信息，然后按该信息与相位校正零点的关系，算出产生 2 个射频输出信号的初始相位 φ_A、φ_E 和幅度系数 $\mu_A\theta_A$、$\mu_E\theta_E$ 所需的控制量，用于控制 I、Q 矢量调节器。

对控制计算机进行参数设置要与系统的设置完全一致。控制计算机需要设置的参数有：校正相位零点、信号频点、信号旋向。设置参数时要注意校正相位零点必须与系统测角中自动校正相位的零点严格一致；信号的频点和旋向用于修正相位，其设置应当与系统的任务参数一致。另外，值得注意的是，通过同时改变测角计算机和模拟源的校正相位零点，天线处于任何位置都可以完成自动校正相位功能。

4.4.3.2 无塔动态标校

（1）雷达正常工作，放飞或系留标校球；

（2）BD/GPS 测量的标校球方位角 $A(t)$、俯仰角 $E(t)$ 为基准值；

（3）扫描控制天线方位角 $A_c(t)=A(t)+\theta_{A1}/2$、俯仰角 $E_c(t)=E(t)+\theta_{E1}/2$，其中 θ_{A1}、θ_{E1} 分别是雷达方位和俯仰的波束宽度；

（4）记录统计达接收机和、差、差三通道信号的幅度和相位数据均值；

（5）扫描控制天线方位角 $A_c(t)=A(t)-\theta_{A1}/2$、俯仰角 $E_c(t)=E(t)-\theta_{E1}/2$；

（6）记录统计雷达和、差、差三通道信号的幅度和相位数据均值；

（7）将两次记录统计三通道信号的幅度和相位数据均值再取平均；

（8）将方位、俯仰差通道幅度、相位值与和通道幅度、相位值分别进行比较，将其差值存储，作为雷达跟踪测量时的幅度、相位校正量。

4.4.4 雷达坐标零值标定

雷达坐标零值标定是指雷达方位零值、俯仰零值和距离零值的标定。

（1）将地面 BD/GPS 接收机天线置于雷达天线回转中心，确定天线大地北天东坐标系坐标原点 O 的大地经度 L_o、大地纬度 B_o 和椭球高 H_o，并由式(4.2)计算出该坐标原点 O 在地心空间笛卡儿坐标系下的坐标(x_0,y_0,z_0)。如果由于实物占据，或者物理遮挡，从而导致地面 BD/GPS 接收机天线无法放置在雷达天线回转中心，可以考虑利用特殊的工艺支撑架将 BD/GPS 接收机天线放置在雷达天线回转中心上方，使其垂直投影点通过雷达天线回转中心，并根据设计值和现场测量值修正雷达天线的坐标零值差（高程）。如果地面 BD/GPS 接收机天线无法置于雷达天线回转中心（可能由于被雷达天线占据或者遮挡等原因），则可以优先考虑置于回转中心上部，然后把测量数据修正到雷达天线回转中心。

（2）将带有 BD/GPS 的标校球用气球系留（或放飞）到距离雷达天线较远的地方（远场区），且雷达能够跟踪，BD/GPS 系统测量标校球的地心大地坐标（L,B,H），并经过式（4.2）、式（4.3）、式（4.4）变换成大地球坐标值（R_{Gi},A_{Gi},E_{Gi}），与雷达测量的坐标值（R_{Li},A_{Li},E_{Li}）比较，可以得到雷达一组偏差（$\Delta R_i,\Delta A_i,\Delta E_i$）。

（3）将标校球在雷达天线水平面的四个象限各放置一次重复第（2）项操作，可以得到雷达（$\Delta R_i,\Delta A_i,\Delta E_i$）四组偏差，取四组偏差的均值作为雷达标校时的初始零值（R_0,A_0,E_0）。

4.4.5　雷达定向灵敏度标定

4.4.5.1　方位灵敏度标定步序

（1）雷达接收机设置在雷达工作的频率上。

（2）雷达天线俯仰角跟踪标校球。

（3）以 BD/GPS 系统测定的方位角 $A(t)$ 为中心，扫描 $\pm\theta_{A1}$ 范围（θ_{A1} 为天线方位波束宽度）。

（4）扫描的顺序是从标校球的左边 $-\theta_{A1}$ 开始，步进扫到标校球右边 $+\theta_{A1}$ 为 1 次扫描。接着由 $+\theta_{A1}$ 步减到 $-\theta_{A1}$ 为 2 次扫描，周而复始地进行 10 次。

（5）扫描速度是按照天线控制周期进行，步长大于角编码的分辨率，扫描过程中记录雷达接收机的和、方位差通道信号的幅度数据。

（6）数据处理：为了减少噪声对测量结果产生的影响，设定一个阈值，形成分割区间，去除区间以外的采样数据。利用最小二乘法对方位和、差数据进行拟合，制成方位和、差通道方向图，如图 4.10 所示。

注：横坐标：天线法线方向为 0°，波束扫过 ±1°得到的方向图纵坐标：和、差信号幅度采样的码值。

（7）在差通道方向图的最小值或和方向图的最大值处，统计天线位置 $A_c(t)$ 与 BD/GPS 测定天线位置 $A(t)$ 之差。再对 10 次方向图处理，得到的差值进行平均，便得到方位系统误差 ΔA。

（8）利用差通道方向图的数据绘制方位角灵敏度曲线，如图 4.11 所示。处理坐标零点附近曲线的斜率，便得到方位灵敏度 K_a。

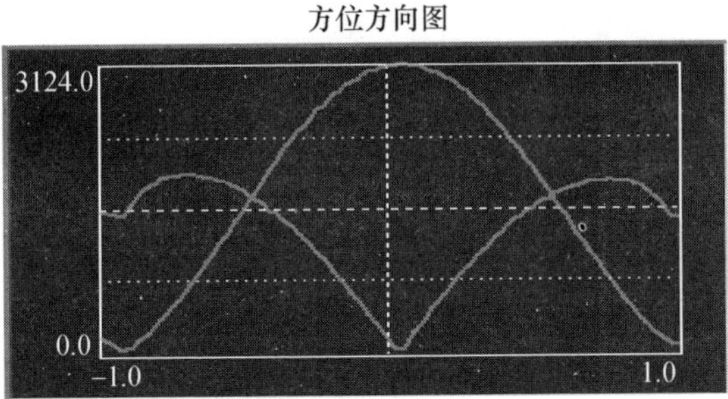

图 4.10　方位和与差的方向图

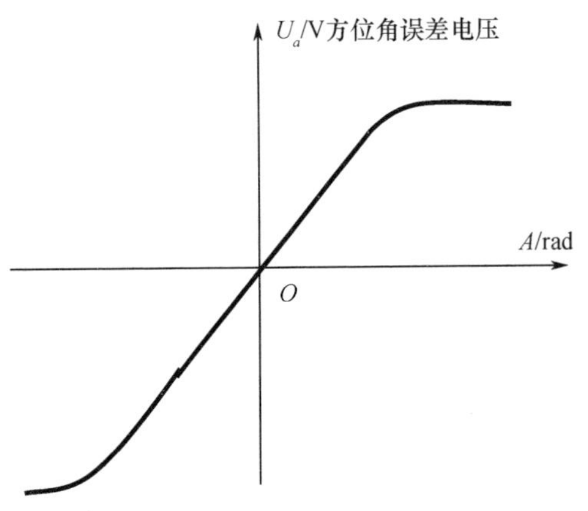

图 4.11　方位角灵敏度曲线

4.4.5.2　俯仰灵敏度标定步序

(1) 雷达接收机设置在雷达工作的频率上。

(2) 雷达天线方位角跟踪标校球。

(3) 以 BD/GPS 系统测定的俯仰角 $E(t)$ 为中心,扫描 $\pm\theta_E$ 范围(θ_{E1} ~ 天线俯仰波束宽度)。

(4) 扫描的顺序是从标校球的下边 $-\theta_{E1}$ 开始,步进扫到标校球上边 $+\theta_{E1}$ 为 1 次扫描。接着由 $+\theta_{E1}$ 步减到 $-\theta_{E1}$ 为 2 次扫描,周而复始地进行 10 次。

(5) 扫描速度是按照天线控制周期进行,步长大于为角编码的分辨率,扫描过程中记录雷达接收机的和、俯仰差通道信号的幅度数据。

(6) 数据处理:为了减少噪声对测量结果产生的影响,设定一个阈值,形成分割区间,去除区间以外的采样数据。利用最小二乘法对俯仰和、差数据进行拟合,制成方位和、差通道方向图,如图 4.12 所示。

注:横坐标:天线法线方向为 0°,波束扫过 ±1°得到的方向图; 纵坐标:和、

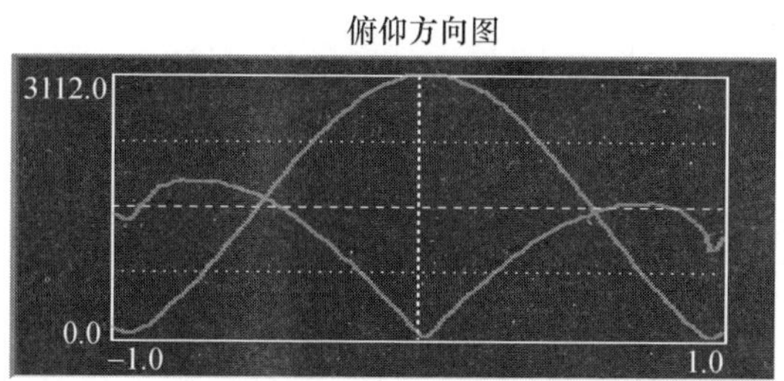

图 4.12　俯仰和、差通道方向图

差信号幅度采样的码值。

(7) 在天线差信号方向图的最小值或和方向图的最大值处，统计天线位置 $E_c(t)$ 与 BD/GPS 测定位置 $E(t)$ 之差。再对 10 次方向图测量得到的差值进行平均，便得到俯仰系统误差 ΔE。

(8) 利用天线差信号方向图的数据绘制俯仰角灵敏度曲线，如图 4.13 所示。处理坐标零点附近曲线的斜率，便得到俯仰角灵敏度 K_e。

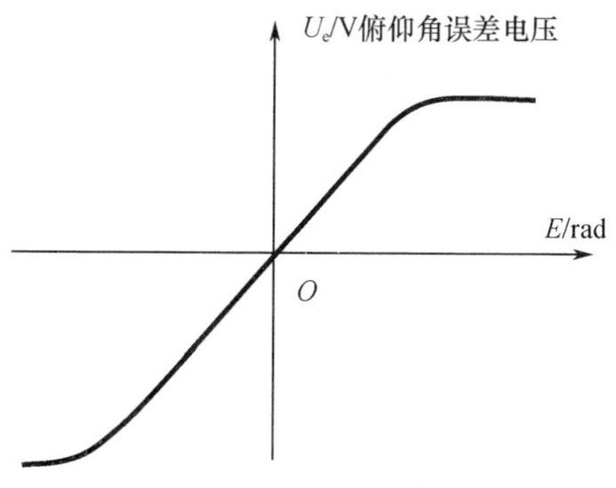

图 4.13　俯仰角灵敏度曲线

4.4.6　大气折射误差标定

大气折射误差的标定与 1.2.5 节相同。

4.4.7　目标散射雷达截面积 RCS 标定

4.4.7.1　RCS 标定原理

目标散射雷达截面积 RCS 是雷达目标散射能力的度量，是评价雷达目标电磁散射强度的一个基本参数。目标的 RCS 测量一般采用“雷达方程法”。在雷达方程法中，随着测量目标和测量环境的不同又可分为近场测量和远场测量。雷达反射截面(RCS)测量属于远场测量法，也称雷达测量比较法。雷达分别测量待测目标和已知标准 RCS 目标，比较两者回波电平，求得待测目标

RCS 值。

RCS 测量精度受到雷达设备、标准目标特性、待测目标特性、实验天气环境条件等诸多因素的制约和影响。为此，需要对标准目标（标校球）的 RCS 进行标定，以便用比较法对实体目标进行 RCS 测量。

RCS 比较法测量原理在测量目标的 RCS 之前，先对已知 RCS 的标准球进行标定，得到雷达性能系数 K，确定 K 的过程称为雷达 RCS 定标。然后进行对其他目标的 RCS 测量，用雷达性能系数 K 计算出被测目标的 RCS 值。这样可以消除某些系统误差和随机误差，提高雷达反射截面 RCS 的测量精度。这种 RCS 的测量方法称为雷达反射截面比较测量法。

雷达跟踪方程为

$$R^4 = \frac{P_t \tau G^2 \lambda^2 \sigma}{(4\pi)^3 k T_s (S/N) L_s} \tag{4.5}$$

式中：R 为测量目标的距离（m）；P_t 为雷达发射峰值功率（W）；τ 为雷达发射的脉冲宽度（s）；G 为雷达天线增益；k 为玻耳兹曼常数；T_s 为系统噪声温度（K）；L_s 为雷达系统损耗。

雷达跟踪标准球的距离为

$$R_B^4 = \frac{P_t \tau G^2 \lambda^2 \sigma_B}{(4\pi)^3 k T_s (S/N)_B L_s} = K \frac{\sigma_B}{(S/N)_B} \tag{4.6}$$

式中：$(S/N)_B$ 为雷达跟踪标准球时的信噪比；σ_B 为标准球雷达散射截面积。

$$K = \frac{P_t \tau G^2 \lambda^2}{(4\pi)^3 k T_s L_s} = \frac{R_B^4 (S/N)_B}{\sigma_B} \tag{4.7}$$

雷达信噪比为

$$S/N = C \times A \tag{4.8}$$

式中：C 为雷达信噪比标定常数；A 为雷达接收机自动增益控制量 AGC。

雷达跟踪目标：

$$R_M^4 = K \frac{\sigma_M}{(S/N)_M} = K \frac{\sigma_M}{C \times A_M} \tag{4.9}$$

则被测量目标雷达反射截面为

$$\sigma_M = \sigma_B \left(\frac{R_M}{R_B}\right)^4 \frac{C \times A_M}{C \times A_B} = \frac{R_M^4 (C \times A_M)}{K} \tag{4.10}$$

式中：σ_M 为被测量目标雷达反射截面积（m^2）；R_M 为被测量目标的跟踪距离（m）；A_M 为被测量目标的 AGC 值。

雷达的技术状态调试好后，对标准球进行多次测量，计算出雷达性能系数 K

的平均值。然后，对被测量目标进行多次测量，得到多个 R_M 和 A_M，利用 K 的平均值可以计算出被测量目标反射截面 σ_M 的平均值。

4.4.7.2 标准球的选择

良导电球的 RCS 可由电磁理论精确求解。由于球的三维对称性，其 RCS 与雷达观测时的方位角、俯仰角无关，可用作目标测量校准，这样的良导体球在 RCS 测量系统中称作标准球。

标准球的散射特性与测量雷达的频率有关，标准球的雷达散射截面积的电磁场理论精确解见图 4.14。在 $\frac{2\pi a}{\lambda}<1$ 内（a 为标准球半径），称为瑞利（Rayleigh）区，而且 RCS 可看作与雷达波长的 4 次方成反比变化；在区域 $1<\frac{2\pi a}{\lambda}<10$ 内，RCS 呈摆动状，称为谐振区，在此区域内，波沿着球周围传播，并向着接收方向传来一种“爬波”（creeping wave），它对镜面反向散射会造成干扰，或者产生破坏作用，并与球的直径有关；在波长范围 $\frac{2\pi a}{\lambda}>10$ 时，球的 RCS 趋向于它的几何投影面积 πa^2，此区域通常称为光学区。

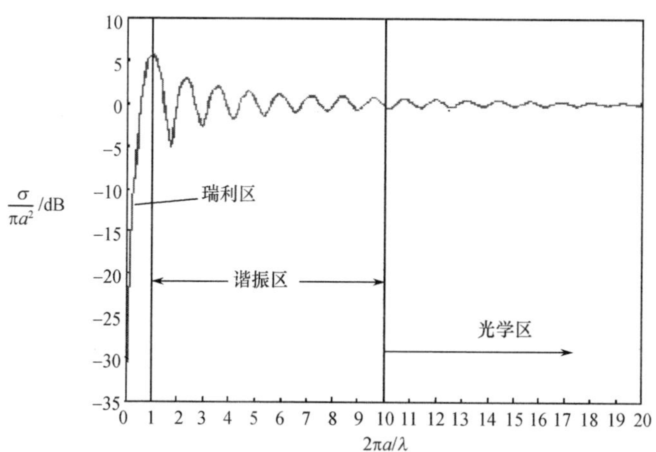

图 4.14 标准球 RCS 性能曲线

标校球的研制已经相对深化，通常使用 300mm 直径的标准球。这种直径的校准球兼有目标起伏小，RCS 数据稳定，可跟踪距离远，制造工艺性好等特点，已经广泛用于具有 RCS 测量功能的雷达校准。

根据 RCS 测量原理，在对目标进行 RCS 测量以前，需要用测量标准球的方法，对雷达系统的天线增益、发射功率、接收机增益进行综合校准，测量出雷达性能系数 K 值，保证测量的精度。

4.4.7.3 RCS 测量统计特性

RCS 随机变量的统计特性,如均值、方差、中心矩和概率密度分布等作为目标识别的特征。设定 RCS 的大小随运动目标姿态角变化的数据序列 X。

$$X=\{x_1,x_2,\cdots,x_{n-1},x_n\} \tag{4.11}$$

(1) 均值

$$\overline{X}=E(X)=\frac{\sum_{i=1}^{n}x_i}{n} \tag{4.12}$$

(2) 样本方差

$$D(X)=E[X-E(X)]^2=E(X^2)-[E(X)]^2=\frac{\sum_{i=1}^{n}(x_i-\overline{X})^2}{n} \tag{4.13}$$

(3) 样本修正方差

反映样本的取值与数学期望的偏离程度。

$$s^2=\frac{1}{n-1}\sum_{i=1}^{n}(x_i-\overline{X})^2 \tag{4.14}$$

(4) 标准差

与方差数学含义相似

$$s=\sqrt{\frac{1}{n-1}\sum_{i=1}^{n}(x_i-\bar{x})^2} \tag{4.15}$$

(5) 样本 r 阶原点矩

$$A_r=\frac{1}{n}\sum_{i=1}^{n}x_i^r \tag{4.16}$$

(6) 样本 r 阶中心矩

表征样本的取值对数学期望的分布特征

$$B_r=\frac{1}{n}\sum_{i=1}^{n}(x_i-\overline{X})^r \tag{4.17}$$

(7) 样本中心数

对序列$\{x_I|1\lhd i\lhd n|\}$按大小排序,中间的数即为中心数

多个不同目标的 RCS 序列,其中心数表征序列样本的取值。

(8) 样本均差

与方差的数学含义相似

$$m=\frac{1}{n}\sum_{i=1}^{n}|x_i-\overline{X}| \tag{4.18}$$

（9）样本中值或数学期望

$$M = \mathrm{MEDIAN}(x_1, x_2, \cdots, x_n) = \frac{X_{\max} + X_{\min}}{2} \tag{4.19}$$

式中：$X_{\max} = \max(x_1, x_2, \cdots, x_n)$为极大值；$X_{\min} = \min(x_1, x_2, \cdots, x_n)$为极小值。

（10）样本极差

表征样本取值起伏的极值

$$X_{\max} - X_{\min} \tag{4.20}$$

（11）变异系数

标准差与均值之比

$$C_u = \frac{s}{\bar{x}} \tag{4.21}$$

（12）偏离态系数为属于分布特征－密度函数

随机变量概率分布的偏度系数为三阶中心矩μ_3除以均方根误差的立方得到的无量纲的量。偏度系数是表征分布形态与平均值偏离的程度，作为分布不对称的测度。若系统探测差值的数学期望值定为 0，当偏度系数为正时，称为正偏度，表明分布图形顶峰偏左；当偏度系数为负时，称为负偏度，表明分布图形顶峰偏右；当偏度系数为 0 时，表明分布图形对称。

$$C_s = \frac{\mu_3}{[\sqrt{D(X)}]^3} = \frac{E[X - E(X)]^3}{[\sqrt{D(X)}]^3}$$

$$\begin{cases} C_s = \dfrac{n}{(n-1)(n-2)} \dfrac{\sum_{i=1}^{n} (x_i - \bar{x})^3}{s^3}, & n \leqslant 30 \\ C_s = \dfrac{1}{(n-3)} \dfrac{\sum_{i=1}^{n} (x_i - \bar{x})^3}{s^3}, & n \geqslant 30 \end{cases} \tag{4.22}$$

（13）峰度值系数为属于分布特征—密度函数

四阶中心矩μ_4除以均方根误差的四次方得到无量纲的量，称为随机变量概率分布的峰度系数。峰度系数表征分布形态图形顶峰的凸凹度。当峰度系数为正时，表明分布图形坡度偏陡，差值分布越集中；当峰度系数为负时，表明分布图形坡度平缓，差值分布越分散。当峰度系数为零时，坡度正好。

$$C_E = \frac{\mu_4}{[\sqrt{D(X)}]^4} = \frac{E[X - E(X)]^4}{[\sqrt{D(X)}]^4}$$

$$
\begin{cases}
C_e = \dfrac{n^2-2n+3}{(n-1)(n-2)(n-3)} \dfrac{\sum\limits_{i=1}^{n}(x_i-\bar{x})^4}{s^4} \\
\quad - \dfrac{3(2n-3)}{n(n-1)(n-2)(n-3)} \dfrac{\left[\sum\limits_{i=1}^{n}(x_i-\bar{x})^4\right]^2}{s^4} & n \leqslant 30 \\
C_e = \dfrac{n-2}{n^2-6n+11} \dfrac{\sum\limits_{i=1}^{n}(x_i-\bar{x})^4}{s^4} \\
\quad - \dfrac{6}{n^3-6n^2+11n-6} \dfrac{\left[\sum\limits_{i=1}^{n}(x_i-\bar{x})^4\right]^2}{s^4} & n \geqslant 30
\end{cases}
\tag{4.23}
$$

(14) 切首尾平均为截去样本首尾两端较小比例的数据后的算术平均可以获得统计时间内的稳定的 RCS 均值。

(15) 众数为频数最大的随机变量的值

反映了目标在统计时间内 RCS 序列的分布。

4.4.8 雷达跟踪距离标定

雷达跟踪距离标定是规定目标雷达散射截面积 $\sigma=1\text{m}^2$ 和信噪比 $S/N=12\text{dB}$ 条件下,雷达能稳定跟踪目标的距离,也称为雷达威力。

从脉冲雷达性能系数方程可以得出雷达性能系数 K,便可以得到雷达作用距离标定方程,即

$$
R_Z^4 = K\frac{\sigma_1}{(S/N)_{12}} = \frac{R_B^4(S/N)_B}{\sigma_B}\frac{\sigma_1}{(S/N)_{12}} \tag{4.24}
$$

式中:R_Z为目标雷达反射截面积 $\sigma=1\text{m}^2$和信噪比 $S/N=12\text{dB}$ 条件下雷达跟踪目标的距离(m);R_B 为雷达跟踪标准球的距离(m);$(S/N)_B$ 为雷达稳定跟踪标准球时的信噪比;σ_B 为标准球雷达反射截面积(m^2);$(S/N)_{12}$ 为信噪比为 12dB;σ_1为目标雷达散射截面积为 1m^2。

4.5 自动校正

在雷达标定的基础上,采用计算机实时进行校正。事先将校正公式、标定的各项参数存入计算机,然后启动校正程序,计算机自动处理。

4.5.1　方位轴不垂直于水平面(大盘水平)的校正

大盘水平校正公式为

$$\begin{cases}\Delta A_1 = \delta_{\mathrm{M}} \times \sin(A_n - A_{\mathrm{M}}) \times \tan E_3 \\ \Delta E_1 = \delta_{\mathrm{M}} \times \cos(A_n - A_{\mathrm{M}})\end{cases} \tag{4.25}$$

4.5.2　角度和距离系统误差校正

方位角和俯仰角估计值为

$$\begin{cases}A_{\mathrm{X}} = A_n + A_0 + \Delta A_1 + (1/K_{\mathrm{a}})\Delta U_{\mathrm{a}} \times \sec E_3 + \delta_{\mathrm{n}} \tan E_3 + \Delta A_{\mathrm{JD}} \times \sec E_3 \\ E_{\mathrm{X}} = E_n + E_0 + \Delta E_1 + (1/K_{\mathrm{e}})\Delta U_{\mathrm{e}} + \Delta E_{\mathrm{JD}} + E_{\mathrm{mg}} \times \cos E_3 + \delta_{\mathrm{r}}\end{cases} \tag{4.26}$$

距离误差估计值为

$$R_{\mathrm{X}} = R_{\mathrm{n}} + R_0 + \Delta R \tag{4.27}$$

4.5.2.1　校正模型解算

分析校正模型可知,绝大部分校正系数已经在标定中获得,仅有机械轴与电轴的偏差和天线重力下垂偏差需要进行进一步解算。

记录 BD/GPS 定位解算和雷达的实际测量标校球的坐标数据,为了减小雷达天线控制系统动态滞后对测量系统误差的影响,系统采用轴向跟踪的工作方式,使雷达的电轴始终对准标校球,天线控制回路如图 4.15 所示。

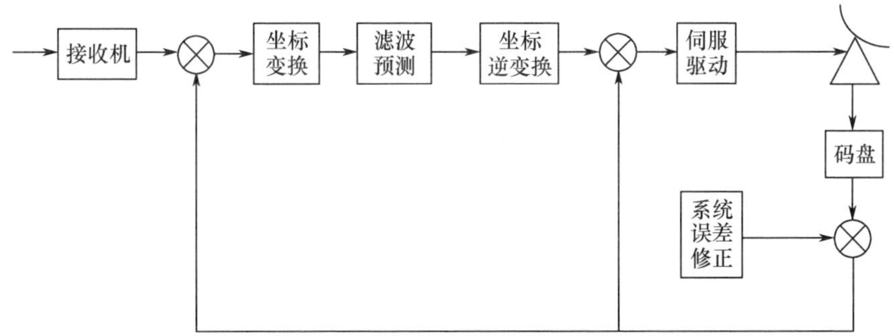

图 4.15　轴向跟踪控制框图

雷达接收机跟踪获得的角误差与经系统误差修正后的码盘输出值相加,在惯性坐标系中由球坐标到笛卡儿坐标变换,笛卡儿坐标系进行滤波预测,再由直角坐标到极坐标变换得到预测值。预测值与系统误差修正后的码盘输出值相减,控制天线伺服驱动系统,获得雷达对标校球的测量值 $A_{\mathrm{c}}(t)$、$E_{\mathrm{c}}(t)$。以 $A(t)$、$E(t)$ 为基准,统计 $A_{\mathrm{c}}(t)$、$E_{\mathrm{c}}(t)$ 的测量精度,得到系统误差 ΔA、ΔE,将 ΔA、ΔE 作为新的系统误差进行修正,重复对标校球跟踪,直到获得一组 ΔA、ΔE 稳定的系统误差，并记录一组 BD/GPS 解算和雷达的实测数据。

利用校正模型，按最小二乘法准则进行回归解算，获得机械轴与电轴的方位、俯仰偏差 ΔA_{JD}、ΔE_{JD} 和天线重力下垂偏差 E_{mg}。

4.5.2.2 雷达标校的步序

(1) 放飞标校球，BD/GPS 系统实时测量标校球，获得空间位置基准($R(t)$，$A(t)$，$E(t)$)，并引导雷达天线；

(2) 雷达截获、跟踪标校球，实时获得测量值($R_c(t)$，$A_c(t)$，$E_c(t)$)；

(3) 记录标校球的基准值和测量值，直至雷达跟踪结束；

(4) 按照校正模型进行解算，得到雷达位置标校的系统误差(ΔR、ΔA、ΔE)和起伏误差(δR、δA、δE)和对目标测量后所需要的精确校正值。

4.6 小　结

利用 BD/GPS 技术，代替雷达常规的有塔标校，实现了雷达标校自动化，节省大量人力和物力资源。球载 BD/GPS 标校技术是无塔标校的一种新的探索途径，解决了大口径天线的雷达标校难题，并可以提高标校精度。位置差分 GPS 定位技术已经成功地应用于雷达精度试验中，提供均方根位置误差为 3 ~ 5m、角度误差小于 0.2mrad、航速误差小于 0.1m/s。

另外由于我国正在积极筹集广域差分网络，所以该方法具有很大的发展潜力。在广域差分网络建立之后，探空仪可以直接接收广域差分信息，不需要独立的差分 GPS 基准站。这样不但可以大大扩展应用区域，而且在保证定位精度的前提下进一步简化了系统结构，降低成本。

参考文献

[1] 宗振铎．火控雷达精度试验 – 位置差分全球定位系统定位技术的应用[M]．西安：西安导航技术研究所，1991.

[2] GJB 1381.2 – 92 导弹航天器试验 外测设备的精度评定　脉冲雷达[S]．北京：国防科工委军标出版发行部．1992.

[3] 晋志普，陆文娟，等．用无人机 GPS 系统对雷达进行精度评定的方法[J]．清华大学学报，2001，41(9)：40 – 43.

第5章 射电星角度标校

5.1 概　　述

射电星体标校是无塔标校的途径之一,以经过天文测量已准确确定位置的射电星坐标为基准值,对高精度测控天线的轴系误差进行精确标定。标校时选取合适的射电星,利用天文学的坐标变换方法计算出该射电星相对地面雷达所在地点、时刻的方位角和俯仰角(A、E),利用合适的方法控制天线对射电星进行跟踪和扫描,经过处理得到雷达实际测量的方位角和俯仰角(A_c、E_c),两组数据进行比较得到系统误差(ΔA、ΔE)。通过建立误差模型和数据处理,就可以解算出标校模型中各需要标定的误差系数。

射电星的位置可以实时地计算出来[1],其精度很高(利用 FK5 星表,结合测站大地坐标转换,以及地球运动参数修正,可以达到 1″的视位置精度)。利用这种射电星位置的确知性,以精确的射电星位置代替常规标校的方位标和标校塔,标定雷达的角误差。该方法简便,自动化程度高,适合大口径天线、有灵敏的接收系统和信号处理分系统的雷达标定。这种方法已在国内外的许多雷达和射电天文望远镜等领域进行探索和应用。

利用射电星实施雷达标校,要求时间系统提供时间统一服务、可以利用 BD/GPS 定位系统或其他精密的时间系统提供平台实时位置、雷达同步测量射电星。射电星标校先利用精密星表(如 FK5 星表或“依巴谷”星表等)选择合适的恒星,雷达角度跟踪射电星,再利用星表和测量时记录的各帧时间、平台位置数据、计算射电星的理论位置数据,与实测数据比对,利用适当的差分模型求解,进而完成标校。

5.2 射电星简介

射电星(Radio Star)定义为有连续谱射电的恒星或恒星状天体 。更确切地说,射电星就是在有恒星光谱的“恒星状”天体的位置 1″内证认出来的角径很小(小于 1″)的射电源。自 1942 年发现太阳射电后,人们一直在试图探测恒星射电。20 世纪 50 年代后期,曾经将新发现的许多射电源(以后被证认为射电星系、类星体、超新星遗迹和电离氢云)误认为“射电星”。到 60 年代,首次探测到除太阳以外的真正的射电星“红矮耀星”。70 年代对射电星开始了系统而深入的观测研究,德国海德堡天文计算研究所在 FK4 星表的基础上,采用 IAU1976 天文常数和 J2000.0 动力学春分点建立了恒星星历表 FK5,已经有 1535 颗射电星列入 FK5 星表。1997 年日本京都 IAU 第 23 届大会决定,用运行 10 年的“依巴谷”星表取代 FK5 星表。近年来探测发现新的射电星的工作颇受人们重视,并已开始系统地有计划地进行普测,射电星的研究应用到了物理学的各个方面,利用射电星对雷达天线进行角度标校也受到越来越多的重视。

5.3 角度标校模型

雷达标校模型即测角误差的数学修正模型[2],需要修正的主要误差有下面几项:测量值的零位误差、天线座的大盘水平误差、光轴与机械轴的不匹配误差、光轴和电轴的不匹配误差、重力下垂系数、跟踪目标时的动态滞后误差,以及电波在大气中传播的折射误差。

射电星角度标校取消了光轴中介标校方式,直接标定机械轴和电轴的偏差。将标校模型改写为线性化的误差模型,即

$$\begin{cases} A_{\mathrm{X}} = A_{\mathrm{n}} + A_0 + \delta_{\mathrm{M}}\cos A_{\mathrm{M}}\sin A_{\mathrm{n}}\tan E_3 - \delta_{\mathrm{M}}\sin A_{\mathrm{M}}\cos A_{\mathrm{n}}\tan E_3 + \delta_{\mathrm{n}}\tan E_3 + \\ \qquad (\Delta A_{\mathrm{JD}} + \Delta U_{\mathrm{a}}/K_{\mathrm{a}})\sec E_3 \\ E_{\mathrm{X}} = E_{\mathrm{n}} + E_0 + \delta_{\mathrm{M}}\cos A_{\mathrm{n}}\cos A_{\mathrm{M}} + \delta_{\mathrm{M}}\sin A_{\mathrm{n}}\sin A_{\mathrm{M}} + \Delta E_{\mathrm{JD}} + E_{\mathrm{mg}}\cos E_3 + \Delta U_{\mathrm{e}}/K_{\mathrm{e}} - \Delta\delta_{\mathrm{r}} \end{cases} \tag{5.1}$$

其中:A_n、E_n 为方位、俯仰轴角编码器输出值(°);

ΔA_{JD}、ΔE_{JD}为方位、俯仰机械轴与电轴的偏差(°)。

5.3.1 角度位置预报

射电星的位置预报是星体标校的重要内容,以准确确定的射电星位置作为标校基准。天文学中有精确确定射电星位置的方法,这里以 FK5 星表为例,对射电星视位置进行说明[3]。

直角坐标系 $O-XYZ$ 建立方法:O 为观测点,X 指向春分点,XY 在赤道面上,Z 轴指向天极,XYZ 为右手系。FK5 星表给出了 J2000.0 历元时刻 (t_0) 的射电星平位置赤经 α_0(°)、赤纬 δ_0(°)、赤经自行 μ_a(角秒/百年)、赤纬自行 μ_δ(时秒/百年)、视向速度 v (km/s) 和周年视差 n_i(角秒),设 t_0时刻射电星位于坐标系 $O-XYZ$ 中的坐标矢量为 $\bar{r}_0$,即

$$\boldsymbol{r}_0 = \begin{bmatrix} X_0 \\ Y_0 \\ Z_0 \end{bmatrix} = \begin{bmatrix} r_0\cos\alpha_0\cos\delta_0 \\ r_0\cos\alpha_0\sin\delta_0 \\ r_0\sin\delta_0 \end{bmatrix} \tag{5.2}$$

t_j时刻射电星视位置坐标为

$$\boldsymbol{r}_j = \begin{bmatrix} X_j \\ Y_j \\ Z_j \end{bmatrix} = (\boldsymbol{I} + \boldsymbol{\nu}_{Ej}/c)(\boldsymbol{P}_j\boldsymbol{N}_j(r_0 + (t_j - t_0)\boldsymbol{\nu}_j) + \boldsymbol{r}_{Ej}) \tag{5.3}$$

式中：$\boldsymbol{N}_j$为岁差修正矩阵，产生原因是由于太阳和月亮对地球的引力除了通过地球球心的主要项外，对地球赤道的突出部分还有一个附加引力，使地轴产生进动，使地轴环绕垂直黄道面的轴线作缓慢的圆锥运动，运动方向与地球自转方向相反，地轴的进动使春分点在黄道上向西移动；$\boldsymbol{P}_j$为章动矩阵，产生原因是在地轴的进动效应中，假定月球位于黄道面上，且月球和太阳到地球的距离取某一定值，则得到的地轴进动效应称为日月岁差，实际的进动效应和日月岁差的差值称为章动；$(\boldsymbol{I} + \boldsymbol{\nu}_{Ej}/c)$为周年光行差修正项，产生原因是相对论效应，即光速是有限的，其中 $\boldsymbol{I}$ 为单位矢量，$\boldsymbol{\nu}_{Ej}$为 t_j时刻地球日心赤道坐标系中的速度；$\boldsymbol{r}_{Ej}$为周年视差，产生原因是由于在太阳和地球处观测者观测同一颗射电星存在视差；$(t_j - t_0)\boldsymbol{\nu}_j$为射电星自行修正项，产生原因是由射电星相对于太阳的运动。

由式(5.3)得出射电星视位置笛卡儿坐标后，进而求出射电星的视赤经、视赤纬为

$$\begin{cases} \alpha_j = \arctan(Y_j/X_j) \\ \delta_j = \arcsin(Z_j/(X_j^2 + Y_j^2 + Z_j^2)^{\frac{1}{2}}) \end{cases} \tag{5.4}$$

标校是利用射电星理论位置的已知性，已知星体的赤经 α_j，赤纬 δ_j，测星点经度 λ_j，纬度 ϕ_j和绝对时间 t_j的情况下，星体的理论方位角 A_j^0 和理论俯仰角 E_j^0为

$$\begin{cases} A_j^0 = \arctan[\cos\delta_j\sin t_j/(\cos\delta_j\sin\varphi_j\cos t_j - \sin\delta_j\cos\varphi_j)] \\ E_j^0 = \arcsin(\cos\delta_j\sin\varphi_j + \cos\delta_j\cos\varphi_j\cos t_j) \end{cases} \tag{5.5}$$

其中

$$t_j = S_0 + 15(D_j - 8)(1 + \mu) + \lambda_j - 15\alpha_j$$

其中：S_0为世界时零点恒星时；

μ 为民用时化恒星时系数；

D_j为采样时的北京标准时。

5.3.2　雷达初始标定

为了实现雷达角度跟踪射电星，需要对雷达进行初始标定。其中包括大盘

水平标定、角度零值初始标定、雷达通道幅度和相位标定及雷达定向灵敏度标定等项目。

5.3.2.1 初始标定仪器设备

初始标定设备同 3.4.1 节中图 3.1 所示。

5.3.2.2 方位轴不垂直于地平面(大盘水平度)标定

利用无线电子倾角仪进行大盘水平标定，与雷达常规标定相同，参见第 4 章 4.4.2 节，获得 A_M 和 θ_M。

5.3.2.3 角度零值标定

利用 BD/GPS 和 CCD 望远镜标定雷达角度零值，获得天线方位角零值 A_0 和俯仰角的零值 E_0。参见第 4 章 4.4.4 节。

5.3.2.4 雷达接收通道幅度、相位标定

(1) 雷达接收机设置在雷达工作的点频上；

(2) 以射电星时间方位角 $A(t)$、俯仰角 $E(t)$ 为基准点；

(3) 扫描控制天线方位角 $A_c(t)=A(t)+\theta_{A1}/2$、俯仰角 $E_c(t)=E(t)+\theta_{E1}/2$，$\theta_{A1}$、$\theta_{E1}$ 为天线方位、俯仰波束宽度；

(4) 手控衰减量使信号适度，统计记录雷达和、差、差三通道信号的幅度和相位数据；

(5) 扫描控制天线方位角 $A_c(t)=A(t)-\theta_{A1}/2$、俯仰角 $E_c(t)=E(t)-\theta_{E1}/2$；

(6) 手控衰减量使信号适度，统计记录雷达接收机和、差、差三通道信号的幅度和相位数据；

(7) 统计接收机差通道对和通道路的幅度差和相位差，作为幅度和相位校正值。

5.3.2.5 定向灵敏度标定

利用预报软件对射电星的位置进行预报，以预报角度为基准控制天线对射电星进行扫描，完成雷达定向灵敏度的标定。标定的方法同 4.4.5 节。

5.3.3 射电星测量

射电星测量首先由时钟提供精准的时间，按照天文学中精确确定射电星位置的方法计算射电星的位置，经过坐标变换生成星对雷达天线的角度预报，控制天线对准射电星，雷达接收射电信号，经过数据记录和处理，获得雷达对射电星

的测量值。

对某一射电星在某段时间进行测量的原理如图 5.1 所示。

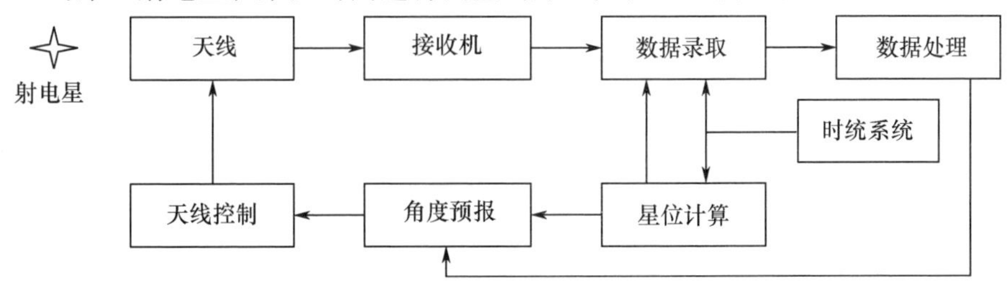

图 5.1 射电星测量原理图

雷达软件利用时统的精确时间计算某射电星相对雷达的方位角 $A(t)$ 理论值、俯仰角 $E(t)$ 理论值,引导雷达天线进行捕获射电星信号,并进行跟踪和记录射电星位置。

为了减小雷达天线控制系统动态滞后对测量系统误差的影响,雷达天线控制系统采用轴向跟踪的工作方式,使雷达的电轴始终对准射电星。

5.3.4 标校模型解算

记录一组射电星的理论和实测数据,对角度误差数据进行回归分析,必须要考虑下列对系统误差影响较大的系数:

(1) 角编码器零值:机械轴与角编码器轴线不重合引起;

(2) 大盘倾斜:天线方位轴线不垂直于水平面引起;

(3) 方位轴和俯仰轴垂直度差:加工工艺引起;

(4) 电轴与机械轴偏差:电轴与机械轴线不重合引起;

(5) 天线重力变形:由于天线的重力下垂引起。

根据上述测角误差项的分析,参照角度常规标校误差修正模型,将标校模型改写为线性化的误差模型,建立回归误差模型[3]

$$\begin{cases}\Delta A_i = \xi_0 + \xi_1 \sin(A_i)\tan(E_i) + \xi_2 \cos(A_i)\tan(E_i) + \xi_3 \tan(E_i) + \xi_4 \sec(A_i) \\ \Delta E_i = \eta_0 + \eta_1 \cos(A_i) + \eta_2 \sin(A_i) + \eta_3 \cos(E_i)\end{cases} \tag{5.6}$$

式中:ΔA_i 为方位角修正误差(°);ΔE_i 为俯仰角修正误差(°);ξ_0 为方位编码器零值(°);η_0 为俯仰编码器零值、编码器轴与电轴纵向差之和(°);ξ_1、η_1、ξ_2、η_2 为大盘水平系数;ξ_3 为方位轴与俯仰轴正交度(°);η_3 为重力下垂误差(°);ξ_4 为编码器轴与电轴横向偏差。

对于一组射电星测量数据,可以得到

$$\begin{cases}\Delta \boldsymbol{A} = \boldsymbol{A} \times \boldsymbol{\xi} \\ \Delta \boldsymbol{E} = \boldsymbol{E} \times \boldsymbol{\eta}\end{cases} \tag{5.7}$$

式中：$\Delta\boldsymbol{A}$、$\Delta\boldsymbol{E}$ 为测量角度数据与射电星位置预报数据之差的数据向量；$\boldsymbol{A}$、$\boldsymbol{E}$ 为雷达测量角度数据矢量；$\boldsymbol{\xi}$、$\boldsymbol{\eta}$ 为误差系数矢量。

按最小二乘准则进行回归解算，其线性回归模型的最小二乘方程的矩阵为

$$\begin{cases}(\boldsymbol{A}^{\mathrm{T}}\boldsymbol{A})\boldsymbol{\xi}=\boldsymbol{A}^{\mathrm{T}}\Delta\boldsymbol{A}\\(\boldsymbol{E}^{\mathrm{T}}\boldsymbol{E})\boldsymbol{\eta}=\boldsymbol{E}^{\mathrm{T}}\Delta\boldsymbol{E}\end{cases}\tag{5.8}$$

式中：$\boldsymbol{\xi}$ 为回归系数 ξ_0、ξ_1、ξ_2、ξ_3、ξ_4组成的矢量；$\boldsymbol{\eta}$ 为回归系数 η_0、η_1、η_2、η_3组成的矢量；$\boldsymbol{A}^{\mathrm{T}}$ 为矩阵 $\boldsymbol{A}$ 的转置；$\boldsymbol{E}^{\mathrm{T}}$ 为矩阵 $\boldsymbol{E}$ 的转置。

由式(5.8)解方程组可以得到回归误差系数 $\boldsymbol{\xi}$、$\boldsymbol{\eta}$

$$\begin{cases}\boldsymbol{\xi}=(\boldsymbol{A}^{\mathrm{T}}\boldsymbol{A})^{-1}\boldsymbol{A}^{\mathrm{T}}\Delta\boldsymbol{A}\\\boldsymbol{\eta}=(\boldsymbol{E}^{\mathrm{T}}\boldsymbol{E})^{-1}\boldsymbol{E}^{\mathrm{T}}\Delta\boldsymbol{E}\end{cases}\tag{5.9}$$

然后将解算出的误差系数换算成常规修正所要求的误差系数形式。

比较式(5.1)与式(5.6)可以得到雷达测量射电星方位、俯仰角度编码器的输出 A_{ni}、E_{ni}，与射电星相应实时计算的基准角坐标 A_i^0、E_i^0(方位角，俯仰角)之差

$$\begin{cases}\Delta A_i=A_{ni}-A_i^0\\\Delta E_i=E_{ni}-E_i^0\end{cases}\tag{5.10}$$

方位、俯仰零值分别为

$$\begin{cases}A_0=\xi_0\\E_0=\eta_0\end{cases}\tag{5.11}$$

5.4 小　　结

影响利用射电星进行标校的精度因素很多，尽管星表的精度很高(误差一般不会超过1″)但是，还有其他的因素，例如大气折射和“视宁静”度、测站大地位置，时间统一系统(时统)等，此外雷达天线运行的平稳性以及测量数据的处理方法和手段也会对标校结果产生一定影响。但这是不用方位标和标校塔进行标校的一种新的途径，适于大口径天线标校，并可以直接标定电轴和机械轴线之间的角度误差分量，是一种很适合大型或超大型天线雷达的标校方式。

参考文献

[1] 孙晓昶，皇甫堪. 以恒星位置为基准的运动平台上测控雷达精度标校技术[J]. 宇航学报，2002，23(3)：29－33.

[2] GJB 3153－98 精密测量雷达标定与校正[S]. 北京：国防科学技术工业委员会，1998.

[3] 薛玉龙，李玉瑄，张峰，等. 利用射电星的无塔角度标校技术研究[R]. 西安卫星测控中心青岛站，2012.

第6章 基于民航机的雷达精度标校

6.1 概　述

雷达测量精度是一项重要的指标，一般雷达在精度测量或考核之前要经过仔细标定以降低或消除系统误差，交付用户使用后，也需要定期进行标定使得修正参数维持在一定的范围内。对雷达的精度测量有多种方法，在目标坐标真值选取上一般采用高精度的测量雷达或全球定位系统 BD/GPS 对目标的测量值作为真值[1]。测量结果的可信度取决于真值的稳定性、可信度和多次测量的一致性等。因此，提高雷达测量精度及其可信度就必须多次重复测量。目前主要采用两种方案，一是静态有源标校方案，二是常用飞机进行标校的方案，以飞机作为合作目标，在飞机上加装差分 BD/GPS 或者应答机，记录飞行航迹作为标校真值，该方法要调动合作飞机并受到航线选择等因素限制，存在调度周期长、成本高、实施难度较大等不利因素。

雷达精度试验，需要提供比被试雷达精度高 3 倍以上的标准值，在雷达试验中通常称为真值。提供真值的测量设备称为标准设备，也称为真值测量设备。目前主要应用的是红外探测仪、高精度经纬仪、应答机等设备。真值的获取是整个精度试验的核心内容。近年来，差分 BD/GPS 技术取得了长足的进步，它利用现有的卫星资源，在全球范围内大大提高了用户的实时定位精度，其高精度和便于应用的特性使其在国内各型雷达标校的过程中逐渐成为主流的真值测量设备。

当今航空工业发展迅速，空域中民航飞机的数量越来越多，不同航向，不同高度的航班日渐增多。在雷达研制及其性能验证实验中，民航飞机信息是一个很好的数据源。可以通过对空域中具有代表性的多批民航飞机的下传数据与雷达探测的数据作比对分析，并根据比对分析的结果来验证评估雷达探测目标的性能。以空域中民航飞机作为雷达标校的真值数据源是一个较为便捷的雷达标校试验途径。因此，通过何种途径来获取民航飞机的真实位置数据信息是整个雷达标校体系中的关键。

ADS－B(广播式自动相关监视)是20世纪90年代研究应用的,该系统的开发最早可追溯到20世纪60年代。ADS－B数据以卫星导航、卫星通信和数据链通信为基础,由通信、导航、监视和空中交通管制4个部分组成,如图6.1所示。它通过一个专用的无线数据链接不断地广播飞机的当前位置、高度、类别、航速、转向、爬升等状态。该系统的视线范围一般小于370km。它下传的数据包含由飞机上的导航和定位系统测定飞机的位置及其他数据,并通过空地通信数据链发送到地面空中交通管制中心。现在所用的全球卫星导航系统(GNSS)包括美国的GPS、俄罗斯的GLONASS、中国的Compass(北斗)以及欧盟的Galileo系统,可用的卫星总数已经达到100颗以上。以GPS定位系统为例,它所提供的民用单机定位精度可以达到10m,如果采用载波相位差分法定位,定位精度可以达到3~5m。由于当前GPS提供的服务对普通用户存在一定的限制,垂直定位精度很难得到有效的保证。现在民航飞机所用的高度信息一般是气压计测得的高度信息,其精度范围在米级。以联合仪表公司生产的5943系列气压式高度表为例,精度可达6m。GPS高度信息只作为辅助高度信息。在ADS－B报文协议中规定只有在卫星导航定位精度很高的情况下,ADS－B下传的高度信息才是GNSS卫星导航系统使用的参考椭球面高度。

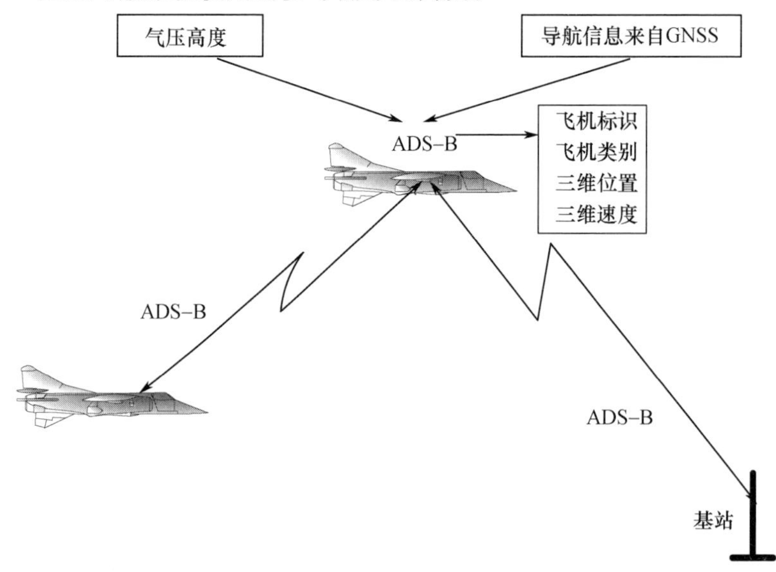

图6.1　飞机及其地面基站相互监视原理图

ADS－B有三个最大的特点:一是其数据的实时性。ADS－B数据通过GNSS定位系统,获取自身的位置信息,并实时将数据下传给地面接收设备及空域中临近的其他民航飞机;二是数据的可靠性。由于提供的是GNSS导航定位信息,其他参数也由精密航空电子设备获得,故其下传数据具备高精度的特性;

三是数据接收的方便性。ADS - B 信息以广播方式传递,这意味着地面 ADS - B 接收设备的简单化,无需地面接收设备向目标飞机发射询问信息,因而可以方便接收 ADS - B 数据。

基于 ADS - B 民航数据分析的雷达动态精度验证及跟踪引导系统[1],实时接收并处理空域中民航飞机播报的位置数据,通过真实目标到雷达目标的模型变换,直接与雷达跟踪记录的三维数据进行比对,从而完成对雷达探测性能的综合分析。

6.2　基于差分 BD/GPS 数据的雷达动态精度测量

6.2.1　雷达的标定方法

动态标定主要利用搭载差分 BD/GPS 的飞机作为检测目标,以差分BD/GPS 记录的飞行航迹作为真值进行比对,该方法可以对不同距离段、不同方位和不同仰角进行系统性标定和测量,基本能够将雷达的系统精度标定到 0.05°以内,可定量评估雷达系统精度和性能。

6.2.2　搭载差分 BD/DGPS 飞机对雷达精度测量和评估

目前测量和评估雷达精度的主要手段是跟踪搭载差分 DGPS 的飞机,飞机飞行航路要按照预先设计航路飞行,是检验雷达精度、鉴定和定型试验的主要手段。以相控阵雷达的精度测量和考核为例,相控阵雷达的主要战术指标包括方位精度、仰角精度、距离精度与威力。为适应雷达的用途,一般选用军用飞机作为目标,搭载高精度的差分 BD/GPS 作为真值,来检验雷达的测量精度。

在测量时,分别在飞机和雷达坐标系原点安装移动差分 BD/GPS,在陆上基准点安装固定差分 BD/GPS。飞机按照预先设计安排的航路飞行,雷达在飞行过程中实时录取飞机的飞行参数,包括时间、距离、方位和仰角等。飞机和雷达上的移动站差分 BD/GPS 实时记录飞机和雷达的运动参数,包括时间、经度、纬度和海拔高度等。

飞行后,通过数据处理软件将移动站差分 BD/GPS 和固定的差分 BD/GPS 记录的数据进行处理[2],再转换成雷达坐标系下的参数,包括时间、距离、方位和仰角。最后,以时间作为基准点将二者进行比较,得出雷达的测量精度。数据处理一般按照国军标中规定方法执行。雷达精度测量和评估结果的准确性取决于差分 BD/GPS 的精度,一般要求差分 BD/ GPS 的精度小于 20m(圆概率误差)。采用差分 BD/GPS 作为真值和雷达测量值进行比较的方法是目前雷达验收检飞、鉴定试验等通用的精度测量和考核方法。该种方法真值精度和稳定性高,比较适合高精度的单脉冲雷达和相控阵雷达的精度测量和考核,角精度测量满足 0.1°指标要求。由于在雷达检验时要动用飞机,一部雷达完成检验项目平均需要花费几个月,对雷达的交付、鉴定及其他试验计划等影响较大。

6.3 基于 ADS – B 系统的雷达精度标校

6.3.1 ADS – B 系统基本功能与原理

6.3.1.1 基本功能

ADS – B 系统使用的是 GPS 系统报告的已知位置和参数向量,而不是用询问式雷达来获取位置数据。它融合了飞机上 GPS 和其他设备的数据来生成一个三维位置和状态向量参数,并综合解算这些数据。国际航空组织认为 ADS – B 的优点是可在雷达没有覆盖的地方提供远程监视,潜在减少飞行间隔,支持现有水平和垂直标准间隔,提高空中管制能力和离港到港的计划,减少空中飞行时间,节省燃油消耗。

目前,国际和国内多数民航机上已经或开始安装该类设备,其数据发送具有可靠和稳定等特点,且民航航路多、易于选取。如果 ADS – B 数据能够满足雷达的精度测量要求,其数据作为真值来测量和考核雷达的精度有着较为广泛的经济效益。在雷达研制、系统试验、鉴定出厂、布站、使用、大修后的多个环节,雷达动态精度验证及跟踪引导系统具有如下功能:

1) 雷达威力范围估计

根据三维空间分布的不同高度层、不同距离段民航目标探测的回波情况(有无、强度),来估计全空域的威力分布,能粗略地反映雷达的波瓣以及地形对威力分布的影响。

2) 标定系统基准误差

标定雷达的方位零值、俯仰零值和距离零值的精确程度。

3) 雷达系统调试

整机调试,通过对比空域中民航目标的数量,来估计目标探测的总体性能,对比观察几批目标来调试雷达的工作模式和参数。

4) 测量精确分析

估计系统测量误差,通过解算比对民航飞机的飞行参数和雷达的测距、测角和测高参数,精确地获取距离、角度和高度上的测量误差。

5) 航迹上的捕捉分析

发现航迹异常,分析拐弯、加速和低空的探测性能。

6）雷达监测维护

除了配置在修理厂作为维护设备以外，还可以配置在雷达终端作为雷达实时动态性能检测的手段，一旦发现问题，告警，并停止情报上传；还可配置在指挥所，作为对上报情报质量的动态监测，确保雷达组网之前雷达情报的可靠、准确，是雷达组网情报融合之前必须的预处理手段。

6.3.1.2　ADS－B 信息的雷达性能检测原理

ADS－B 系统是目前国际民航系统通用的一种空中交通管制系统，它是一种基于 GPS 全球卫星定位系统（GNSS）以及数据通信的运行监视技术[2]。基本原理是民航机载接收设备接收到 GPS 信号，对自身进行实时定位，然后把飞机位置信息（经度、纬度、海拔高度、速度、飞机识别号等）一起按一定的时间间隔向外广播，周围飞机或 ADS－B 地面接收设备接收这样的数据，并解码获得飞机飞行参数。

系统组成原理如图 6.2 所示。

（1）ADS－B 接收模块，主要完成对空中民航信息的接收工作。

（2）GPS 接收模块，对接收到的民航数据标注时间戳信息，定位 ADS－B 接收机的位置信息，获得民航目标相对于接收机的距离和方位信息。

（3）雷达数据实时输入模块，在雷达正常工作的前提下，将雷达现有的数据上报到目标监控平台中，能够地对雷达进行数据比对处理。

（4）ADS－B 与雷达目标监控平台，能够实时跟踪 ADS－B 与雷达探测的目标，可以观测到空域中民航目标的静态（航班、机型、国别、航空公司等）和动态（距离、方位、经度、纬度、高度、地速和空速等）信息。可以直观地观测雷达对目标的探测性能，通过选择有利于雷达性能检测的目标批次，方便完成对雷达性能的检测与评估。

（5）ADS－B 与雷达数据比对处理，通过建立一种数据比对处理模型，对实时接收的 ADS－B 和雷达数据进行匹配处理，将两者的距离－方位数据和距离－仰角数据绘制成数据比对曲线，能够直观地看到雷达相对 ADS－B 数据的差值。

（6）数据处理结果及误差分析，通过数据比对处理，对数据处理的结果进行误差分析。

（7）雷达性能检测报告，在雷达性能检测完毕之后，系统自动给出雷达性能检测报告。

雷达动态精度验证系统硬件如图 6.3 所示，软件如图 6.4 所示，雷达动态精度验证与雷达距离－方位误差比对曲线如图 6.5 所示。

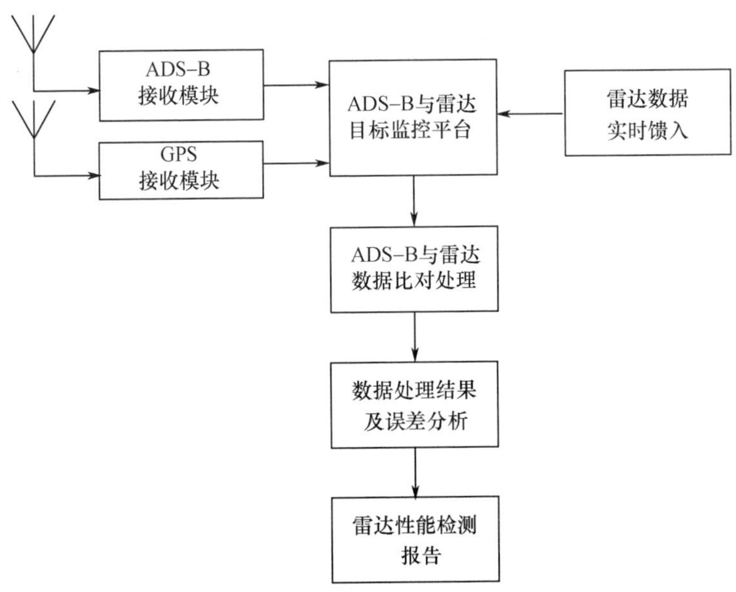

图 6.2　基于 ADS - B 信息的雷达性能检测原理框图

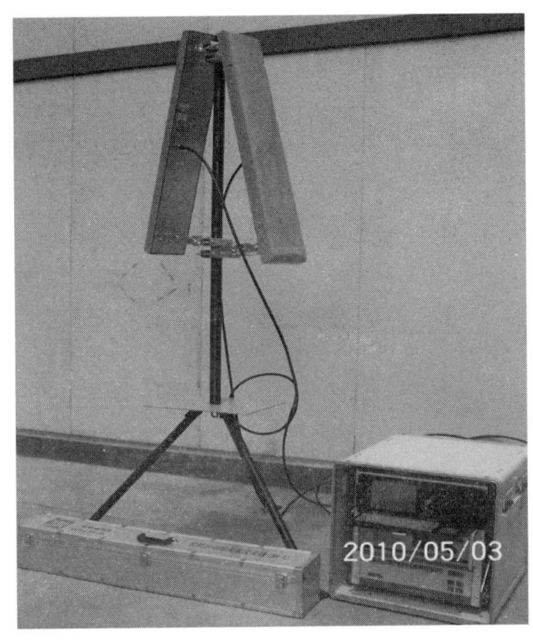

图 6.3　雷达动态精度验证及跟踪引导系统硬件

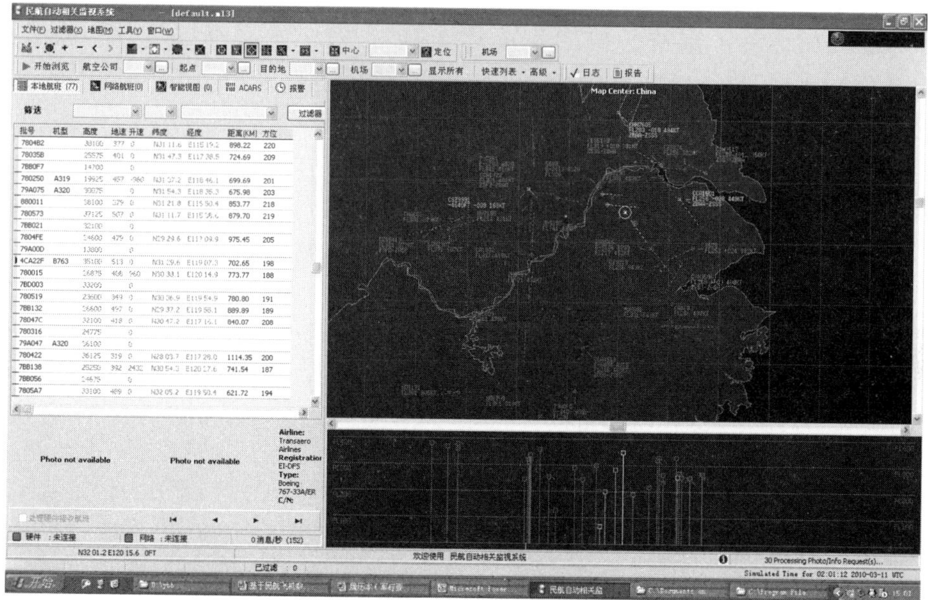

图 6.4　雷达动态精度验证及跟踪引导系统目标监控软件(见彩图)

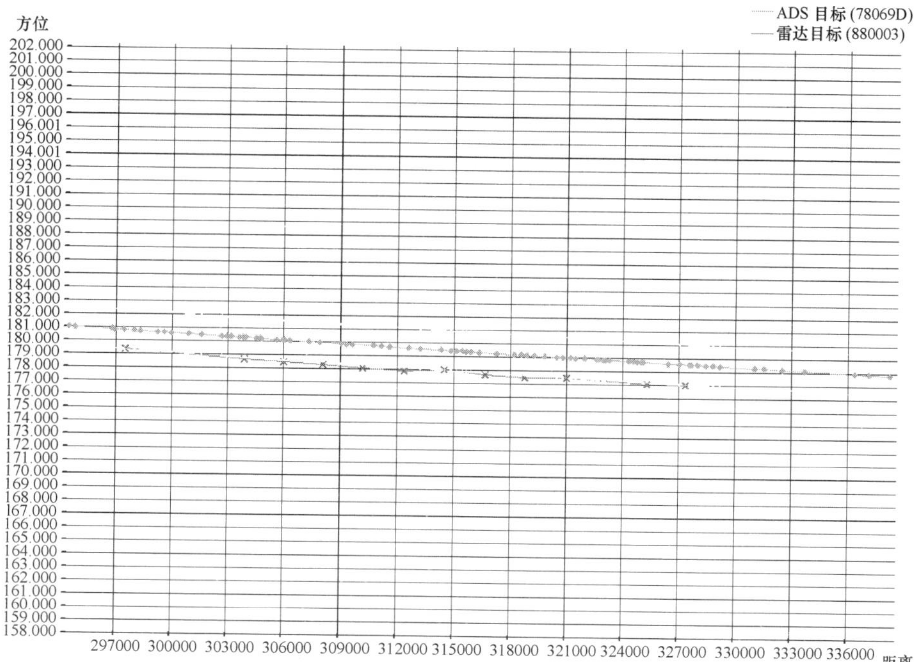

图 6.5　雷达动态精度验证及跟踪引导系统与雷达距离 – 方位误差比对曲线(见彩图)

雷达标校技术

6.3.2 ADS－B 系统数据格式及其转换

6.3.2.1 ADS－B 系统地面接收设备的数据格式

(1) time:接收解算的日期/时间,格式为:年－月－日－时－分－秒,该时间为接收到数据的时间;

(2) Mode S HEX code:十六进制标识的 Mode S 编号;

(3) Call sign:呼叫号;

(4) Altitude in feet:高度以英尺计(1ft＝0.305m);

(5) Groundspeed:对地速度;

(6) Vertical Rate in feet per－minute:垂直速度以 ft/min 计;

(7) Airspeed:空速;

(8) Latitude:纬度;

(9) Longitude:经度。

6.3.2.2 ADS－B 数据格式转换

ADS－B 数据的数据格式主要为经度、纬度和高度,雷达数据格式为斜距、方位角、高度,或者相对于雷达中心点坐标和高度,两种数据格式不一致。要以 ADS－B 数据为真值来计算雷达测量数据精度,首先要将 ADS－B 系统的 WGS－84数据转化为雷达的球面坐标系数据,具体坐标变换方法如下:

1) 由 WGS－84 大地坐标系(L_K,B_K,H_K)转换为地心笛卡儿坐标系(x_{wk}, y_{wk}, z_{wk})

$$\begin{cases} x_{wk} = (N+H_K)\cos B_K \cos L_K \\ y_{wk} = (N+H_K)\cos B_K \sin L_K \\ z_{wk} = [N(1-e^2)+H_K]\sin B_K \end{cases} \tag{6.1}$$

其中

$$N = \frac{a}{\sqrt{1-e^2\sin^2 B_K}}$$

式中:$e^2 = \dfrac{a^2-b^2}{a^2}$ 为第一偏心率;$a = 6378137\text{m}$ 为地球的长半轴;$b = 6356752.3142\text{m}$ 为地球的短半轴。

2) WGS－84 地心直角坐标系坐标到地面直角坐标系转换

假设雷达站的经度、纬度、高度为(L_r,B_r,H_r),它在地心直角坐标中的位置为(x_{or},y_{or},z_{or}),则坐标转移矩阵定义为

$$\boldsymbol{R}_{gr} = \begin{vmatrix} -\sin L_r & \cos L_r & 0 \\ -\sin B_r \cos L_r & -\sin B_r \sin L_r & \cos B_r \\ \cos B_r \cos L_r & \cos B_r \sin L_r & \sin B_r \end{vmatrix} \tag{6.2}$$

故 WGS－84 地心笛卡儿坐标系坐标转换到地面笛卡儿坐标系坐标(x_{rk}，y_{rk}，z_{rk})为

$$\begin{vmatrix} x_{rk} \\ y_{rk} \\ z_{rk} \end{vmatrix} = \boldsymbol{R}_{gr} \begin{vmatrix} x_{wk} - x_{or} \\ y_{wk} - y_{or} \\ z_{wk} - z_{or} \end{vmatrix} \tag{6.3}$$

3）地面直角坐标系转换到地面球面坐标系

假设地面球面坐标为(r_k，θ_k，η_k)，故由目标的地面直角坐标(x_{rk}，y_{rk}，z_{rk})转化为地面极坐标的(r_k，θ_k，η_k)的坐标变换为

$$\begin{cases} r_k = \sqrt{x_{rk}^2 + y_{rk}^2 + z_{rk}^2} \\ \theta_k = \arctan \dfrac{x_{rk}}{y_{rk}} \\ \eta_k = \arcsin \dfrac{z_{rk}}{\sqrt{x_{rk}^2 + y_{rk}^2 + z_{rk}^2}} \end{cases} \tag{6.4}$$

6.4　ADS－B 系统测量精度分析

6.4.1　ADS－B 时间精度

时间精度：1ms。

采用两套雷达动态精度验证及跟踪引导系统在两个地方 A 与 B 同时对空中的民航飞机播报的 ADS－B 数据进行记录并对记录的数据打上时间戳。A，B 两点的 GPS 坐标可以用高精度的 GPS 设备测量出来，假设经度、纬度、高程坐标分别为：(E_a，N_a，H_a)和(E_b，N_b，H_b)。假设某民航飞机在 C 点发出了 ADS－B 信息，A、B 两点与 C 点的距离的不同，如图 6.6 所示。导致了 A、B 两点的设备不是同时接收到此信息，根据两台设备记录的时间戳，可以计算出两台设备先后接收到数据的时间差 Δt_1。

此外飞机在 C 点发出的信息中包含了 C 点的经度、纬度、高程坐标信息(E_c，N_c，H_c)，根据 A、B、C 三点的坐标，我们可以计算出 A、B 两点分别到 C 点的距离 AC 与 BC，根据 AC 与 BC 的距离差我们可以计算出 A、B 两点的设备接收到此信息的理论时间差 Δt_2。比较 Δt_1 与 Δt_2 可以发现精确到 1ms。

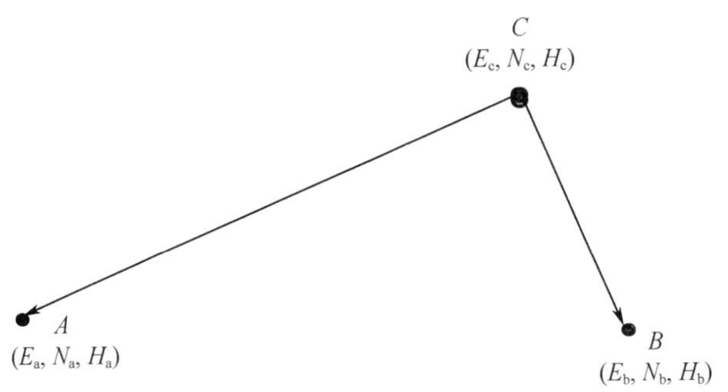

图 6.6　时间测试方案图

6.4.2　ADS－B 位置精度

6.4.2.1　ADS－B 数据的精度性能要求

在 Version 0 消息体制中采用 NUC（Navigation Uncertainty Category），导航不确定性等级，来表示 ADS－B 下传数据的精度等级，见表 6.1 所列。

表 6.1　NUC 数值含义

NUC	HPL（Horizontal Protection Limit，水平保护限制）	95%　Containment Radius On Horizontal Position Error μ
7	25m≤HPL＜185.2m（0.1nm）	10m≤μ＜92.6m（0.05nm）
8	7.5m≤HPL＜25m	3m≤μ＜10m
9	HPL＜7.5m	μ≤3m

注：μ：水平位置上保留半径为 μ 的概率在 95% 以上。

（1）NUC＝7 时，目标位置数据与目标真实位置的偏差在 10～92.6m 的概率不低于 95%；

（2）NUC＝8 时，目标位置数据与目标真实位置的偏差在 3～10m 的概率不低于 95%；

（3）NUC＝9 时，目标位置数据与目标真实位置的偏差在 3m 之内的概率不低于 95%。

6.4.2.2　位置精度验证

为了验证民航飞机下发的 ADS－B 的位置精度，可以携带一个高精度的 GPS 接收机到一架播报民航飞机数据的飞机上去，同时记录两路 GPS 位置信息。以自带设备记录的 GPS 信息（该值可认为是真值）来验证 ADS－B 的位置和时间信息。

比对分析经度 - 纬度坐标的结果如图 6.7 所示。

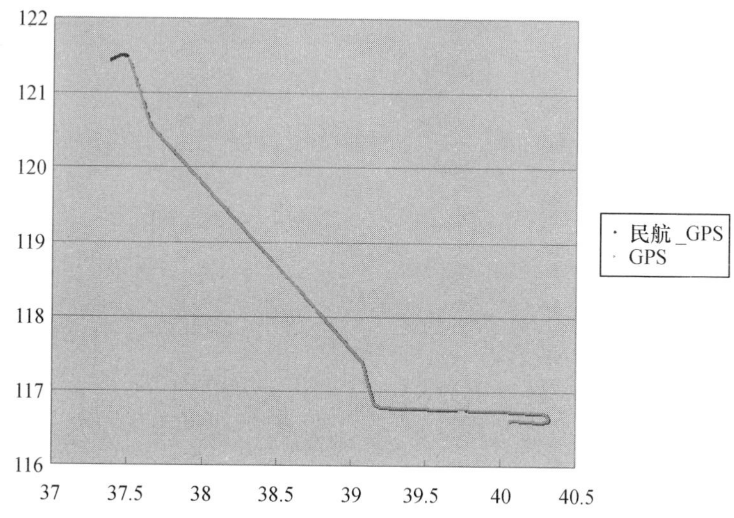

图 6.7　实验过程中携带 GPS 与民航_GPS 的数据点比较图

在数据点中选取民航_GPS 位置与携带 GPS 位置相近的点,并将这些距离相近的点距离的差值计算出来,如表 6.2 所列。

表 6.2　民航_GPS 数据与 GPS 数据点比较

序号	民航_GPS 时间	民航_GPS 经纬度/(°)	GPS 时间	GPS 经纬度/(°)	距离差/m
1	125427984	116.9564,39.1351	125426892	116.956485,39.135088	7.17
2	125402953	117.0067,39.1276	125358892	117.006787,39.127617	8.47
3	125402953	117.0013,39.1283	125401892	117.001367,39.12832	6.20
4	125354593	117.0176,39.1262	125352592	117.017627,39.126202	2.36
5	125427984	116.96,39.1345	125424892	116.960067,39.134518	6.20
6	125427984	116.9583,39.1348	125425892	116.958277,39.134803	2.39
注:民航_GPS 和 GPS 时间格式为 UTC 时间,hhmmss.sss,经纬度单位都为(°)					

从表中可以看到民航 GPS 和携带 GPS 数据点在时间的接受范围内，可视为同一个数据点，尽管实验者所在位置和机载 GPS 位置有一定的偏差，通过试验可以看出，该距离差都小于 10m，因此可以得出结论：

（1）在空间中的一条航迹上，民航 GPS 和携带 GPS 数据点具有一致性；

（2）民航 GPS 数据点的值可以作为 GPS 真值使用，具有可行性。

6.4.3 高度测量精度

ADS－B 技术采用无线电高度和气压高度来表示。无线电高度表测量的是相对于大地的高度。气压高度是根据气压值来确定的高度，因而出现了以什么地方的气压标准作为标准来确定高度的问题。

国际民航组织规定：当飞机进入航线以后，为了保持飞机之间的间隔，一律使用标准气压高度。即在巡航阶段，所有飞机都必须把高度表设定在标准气压，这是飞机上高度表统一表示标准气压高度，这样就避免了各飞机之间的高度指示出现的分歧。在《RTCA DO－260B》协议中规定 ADS－B 采用气压高度作为高度数据源时，数据为未修正的标准气压高度。

在对雷达进行标校的过程中需要获得目标的经纬度及高度信息，这些信息的精度的高低直接关系到雷达标校的正确与否。如果所获取的位置精度达不到雷达试验所需要的精度要求，雷达标校的结果将会在雷达距离、方位和仰角上出现一些偏差。全球定位系统 GPS 给出的高度信息为参考椭球面高度，但是 ADS－B给出的高度信息是气压高度，如何将获取的气压高度转换为与参考椭球高度是一个关键因素。RTCA 在其发表的 ADS－B 技术协议中给出了从气压高度到参考椭球高度的转换关系。这为基于 ADS－B 数据的高精度雷达标校研究提供了保证。

ADS－B 下传的高度数据为标准气压高，下传的高度差值修正量为 GNSS 高度与标准气压高的差值。

6.4.3.1 高程系统

在测量中常用的高程系统有大地高系统、正高系统和正常高系统，如图 6.8 所示。

1）大地高系统

大地高系统是以参考椭球面为基准面的高程系统。某点的大地高是该点到通过该点的参考椭球的法线与参考椭球面的交点间的距离。大地高也称为椭球高，大地高一般用符号 H 表示。

2）正高系统

正高系统是以大地水准面为基准面的高程系统。某点的正高是该点到通过

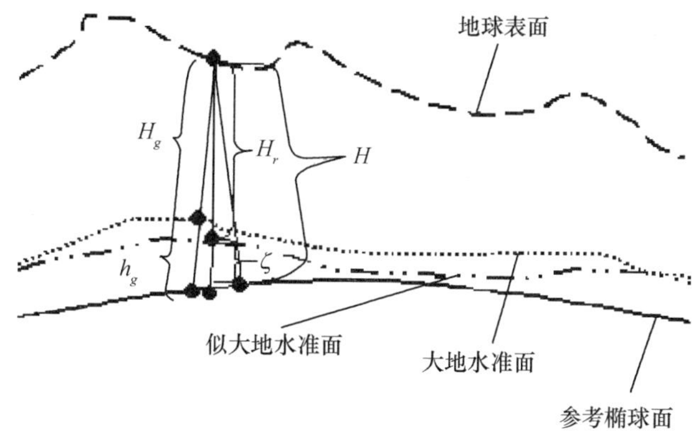

图 6.8　GPS 高程系统

该点的铅垂线与大地水准面的交点之间的距离,正高用符号 h_g 表示。

3）正常高系统

正常高系统是以似大地水准面为基准的高程系统。某点的正常高是该点到通过该点的铅垂线与似大地水准面的交点之间的距离,正常高用 H_r 表示。

在中国海拔的测量采用的是以似大地水准面为基准的高程系统,即正常高。高程系统之间的转换关系:

大地水准面到参考椭球面的距离,称为大地水准面差距,记为 h_g;

似大地水准面到参考椭球面的距离,称为高程异常,记为 ζ;

大地高与正高之间的关系可以表示为 $H = H_g + h_g$;

大地高与正常高之间的关系可以表示为 $H = H_r + \zeta$。

6.4.3.2　试验验证

在 ADS－B 雷达标校精度验证实验中,被测雷达为高精度雷达,已经通过飞机进行的检飞,其探测精度已达标。将雷达动态精度验证系统与雷达一同开机,同时录取了多批民航飞机数据。选取了几批精度等级较高(NUC＝7)的民航飞机数据,并对民航飞机加上其对应的高度修正量,再与其对应的雷达数据作比对分析。得到的结论是采用雷达动态精度验证系统对雷达的标校结果与其飞机校验的结果相吻合。

在实验中经过数据多次处理比较发现,下传的高度修正量为 MSL(平均海拔高)与标准气压高度的差值。为了验证对高度的修正量是否为 MSL 高度,根据前面的高程关系公式,获取同批目标的 HAE 高度和 MSL 高度。由于参考椭球高和海拔高度之间有一个高程异常值,而高程值的获取的方法之一是通过重力模型算法结算。通过重力模型算法,对接收到的每个 ADS－B 数据的点解算出其对应的高程异常值。然后分别对 HAE 高度和 MSL 高度作数据转换处理，以数据列中的两个数据点为例：

假定 ADS－B 下传的高度修正量为 HAE，那么无需再加上高程异常值，获取的距离－仰角数据点为（85292.12827，6.976629）；单位（m，°）

假定 ADS－B 下传的高度修正量为 MSL 那么需要加上高程异常值转换为 HAE 高度，获取的距离－仰角数据点（85290.30761，6.966627）；单位（m，°）

这两组数据，再与雷达数据（以参考椭球高）比对的时候，修正量为 MSL 时，与雷达数据最为接近。而且与假定为 HAE 的差值在 80km 的时候，仰角误差在 0.01°，误差很小。也就说无论下传的高度修正量是 HAE 高度还是 MSL 高度，它们对雷达标校结果精度的影响很小，可以忽略。

6.4.4 雷达精度计算方法

设 k 时刻雷达跟踪多个目标飞机的测量值分别为 $\hat{X}_{G1}(K/K)$，$\hat{X}_{G2}(K/K)$，…，$\hat{X}_{GT}(K/K)$；ADS－B 接收机对多个目标飞机的滤波估计值分别为 $\hat{X}_{R1}(K/K)$，$\hat{X}_{R2}(K/K)$，…，$\hat{X}_{RT}(K/K)$。由于空中的目标飞机和雷达是非合作的，要计算雷达跟踪每个目标飞机的精度，首先必须将雷达量测值和 ADS－B 估计值正确配对，可以运用最近邻方法解决。

定义：$d_{ij}=|\hat{X}_{Gi}(K/K)-\hat{X}_{Rj}(K/K)|$，$(i=1,2,\cdots,T$ 和 $j=1,2,\cdots,T)$

计算出所有 d_{ij} 的值，对于每个 $\hat{X}_{Rj}(K/K)$ 选择多个 d_{ij} 中的最小值，相对应的 $\hat{X}_{Gi}(K/K)$ 和 $\hat{X}_{Rj}(K/K)$ 进行配对，而这个最小值就是 t 时刻以 ADS－B 数据为基准的雷达跟踪目标 $i(i=j=1,2,\cdots,T)$ 的位置精度。

ADS－B 系统如果作为雷达精度的测量设备，必须具备稳定性和高精度要求。从设备提供的参数来看，基本满足雷达的需求。为检查和验证 ADS－B 系统测量的稳定性和一致性，以雷达作为考核对象。考核方法是首先对雷达的系统误差进行标定；然后用 ADS－B 设备记录多条航线的数据作为真值，雷达同时记录，将二者进行比较，如果各条航路的系统误差统计结果基本一致且在指标 0.1°要求以内，则表明 ADS－B 系统是稳定可靠的，数据的一致性也能满足要求；最后以搭载（差分 GPS）的飞机按照预定航路飞行的参数作为基准值，来检查雷达的精度，如果雷达的精度满足要求，也间接证明了 ADS－B 系统的精度也能满足要求。

雷达在试验前完成了系统各项指标测试、标定和验收，状态完好。试验时在雷达附近用 ADS－B 系统地面接收设备接收民航数据，同时雷达跟踪各条航路上的民航目标并记录数据。飞行结束后以 ADS－B 设备记录的数据作为真值进行误差统计，共记录了 15 条航路，并分别对角度误差进行对比分析，其中方位误差为 0.01°～0.07°，均值约 0.04°，仰角误差为 0.02°～0.08°，均值约 0.05°。数据表明 ADS－B 系统的稳定性和一致性较好，图 6.9 和图 6.10 分别是以 ADS－B 数据为真值统计的 15 条航路雷达的方位和仰角系统误差图。

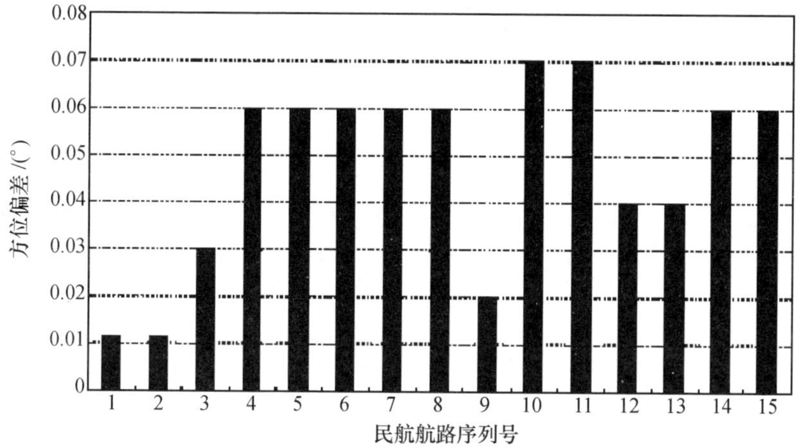

图 6.9 雷达测量值与 ADS－B 数据方位偏差统计

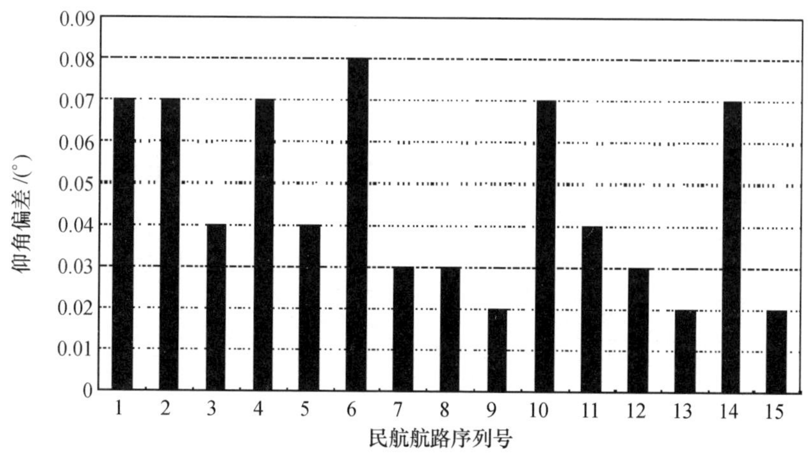

图 6.10 雷达测量值与 ADS－B 数据仰角偏差统计

检查完 ADS－B 系统的稳定性和一致性后，再利用搭载差分 GPS 的军用飞机对该雷达进行测量考核，雷达方位和仰角测量精度基本都在 0°左右，如图 6.11和图 6.12 所示，满足系统指标要求。

如果以差分 GPS 为真值来评估 ADS－B 的测量结果，则可以认为其系统误差在 0.05°以内，可以作为真值评估雷达测量精度的设备。

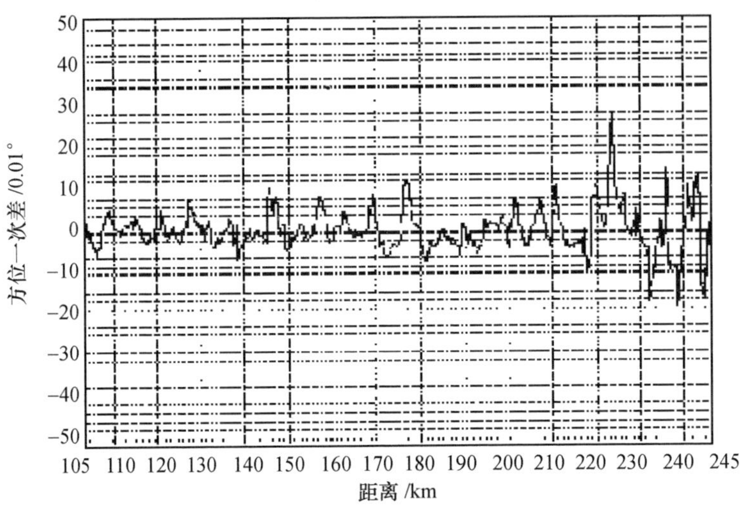

图 6.11　ADS－B 标定后的雷达测量方位角精度

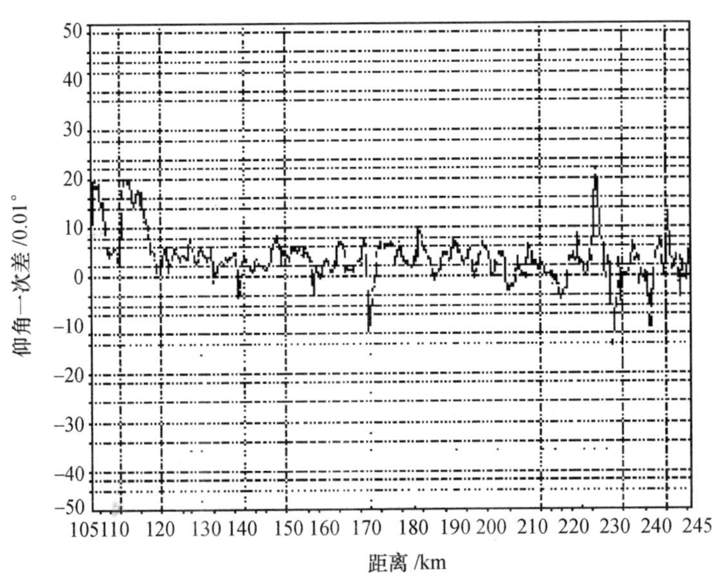

图 6.12　ADS－B 标定后的雷达测量俯仰角精度

6.5　数据处理

6.5.1　外推跟踪解决数据丢点问题

ADS－B 协议对民航飞机消息广播频率为 2Hz。在干扰严重的情况下，数据丢点现象较为严重,为了得到准确的数据信息,更好地与雷达数据作比对,需要建立一个数据外推跟踪的数学模型。

6.5.1.1 跟踪模型

1) 三点平滑

对地速度方向预测的正确与否是能否跟踪目标的关键,因为 ADS - B 接收的数据点较密集,两个数据点之间的距离很短,稍微的数据抖动都可能造成跟踪方向的偏差。为此,采用了三点速度方向预测,如图 6.13 所示。

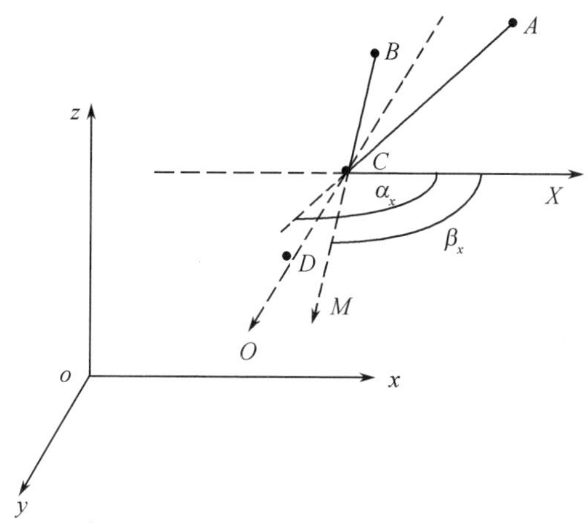

图 6.13 三点平滑

图中 A、B、C、D 依次表示 4 个数据点,A 为起点,其中 B 点有扰动,CX 与 X 轴平行,如果不平滑,CD 段跟踪会出现较大偏差,如图中的$\overrightarrow{CM}$,向量$\overrightarrow{CO}$表示三点速度方向预测后 C 点的跟踪方向。ADS - B 接收的数据首先转换到大地直角坐标系下,对地速度和升速都在直角坐标系下进行分解,求解 C 点对地速度在大地直角坐标系下三个分速度大小,以 X 轴方向的分解速度为例:

令 $A(x_a, y_a, z_a)$、$B(x_b, y_b, z_b)$、$C(x_c, y_c, z_c)$,对地速度大小为 v_e,AC 与 X 轴夹角 α_x,BC 与 X 轴的夹角用β_x表示,在三点速度方向预测后,C 点对地速度在 X 轴的分量大小为 v_{ecx},则有如下关系式:

$$\alpha_x = \arccos((x_c - x_a) / \sqrt{(x_c - x_a)^2 + (y_c - y_a)^2 + (z_c - z_a)^2}) \tag{6.5}$$

$$\beta_x = \arccos((x_c - x_b) / \sqrt{(x_c - x_b)^2 + (y_c - y_b)^2 + (z_c - z_b)^2}) \tag{6.6}$$

$$v_{ecx} = v_e \cos((\alpha_x + \beta_x)/2) \tag{6.7}$$

同理,得到在 Y 轴和 Z 轴的分量大小分别为 v_{ecy}、v_{ecz}。

2) 升速分解

升速方向为坐标原点与目标位置点连线,可依据在直角坐标系下的分解方法分解,如图 6.14 所示。

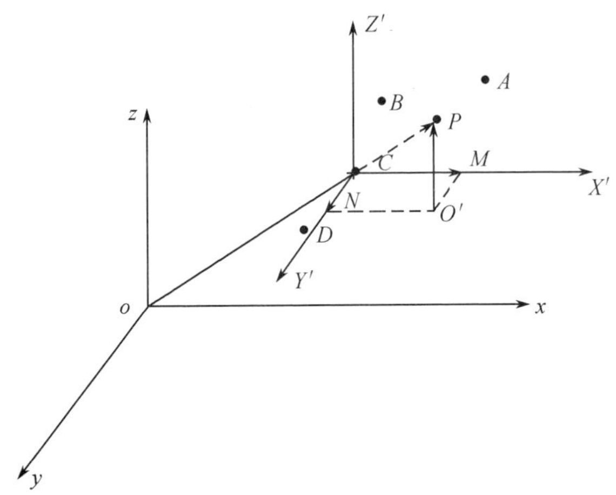

图 6.14　大地直角坐标系下速度分解图

其中:$\overrightarrow{CP}$是 C 点的升速,$\overrightarrow{CP}$在三个维度上的分解速度分别为$\overrightarrow{CM}$、$\overrightarrow{CN}$、$\overrightarrow{O'P}$,大小为 v_{upcx}、v_{upcy}、v_{upcz}。

设在直角坐标系下,C 点在 X 轴、Y 轴和 Z 轴的速度大小分别为 v_{cx}、v_{cy}、v_{cz},则

$$v_{cx} = v_{upcx} + v_{ecx} \tag{6.8}$$

$$v_{cy} = v_{upcy} + v_{ecy} \tag{6.9}$$

$$v_{cz} = v_{upcz} + v_{ecz} \tag{6.10}$$

由 B 及其前两个点的数据信息可以得到 B 点在三个维度上的速度大小分别为 v_{bx}、v_{by}、v_{bz},另外,B、C 数据点的时刻已知,可分别设为 t_b、t_c,则 C 点在三个维度上的加速度大小 a_{cx}、a_{cy}、a_{cz},则

$$a_{cx} = \frac{v_{cx} - v_{bx}}{t_c - t_b} \tag{6.11}$$

$$a_{cy} = \frac{v_{cy} - v_{by}}{t_c - t_b} \tag{6.12}$$

$$a_{cz} = \frac{v_{cz} - v_{bz}}{t_c - t_b} \tag{6.13}$$

3）外推

根据已得到的数据,通过坐标转换可以得到目标点在大地直角坐标系下的坐标位置,通过三点速度方向预测和速度分解与合成可以得到数据点的位置信息、速度信息和加速度信息。

设第 k 时刻 C 的位置信息为 $C_k(x_{ck},y_{ck},z_{ck})$，$C$ 点的速度大小为 $v_{ck}(v_{cxk},v_{cyk},v_{czk})$，$C$ 点的加速度为 $a_{ck}(a_{cxk},a_{cyk},a_{czk})$，数据点外推时间间隔为 T，则有外推公式如下：

$$v_{cx(k+1)} = a_{cx}T + v_{cxk} \tag{6.14}$$

$$v_{cy(k+1)} = a_{cy}T + v_{cyk} \tag{6.15}$$

$$v_{cz(k+1)} = a_{cz}T + v_{czk} \tag{6.16}$$

$$x_{c(k+1)} = x_{ck} + v_{cxk}T + 0.5a_{cx}T^2 \tag{6.17}$$

$$y_{c(k+1)} = y_{ck} + v_{cyk}T + 0.5a_{cy}T^2 \tag{6.18}$$

$$z_{c(k+1)} = z_{ck} + v_{czk}T + 0.5a_{cz}T^2 \tag{6.19}$$

通过加速度的改变，可以实现匀速模型和匀加速模型的转换。

6.5.1.2　跟踪结果

通过对民航飞机的跟踪测试，用三点速度预测可有效提高跟踪精度，其经度、纬度坐标航迹如图6.15所示。

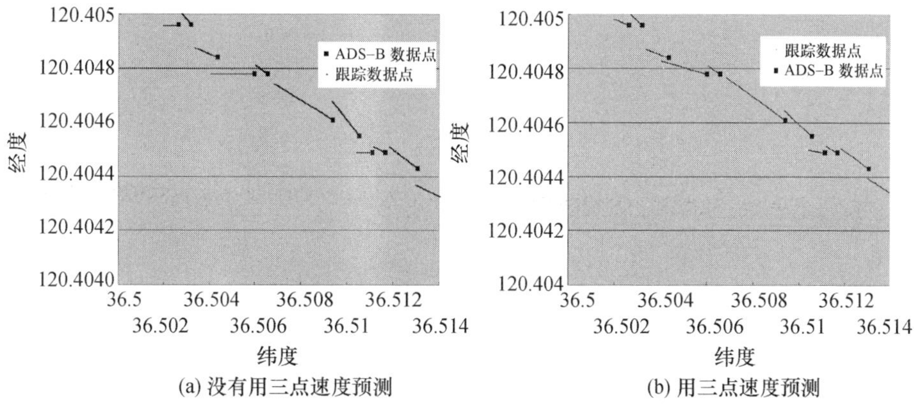

图6.15　三点速度预测效果图

图(b)中，如果跟踪数据率为50Hz，当两个数据点时差在10s以内时，误差小于0.0001°。

6.5.2　基于ADS－B数据的雷达精度测量

由于ADS－B数据是通过民航飞机播报的，具有非可控性和非合作性的特点，因而接收到的数据有较大的随意性，体现在接收数据的时间分布不均匀。而雷达是可控的，在获取数据的时间间隔上比较均匀，数据没有较大的丢失。ADS－B数据点在稀疏的时候是雷达数据点的1/10甚至更少，而密集的时候是雷达数据点的10倍左右，如图6.16所示。另外，由于接收和处理的各种原因，

ADS－B 数据中存在少数的野值（偏离正常轨迹较远的值，在图中未作描述）。由于 ADS－B 数据点和雷达数据点并不是严格时间同步的，所以不能直接看两个数据点之间的差别。但是从 ADS－B 和雷达所形成的两条曲线可以发现：将“野值”剔除以后，ADS－B 数据和雷达数据所形成的两条曲线的趋势和形状是相似的，雷达曲线在进行相应的平移后能够较好的和 ADS－B 曲线重合在一起。即对雷达的每一个数据点作相同的距离、方位、俯仰上的绝对量的修正。

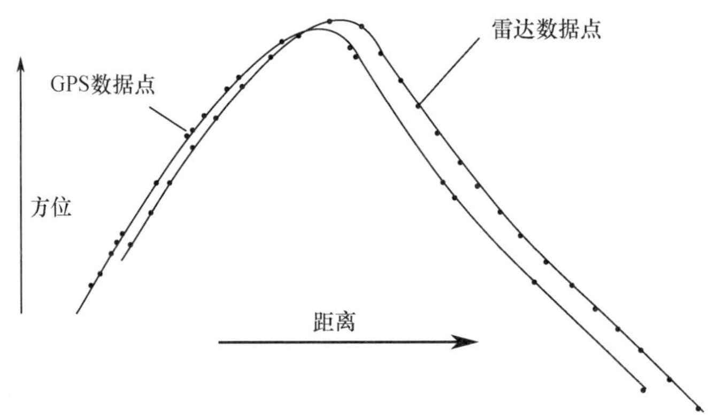

图 6.16　ADS－B 数据点与雷达数据点比较

对雷达数据进行修正，是为了使雷达数据曲线与 ADS－B 曲线（认为的真实航迹）很好的重合在一起。在直观上的印象是雷达数据曲线在宏观上和 ADS－B 数据曲线重合，在微观上，雷达数据曲线围绕着 ADS－B 数据曲线。如果通过计算得到误差修正量并对雷达进行修正后达到这样的效果，则修正是成功的。因此，采用了最小类方差法进行修正。

最小类方差法，是一种有效的试验数据处理方法。在利用最小类方差法求雷达测量数据的误差修正量时，不需要考虑运动轨迹的具体时间。只要在一段时间内获得同一目标的 ADS－B 和雷达数据，就可以运用这种方法进行计算。修正算法描述如下：

（1）“野值”剔除

偏离正常轨迹较远的数据点称为野值，数据处理之前先进行剔除操作。

（2）匹配点的选取

在使用最小类方差法获取误差修正量时，有效地进行匹配点的选取才能保证类方差最小，两条航迹才能吻合得最好。所以，怎样进行匹配点的选取至关重要，它直接关系到雷达标校的效果。

在所有的雷达数据点 $R_1, R_2, \cdots, R_n, \cdots$ 中选取 R_n 点，R_n 点所对应的距离为 r_{R_n}，所有的 ADS－B 数据点为 $G_1, G_2, \cdots, G_m, \cdots$，其对应的距离分别为 $r_{G_1}, r_{G_2}, \cdots, r_{G_m}, \cdots$，设定 Δr 为在距离上选取匹配点的范围，可以得到闭区间 $[r_{R_n} - \Delta r,$

$r_{R_n}+\Delta r]$。当 $r_{G_1},r_{G_2},\cdots,r_{G_m},\cdots$ 中没有距离值落入这个区间时，则判定 R_n 点没有准匹配点。当 $r_{G_1},r_{G_2},\cdots,r_{G_m},\cdots$ 中有一个距离值落入这个区间时，则判定该距离值所对应的 ADS - B 数据点为 R_n 点的准匹配点。当 $r_{G_1},r_{G_2},\cdots,r_{G_m},\cdots$ 中有两个以上距离值落入这个区间时，则选取与 $\min\{|r_{G_m}-r_{R_n}|,|r_{G_{m+1}}-r_{R_n}|,\cdots\}$ 值对应的 ADS - B 数据点为 R_n 点的准匹配点。

然后，在方位上对其做进一步的筛选。设 R_n 点选取的准匹配点为 G_m 点，二者对应的方位值分别为 a_n 和 a_m。令 $\Delta a=|a_n-a_m|$，设定值 a_s，当 $\Delta a<a_s$ 时，则对应于 $(\Delta a_p,\Delta r_p)$ 的修正量，R_n 点的正式匹配点为 G_m 点。当 $\Delta a>a_s$ 时，则认定对应于 $(\Delta a_p,\Delta r_p)$ 的修正量，R_n 点不存在匹配点。

依此类推，继续寻找其他雷达数据点的匹配点，直至完成对对应于修正量 $(\Delta a_p,\Delta r_p)$ 的所有雷达数据点 $R_1,R_2,\cdots,R_n,\cdots$ 的匹配点搜索。将所有具有匹配点的雷达数据点及其对应 ADS - B 数据匹配点提取出来，并将其重新编号。

（3）修正效果的评估标准

假设获得 k 点匹配数据，其中雷达的方位角为 $(a_{R_1},a_{R_2},\cdots,a_{R_k})$，则对应的 ADS - B 的方位为 $(a_{G_1},a_{G_2},\cdots,a_{G_k})$；雷达的距离为 $(r_{R_1},r_{R_2},\cdots,r_{R_k})$，则对应的 ADS - B 的距离为 $(r_{G_1},r_{G_2},\cdots,r_{G_k})$。

这里定义 Λa_p、Λr_p 如公式(6.20)和(6.21)：

$$\Lambda a_p=\frac{(a_{G_1}-a_{R_1})^2+(a_{G_2}-a_{R_2})^2+\cdots+(a_{G_k}-a_{R_k})^2}{k} \tag{6.20}$$

$$\Lambda r_p=\frac{(r_{G_1}-r_{R_1})^2+(r_{G_2}-r_{R_2})^2+\cdots+(r_{G_k}-r_{R_k})^2}{k} \tag{6.21}$$

这时就获得了相对于修正量 $(\Delta a_p,\Delta r_p)$ 的评估量 $(\Lambda a_p,\Lambda r_p)$。依此类推，可以获得对应于所有修正量 $(\Delta a_1,\Delta r_1),(\Delta a_2,\Delta r_2),\cdots(\Delta a_p,\Delta r_p),\cdots$ 的评估量：

$$\Lambda a_1,\Lambda a_2,\cdots\Lambda a_p,\cdots \text{与} \Lambda r_1,\Lambda r_2,\cdots\Lambda r_p,\cdots。$$

令

$$\Lambda a=\min\{\Lambda a_1,\Lambda a_2,\cdots\Lambda a_p,\cdots\} \tag{6.22}$$

$$\Lambda r=\min\{\Lambda r_1,\Lambda r_2,\cdots,\Lambda r_p,\cdots\} \tag{6.23}$$

在所有的修正量 $(\Delta a_1,\Delta r_1),(\Delta a_2,\Delta r_2),\cdots(\Delta a_p,\Delta r_p),\cdots$ 中，必然存在一组与 Λa、Λr 相对应的修正量 $(\Delta a_i,\Delta r_i)$。那么认为 $(\Delta a_i,\Delta r_i)$ 即为距离—方位曲线的最佳修正量。

重复以上的步骤，同样可以获得距离—俯仰曲线的最佳修正量 Λe。可以将距离 - 方位曲线的最佳距离修正量作为固定修正量代入，这样在运算中可以减少运算量。

在修正过程中,采用的方法是:对雷达数据在距离和方位上进行循环修正。每一次的修正都要去寻找匹配点、计算类方差。并将每一次得到的类方差数值保留下来。当循环结束后,找出这个类方差的最小值,根据这个最小值输出其对应的误差修正量。在循环修正中,采用的是一个双重循环和一个单循环。首先设定方位、斜距、俯仰的循环起始值、循环结束的值和循环步长。以方位为双重循环的外层,以斜距为内层,得到方位和斜距的最佳修正量。然后将斜距修正量代入到俯仰的修正中,单独对俯仰进行修正,得出俯仰的修正量。

6.5.3 ADS - B 与雷达实测数据修正结果分析

选取试验中批号分别为 p151,p158,p260,p262,p161 的五批数据,在斜距、方位、俯仰的修正量如表 6.3 所列。

表 6.3 五组数据的修正量

批次	斜距/m	方位/(°)	俯仰/(°)
p151	3020	0.2	0.49
p158	3000	0.27	0.55
p260	2900	0.2	0.5
p262	3020	0.24	0.33
p161	2920	0.14	0.61

由试验结果可以看出,每一个批次的修正量不是完全一致,有一定程度的差距。但是一部雷达的测量误差是相对固定的,因此存在其他干扰修正量的因素,即随机误差。

如何甄选出真实的修正量,将以上 5 个批次的修正量作一个平均,平均值为(2972,0.21,0.496)。再去修正选取的这 5 条曲线,观察修正结果,发现对大多数曲线的修正效果是好的。

在这 5 个批次中选取了具有代表性的 p151 和 p161 批次数据的修正效果对比图如下:

(1) p151 批次效果图

p151 批次的自身修正值与计算的平均修正值较为接近。从直观上看,对雷达数据经过修正以后,雷达的曲线向 GPS 曲线逼近,并且能够较好地“重合”在一起。

(2) p161 批次效果图

p161 批次的修正值和计算的平均修正值相差较大。从图中可以看出,这样的方法有一定的修正效果。但是,这样的方法在实测数据的处理中并不一定是完美的,还需要进一步讨论与完善。

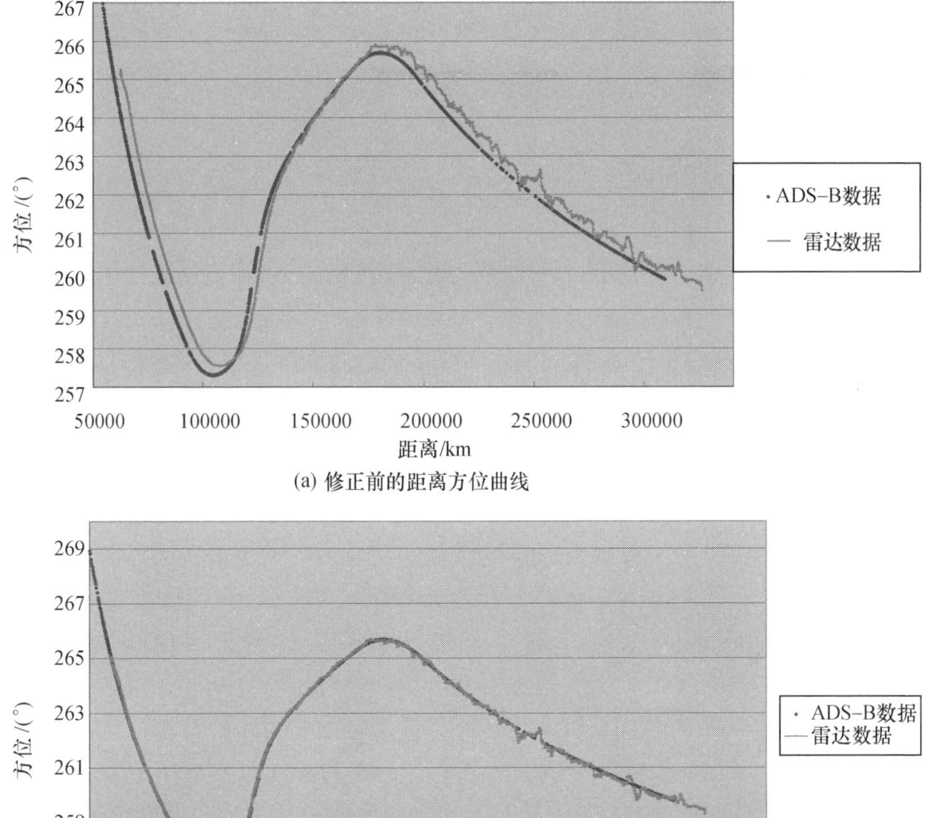

(a) 修正前的距离方位曲线

(b) 修正后的距离方位曲线

图 6. 17　p151 批次修正前与修正后距离方位曲线

另外对于两条平行的直线重合(长度不一,不考虑首尾),会有无穷多个平移向量。其示意图如图 6. 21 所示。

若两条曲线的形状接近直线,则修正向量的随意性较大,在计算修正量的时候会出现和其他曲线较大的差距。所以,在使用最小类方差法计算误差修正量的时候,要选取有起伏或有折返的曲线。其示意图如图 6. 22 所示。

另外,当起伏或折返曲线两侧的数据点的个数存在着较大的差别,即:一边几个,十几个有效点,另一边几百个有效点的情况时,就使得参与计算类方差的数据点集中在近似线性的一边,导致有起伏或折返特点的曲线的优势大大减小。

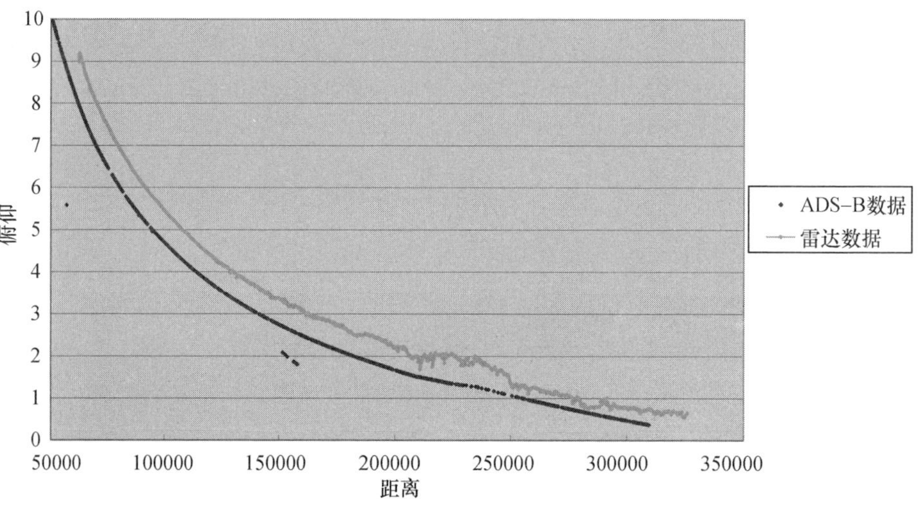

(a) 修正前的距离俯仰曲线

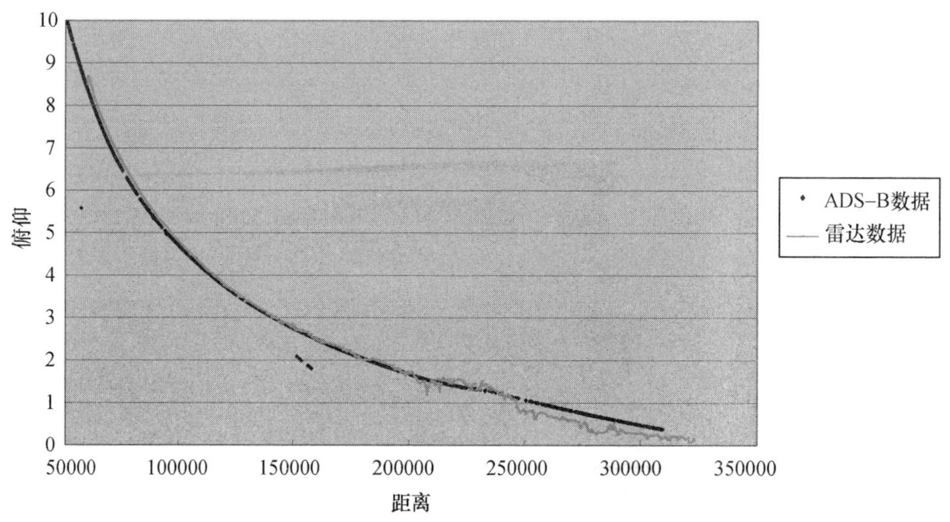

(b) 修正后的距离俯仰曲线

图 6.18　p151 批次修正前与修正后距离俯仰曲线

因此,为了得到理想的误差修正量,需要选取合适的曲线,进行恰当的匹配评估。

6.5.4　数据处理中需要注意的问题

1）参数的设定

在程序运行前,需要根据情况设定 12 个参数。它们是:斜距、方位和俯仰的匹配范围;斜距、方位、俯仰的修正起始值、结尾值和修正步长。

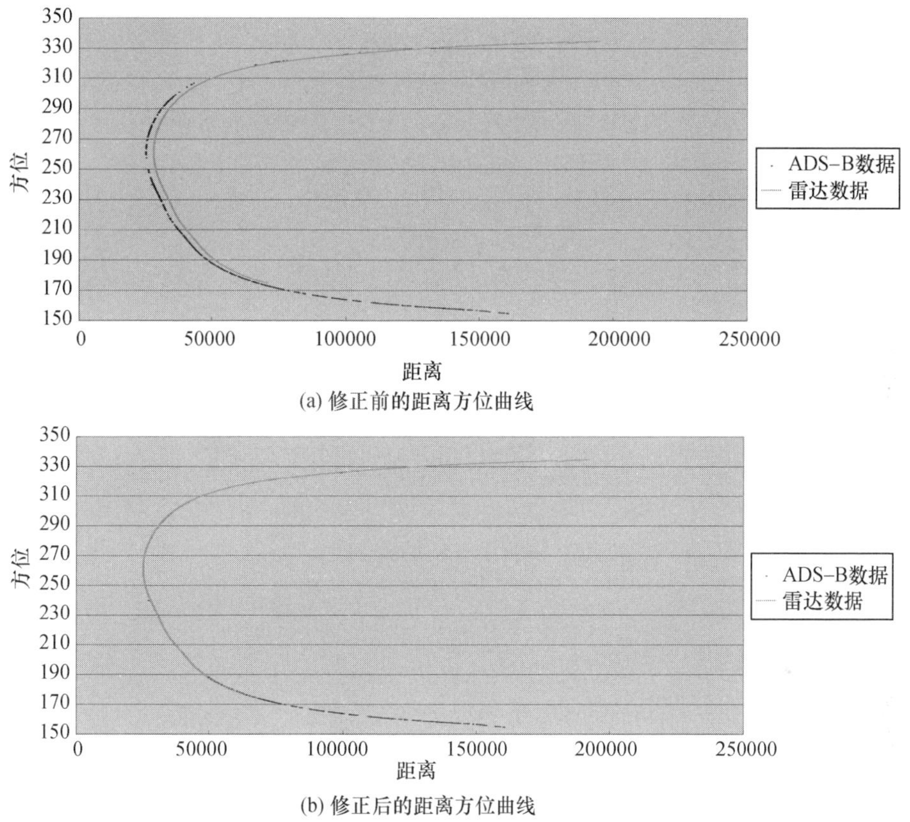

(a) 修正前的距离方位曲线

(b) 修正后的距离方位曲线

图 6.19　p161 批次修正前与修正后距离方位曲线

2）各个参数对程序运行及结果的影响

斜距匹配范围：所设值越小，对匹配点的要求越高，则得到的符合要求的数据量就越少，可能会有失普遍性。所设值越大，对匹配点的要求越低，匹配效果就得不到很好的保证。根据经验可在 50 ~ 250m 之间选取。

方位和俯仰匹配范围：这个值不是用在匹配点的筛选，主要是在斜距数据并非单调的情况下，确保匹配点的正确性。当斜距数据单调，这个值的意义并不大，方位匹配范围可设为 5°左右。但当斜距不单调的时候，它就有着非常重要的作用，它的值越小，正确率越高，但不能小于 1°。对于俯仰匹配范围，一般可选在 0.4° ~ 0.8°。

斜距、方位、俯仰的修正起始的值和结束的值：它们限定了修正的范围，其所设定的值是程序运行时间和结果是否正确的决定因数之一。在步长一定的情况下，范围越大，运行时间越长。所设定的这个范围一定要包括最佳的误差修正值。根据经验，斜距的修正范围为 2000 ~ 4000m；方位的修正范围为 0° ~ 0.4°；俯仰的修正范围为 0° ~ 0.7°。

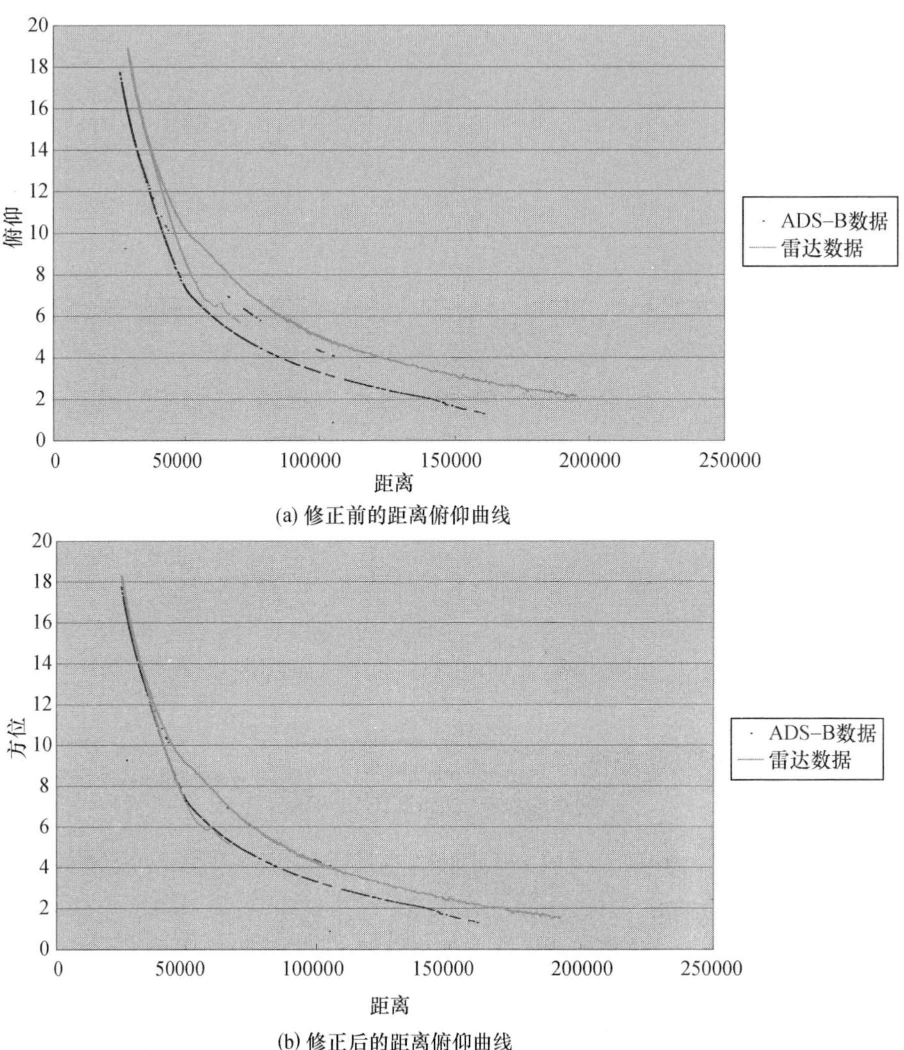

(a) 修正前的距离俯仰曲线

(b) 修正后的距离俯仰曲线

图 6. 20　p161 批次修正前与修正后距离俯仰曲线

斜距、方位、俯仰的修正步长:修正步长越小,得到的结果越精确,但带来的后果是运行时间的加长。

3）相关问题

在得到误差修正值后,需要对其进行数据修正,并放大后观察两条曲线的吻合效果。一般情况下,吻合的效果是好的。但也会出现吻合不太好的情况,这种情况多出现在斜距不单调的曲线中。解决的方法是调整方位和俯仰的匹配范围,大多数是往小调整匹配范围。

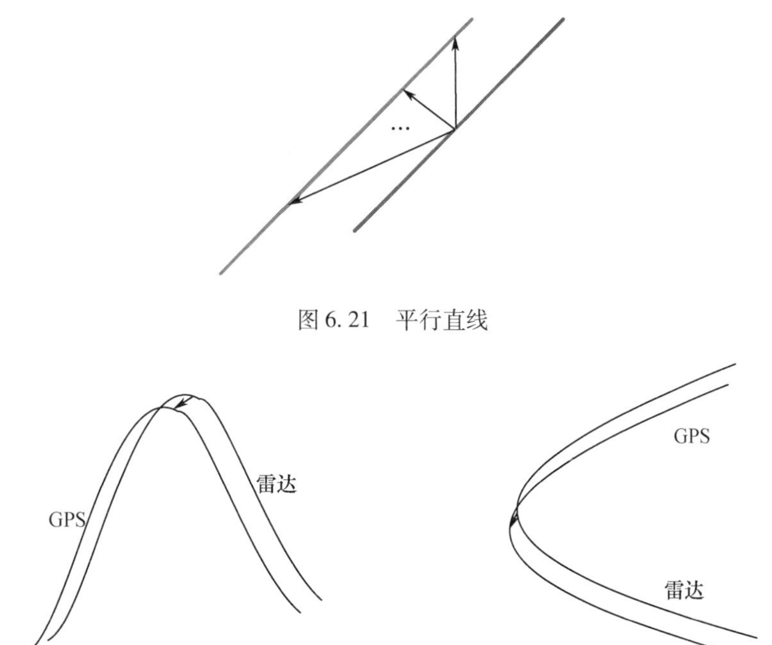

图 6.21　平行直线

图 6.22　有起伏和折返的曲线

6.5.5　ADS – B 系统多目标跟踪算法

配备 ADS – B 设备的飞机并不一定会提供连续稳定的状态和意图信息，数据丢失、错误输入、电子欺骗以及其他信号的干扰都可能降低数据的完整性。对 ADS – B 系统进行多目标跟踪算法的研究将是解决这些问题的关键点。数据关联和状态估计是多目标跟踪中的两个核心问题[2]。

ADS – B 系统地面接收设备包括天线、接收机和数据处理。地面接收设备的工作频率为 1090MHz，波束宽度：水平 120°；垂直 10°，目标最大探测距离可达 400km，位置误差小于 10m，覆盖距离和位置误差满足一般雷达测量要求。目前 ADS – B 地面接收设备接收的数据中的时间是该设备接收到数据并解算后打上的时戳，不是民航飞行的实时时间。而精度数据分析是以雷达记录的绝对时间（该时间由雷达携带的 GPS 提供）作为基准进行分析，据统计二者相差 0.2s 左右。因此，ADS – B 数据提供的民航位置参数和雷达录取的数据存在时空上对不准的问题，在数据分析时不能按照通常用时间为基准的方法分析，可通过研究和对数十条航路数据进行分析，得出以某个飞行拐点作为基准点来对航迹进行对比分析，基本能够测量出雷达真实的距离、方位和仰角精度。

图 6.23、图 6.24 是 ADS – B 设备和雷达同时记录的某条航路的方位和仰角

的拟合曲线图。从图中可以看出两个角度的航迹拟合度较好。

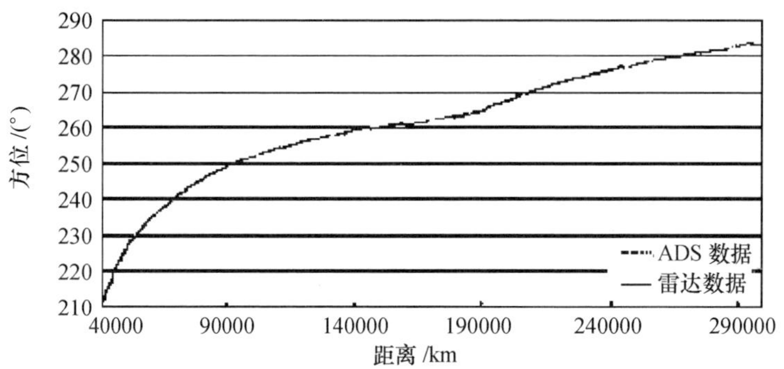

图 6.23 ADS 数据与雷达测量值方位对比曲线

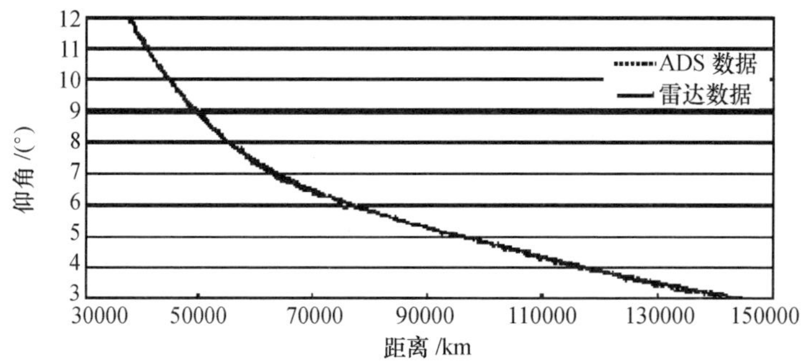

图 6.24 ADS 数据与雷达测量值仰角对比曲线

ADS－B 设备跟踪的对象为民航目标,民航目标作为录取和分析对象具有飞行稳定、航线可重复、可多条航线检查验证的优点。ADS－B 地面接收设备体积较小、易搬移,因此利用 ADS－B 数据作为各类雷达在外场检查和考核雷达精度的方法逐步被采用。对于一般精度要求不高(大于 0.3°)的雷达,用该方法操作简单、易于评估。对于高精度的雷达,由于精度要求一般优于 0.1°,且存在时空对不准问题,因此在测量方法上要规定相应的航路。通过在陆上多次试验和数据分析,基本确定了以下合适可行的测量方法,具体步骤如下:

(1) 雷达完成调试、标定和验收,各项指标均可满足要求;

(2) 方位精度测量,在雷达附近架设 ADS－B 设备,将雷达天线的法线对准航路,二者同时录取同一高度向着雷达站或者背离雷达站飞行的民航目标,高度为 10000m 左右,可多次(一般向着雷达站和背离雷达站各录取 3～5 次)重复测量,取平均值,以 ADS－B 数据为真值比较,得出方位系统误差,并修正到 0.1°以内;

(3) 仰角和距离精度测量,将雷达天线的法线对准切向飞行的民航,选择飞行高度为 10000m 左右的目标,重复录取数据,同样以 ADS - B 数据平均值为真值比较得出仰角系统误差;再取两者民航切向飞行的最小距离点,进行距离点比较得出距离系统误差;

(4) 转动天线法线,选择有拐点的航路来验证距离、方位和仰角精度。

6.6 小　　结

雷达交付用户使用过程中需要定期测量精度,而雷达精度测量方法有多种,综合各种方法和环境条件,传统的方法在实施上难度较大,周期较长。ADS - B 系统作为一个新型空中交通管制设备逐步为民航使用,由于民航的航路多、易于被雷达搜索和跟踪,且其精度也能够满足雷达的要求。因此,基于 ADS - B 数据的雷达精度测量方法易于掌握和实施,为用户检查和考核雷达精度带来极大利益。

ADS - B 设备逐步应用到雷达的试验、验收或鉴定中,将进一步补充和完善雷达精度的考核方法,同时 ADS - B 设备也可以作为雷达保障设备提供给用户使用,易于检查和测量雷达系统精度,评估雷达的基本性能。

参考文献

[1] 张青竹,张军,刘伟,等. 民航空管应用 ADS - B 的关键问题分析[J]. 测控技术与仪器仪表,2007,33(9):72 - 74.

[2] Grimm K. Interoperability requirements for ATS application using ARINC 622 data communications [M]. Washington DC: RTCA Inc, 2000.

第7章 卫星标校

7.1 概　　述

精密跟踪测量雷达为了提高测量定位精度都必须进行系统误差修正，准确地标定各项系统误差系数。在一般的精密跟踪测量雷达中，系统标校的方法有几种：常规人工标校、常规自动标校和星体标校。目前国内测量雷达测量误差标定普遍采用常规标定和恒星标定的方法，一般只标定设备的静态误差，这些方法不能充分反映雷达在跟踪过程中的实际动态误差。而且常规标定的方法存在标定轴系精度差、电轴偏差读数误差大和标校效率低的缺点。

卫星标校可以认为是星体标校方法的扩充，两者最大的区别就是取得真值的方法不同，星体标校是利用恒星的星历表及微光电视跟踪星体脱靶量来取得真值，而卫星标校取得真值的方法随着标校方案不同而不同。例如高精度的轨道可以通过激光测量卫星（SLR）方式得到卫星轨道数据，一般精度可以通过两行根数（TLE）方式获得。激光测量卫星带有后向激光反射体，以配合地面观测站的激光跟踪测量，精度可以到厘米至毫米量级，低频率的激光测量卫星的数据可以从互联网上得到，但高数据率的数据通常需要定制获取；两行根数数据可以从一些卫星轨道预报网站上方便获取，卫星数多且更新周期很快，缺点是轨道预报精度略有下降。

卫星标定方法技术先进可行，标定过程人工干预少，自动化程度高，比常规标定方法方便、快捷，可以避免常规标定方法所涉及的大量人工参与，标校结果更为客观、真实、可信，具有广阔的应用前景。同时卫星标定又能够有效地克服恒星标定不能安装天线罩、不能全天候工作的缺陷，尤其适用于远程脉冲测量雷达系统。但是卫星标定方法的应用，也必须具备一定的条件，这些条件包括：跟踪卫星获取数据时，最好能够获取 10 圈次以上的数据，并确保有效数据在四个象限内的均匀分布，具有一定的冗余；雷达设备能够提供准确的时间信号，雷达测量数据具有清楚的配时过程等。

在 21 世纪以来，临近空间探测和宇航深空探测的发展，天线口径大于 10m

的雷达日渐增多。雷达常规标校,标校塔和标杆车的建造难以满足雷达标定的远场条件,特别是舰载和车载的活动雷达站不便建造标校塔和方位标,必须要探寻新的标校方法,提出雷达无塔标校的需求,其中人造地球卫星标校就是主要途径之一。

以雷达标校专用的卫星精准轨道的坐标数据作为基准值,雷达跟踪卫星的坐标值作为测量值,将同一时间的测量值与基准值比对,统计雷达测量坐标的系统误差和起伏误差,完成雷达的标校。

7.1.1　标校项目

基于卫星的雷达标校项目:

(1) 测距系统误差和起伏误差;

(2) 测角系统误差和起伏误差;

(3) 雷达散射截面积 RCS 测量精度标校;

(4) 雷达跟踪距离的验证。

7.1.2　标校卫星

标校卫星应满足下列条件:

(1) 卫星轨道高度选择要满足被标定设备保精度作用距离,以临近空间跟踪测量雷达为例,要求对 RCS = $1m^2$ 目标作用距离近 3000km。

(2) 卫星成圆(弧)形空间对称形状,没有较明显的凸起,飞行姿态稳定,对被校准雷达的跟踪范围内,RCS 散射面积较大且保持稳定;能获得满足标校精度要求的卫星轨道位置参数,轨道距地面高度和过境方式满足雷达跟踪要求。一般轨道高度 350 ~ 800km,过境方式覆盖主要工作方位,并且最高仰角介于 45° ~ 75°之间,最高仰角过低,卫星反射回波幅度小,起伏大,并且不利于分离出重力下垂等分量;最高仰角过高,卫星相对于雷达的切向速度,加速度很大,动态滞后因素非常明显,并且可能会对雷达天线和转动部分结构的安全和稳定性带来影响。

(3) 需要知道卫星的姿态和 RCS 的真值。

7.1.3　基于卫星的雷达标校

卫星标定是一种较先进的雷达标定技术,它是以运行于空间近地轨道的人造地球卫星为基准目标。其基本原理为:雷达跟踪测量空间特定的卫星目标,获取测量数据;同时,获取该卫星对应于雷达测量弧段的精密轨道数据,将雷达测量数据与卫星精确轨道数据进行比对,利用最优化方法解算雷达误差系数,达到校准设备的目的。

基于“卫星”的雷达标校如图 7.1 所示。

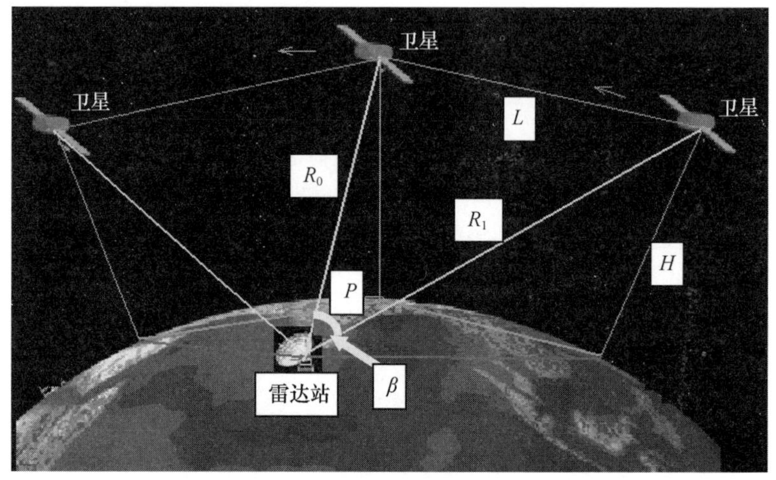

图 7.1　基于“卫星”的雷达标校示意图(见彩图)

为了估算雷达跟踪卫星的时间,假定卫星从雷达右侧进入,向左飞行:

(1) 卫星距地面高度 $H=600\text{km}$;

(2) 卫星飞行速度 $V=7\text{km/s}$;

(3) 飞过雷达站的航路捷径 $P=600\text{km}$;

(4) 卫星截获点到航路捷径点对雷达张角 $\beta=70°$。

卫星经过航路捷径点时,卫星到雷达站的距离 R_0 为

$$R_0=\sqrt{H^2+P^2}=848.5\text{km}$$

雷达截获卫星时,卫星到雷达的距离 R_1 为

$$R_1=\frac{R_0}{\cos\beta}=2481\text{km}$$

从截获点到航路捷径点星飞行的距离 L 为

$$L=R_1\sin\beta=2331\text{km}$$

雷达跟踪卫星时间为

$$t=\frac{2L}{V}=666\text{s}=11.1\text{min}$$

7.2　标校前准备

标校前的准备工作有两方面,一是被标校的雷达应处于完好的技术状态,二是选择需要的卫星,可以利用选卫星程序(例如附录 C 提到的“寰宇星空”)选择用于标校的卫星。选择的标校卫星以及可跟踪弧段一般需要满足下列条件:

(1) 选择满足被标定设备保精度作用距离的卫星,一般轨道高度在 350 ~ 800km;

(2) 卫星的形状近似圆(弧)形,并且没有较为明显的凸起(例如超大的太阳能电池板或较长自旋稳定杆或鞭状天线);

(3) 卫星的反射面积较大;

(4) 能够获取规定时间段的卫星星历参数;

(5) 根据卫星星历轨道参数和雷测站点位置,计算出雷达测量的弧段,并且该弧段与雷达工作的扇面相匹配;

(6) 估算雷达的测量精度,确定可比对和评定测量精度的卫星及卫星运行的轨道段落;

(7) 计算卫星运行轨道进入脉冲雷达跟踪测量的时间和段落,能使脉冲雷达等待并及时捕获测量卫星。

用于 RCS 标校的卫星推荐使用苏联 RCS 标校卫星,主要是

① 同类卫星数目多,约 6 ~7 颗,北美防空司令部(NORAD)给出的国际编目代号(CAT_ID)分别为:07337,08744, 12138,12388,14483,20774,23278,卫星的两行根数(TLE)数据易获取,意味着每天大部分时段可以进行跟踪;

② 卫星尺寸相对较大,形状一致且几乎是多面体圆,几何 RCS 几乎在 $3m^2$ 左右,起伏小,可跟踪能力强;

③ 近地点高度低,大约只有 350 ~400km,测站的可跟踪弧段比较长。

当然,可以用于雷达校准和 RCS 标定的卫星还有很多,表 7.1 和图 7.2 列出了部分低轨雷达校准卫星。

表 7.1 部分可用于雷达校准的卫星(近地点高度小于 1000km)

序号	代号	通用名	发射编号	倾角 i /(°)	周期/min	近地点高度/km	远地点高度/km	国别	RCS/m^2
1	25398	WESTPAC	1998 - 043E	98.5266	101.2093	814.1953	817.6398	澳大利亚	0.165
2	27944	LARETS	2003 - 042F	97.8644	98.4217	674.2642	692.1534	独联体	0.1348
3	01510	DODECAPOLE 2	1965 - 065C	90.0291	103.5164	895.1867	954.4824	美国	1.7504
4	02872	SURCAL 159	1967 - 053F	69.9743	102.9588	893.5481	903.6264	美国	0.354
5	27560	MOZHAYETS	2002 - 054B	98.0990	98.8197	673.2269	731.2406	独联体	1.0296
6	35871	BLITS	2009 - 049G	98.4930	101.2851	817.5155	821.5002	独联体	0.0812
7	04132	SOICAL (CONE)	1969 - 082K	69.9978	101.1679	806.1736	821.7401	美国	0.2856

（续）

序号	代号	通用名	发射编号	倾角 i /(°)	周期/min	近地点高度/km	远地点高度/km	国别	RCS/m^2
8	04166	SOICAL (CYLINDER)	1969－082J	69.9711	97.0675	617.1249	619.4492	美国	0.2168
9	07734	GEOS 3	1975－027A	114.9952	101.5133	812.5872	848.0499	美国	1.336
10	27005	REFLECTOR	2001－056E	99.2196	105.0647	983.8937	1011.0522	独联体	0.2358
11	22824	STELLA	1993－061B	98.7173	100.8860	795.3287	805.8527	法国	0.1685
12	26898	LRE	2001－038A	28.6866	586.0344	232.8308	33406.0118	日本	0.4217
13	04168	TEMPSAT 2	1969－082H	70.0125	103.1942	895.4416	923.9063	美国	0.0676
14	07646	STARLETTE	1975－010A	49.8244	104.1744	804.8507	1106.6520	法国	0.168
15	39491	COSMOS 2494 (SKRL 756)	2013－078B	82.4218	96.7496	586.0568	619.9460	独联体	0.67
16	39490	COSMOS 2493 (SKRL 756)	2013－078A	82.4217	96.8328	593.3749	620.6337	独联体	0.678
17	22698	RADCAL	1993－041A	89.5264	101.1768	748.8172	879.9368	美国	0.5853
18	01272	PORCUPINE 1	1965－016H	70.0805	103.2900	899.1505	929.2167	美国	0.242
19	08744	COSMOS 807	1976－022A	82.9317	100.8589	373.5530	1225.0560	独联体	2.9738
20	07337	COSMOS 660	1974－044A	82.9508	100.4676	375.2622	1186.1986	独联体	2.978
21	23278	COSMOS 2292	1994－061A	82.9838	106.3755	395.8316	1721.5535	独联体	2.9549
22	20774	COSMOS 2098	1990－078A	82.9482	105.1565	388.5814	1614.9581	独联体	2.9655
23	14483	COSMOS 1508	1983－111A	82.9065	103.9504	387.1191	1503.3456	独联体	2.929
24	12388	COSMOS 1263	1981－033A	82.9517	102.5081	380.5533	1374.1130	独联体	2.978
25	12138	COSMOS 1238	1981－003A	82.9537	103.4508	390.5378	1452.9587	独联体	2.9738
26	40314	SPINSAT	1998－067FL	51.6484	92.3590	386.4201	393.9099	美国	MEDIUM
27	02016	DIAPASON (D1－A)	1966－013A	34.0940	114.3980	497.8603	2358.2491	法国	1.2769
28	05580	PROSPERO (BLACK ARROW)	1971－093A	82.0438	103.3441	528.3830	1305.0761	英国	0.9474

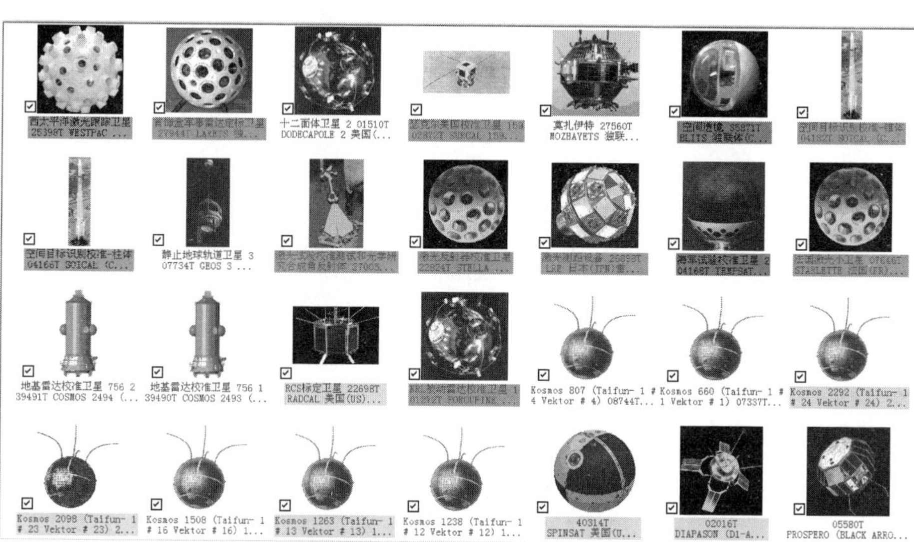

图 7.2　部分低轨卫星(见彩图)

部分精轨卫星如图 7.3 所示。精轨卫星数据如表 7.2 所列。

表 7.2　部分精轨卫星数据

序号	目标代号	通用名	轨道倾角 i /(°)	发射编号	周期 /min	近地点高度 /km	远地点高度 /km	国别	RCS
1	16908	EGS (AJISAI)	50.0112	1986 - 061A	115.7109	1478.7973	1496.5363	日本	3.9811
2	38077	LARES	69.4939	2012 - 006A	114.7474	1434.9674	1452.9128	意大利	0.038
3	01328	EXPLORER 27	41.1822	1965 - 032A	107.5885	934.8698	1295.3704	美国	2.1773
4	33105	JASON 2	66.0416	2008 - 032A	112.4182	1331.6736	1343.7813	法国	3.126
5	07646	STARLETTE	49.8244	1975 - 010A	104.1744	804.8507	1106.6520	法国	0.168
6	22824	STELLA	98.7173	1993 - 061B	100.8860	795.3287	805.8527	法国	0.1685
7	37781	HAIYANG 2A	99.3465	2011 - 043A	104.4006	965.5572	967.1671	中国	5.102
8	39086	SARAL	98.5442	2013 - 009A	100.5401	782.3723	785.9692	印度	1.8918
9	27386	ENVISAT	98.3368	2002 - 009A	100.1522	764.9398	766.5386	欧空局	19.6065
10	27944	LARETS	97.8644	2003 - 042F	98.4217	674.2642	692.1534	独联体	0.1348
11	40314	SPINSAT	51.6484	1998 - 067FL	92.3590	386.4201	393.9099	美国	MEDIUM
12	27392	GRACE 2	88.9989	2002 - 012B	92.3657	387.1989	393.7794	美国	0.6097
13	27391	GRACE 1	88.9983	2002 - 012A	92.3674	387.3507	393.7999	美国	0.6608
14	39068	STSAT 2C	80.2442	2013 - 003A	98.6377	285.3121	1101.7593	韩国	0.8445
15	36508	CRYOSAT 2	92.0284	2010 - 013A	99.1617	711.1171	725.9960	欧空局	2.961
16	31698	TERRA SAR X	97.4464	2007 - 026A	94.7898	507.2298	509.5795	德国	2.33

（续）

序号	目标代号	通用名	轨道倾角 i /(°)	发射编号	周期 /min	近地点高度 /km	远地点高度 /km	国别	RCS
17	36605	TANDEM X	97.4465	2010－030A	94.7898	507.4693	509.3425	德国	2.5427
18	39227	KOMPSAT 5	97.6004	2013－042A	95.7043	547.6750	557.5818	韩国	5.3758
19	39452	SWARM A	87.3484	2013－067B	93.6385	449.4418	455.6153	欧空局	2.5089
20	39451	SWARM B	87.7513	2013－067A	94.7728	504.6916	510.4742	欧空局	2.695
21	39453	SWARM C	87.3490	2013－067C	93.6385	449.5860	455.4795	欧空局	2.648

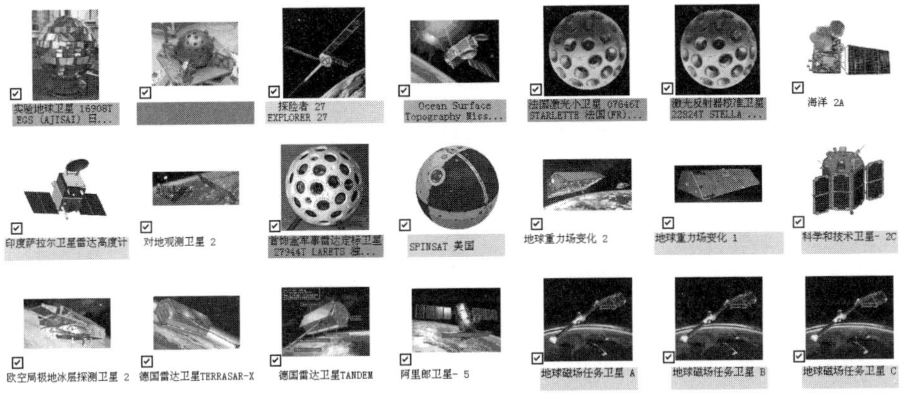

图 7.3　部分精低轨卫星

7.3　测量与数据记录

测量和数据记录要求为

(1) 提供卫星轨道运行段落多于 200s，采样率为每秒至少 10 点；

(2) 建立以雷达为原点的垂线测量坐标系 $O-xyz$；

(3) 脉冲雷达记录数据为时间 t、距离 $R_1(t)$、方位角 $A_1(t)$、高低角 $E_1(t)$、径向速度 $R'_1(t)$、方位角误差 $\Delta A_1(t)$、高低角误差 $\Delta E_1(t)$ 和自动增益控制 $AGC(t)$；

(4) 雷达站的大地测量参数(大地天文经度、纬度、高程，垂线偏差)；

(5) 雷达站随高度变化的气象参数和电子密度；

(6) 卫星轨道的星历参数和随时间 t 变化的地心空间直角坐标系的位置和速度参数。

7.4 数据处理

7.4.1 坐标系转换

将卫星轨道在地心空间笛卡儿坐标系中的位置和速度,转换成雷达站垂线测量坐标系的坐标,即

$$[X]=[\phi_0]^{\mathrm{T}}[\lambda_0]^{\mathrm{T}}([\mathrm{x}]-[X_0]) \tag{7.1}$$

$$[\dot{X}]=[\phi_0]^{\mathrm{T}}[\lambda_0]^{\mathrm{T}}[\dot{\mathrm{x}}] \tag{7.2}$$

$$\begin{cases}[\phi_0]=\begin{bmatrix}0 & 0 & 1\\ -\sin\phi_0 & \cos\phi_0 & 0\\ \cos\phi_0 & \sin\phi_0 & 0\end{bmatrix}\\ [\lambda_0]=\begin{bmatrix}-\sin\lambda_0 & \cos\lambda_0 & 0\\ \cos\lambda_0 & \sin\lambda_0 & 0\\ 0 & 0 & 1\end{bmatrix}\\ [X_0]=\begin{bmatrix}x_0\\ y_0\\ z_0\end{bmatrix}=\begin{bmatrix}(N_0+h_0)\cos B_0\cos L_0\\ (N_0+h_0)\cos B_0\sin L_0\\ [N_0(1-e_{\mathrm{D}})^2+h_0]\sin B_0\end{bmatrix}\end{cases} \tag{7.3}$$

其中:

$$N_0=\frac{a_D}{\sqrt{1-e_{\mathrm{D}}^2\sin^2B_0}}$$

$[X]$、$[\dot{X}]$为轨道在地心空间笛卡儿坐标系中的位置和速度参数向量,

$$[X]=[X\quad Y\quad Z]^{\mathrm{T}},[\dot{X}]=[\dot{X}\quad \dot{Y}\quad \dot{Z}]^{\mathrm{T}};$$

$[\mathrm{x}]$、$[\dot{\mathrm{x}}]$为轨道在雷达站垂线测量坐标系中的位置和速度参数向量,

$$[\mathrm{x}]=[x\quad y\quad z]^{\mathrm{T}},[\dot{\mathrm{x}}]=[\dot{x}\quad \dot{y}\quad \dot{z}]^{\mathrm{T}};$$

λ_0、ϕ_0为雷达站天文经度、纬度;

L_0、B_0、h_0为雷达站大地经度、纬度和高度;

a_{D}为 WGS-84 坐标系下的椭球长半轴:$a_{\mathrm{D}}=6378137\mathrm{m}$;

e_{D}为 WGS-84 坐标系下的椭球体的第一偏心率:$e_{\mathrm{D}}=0.08181919084255$。

7.4.2 卫星相对雷达的精确位置

卫星相对雷达的精确坐标距离 $R_2^*(t)$、方位角 $A_2^*(t)$、俯仰角 $E_2^*(t)$、速度 $R_2^*(t)$为

$$R_2^*(t)=\sqrt{x_2^*(t)\cdot x_2^*(t)+y_2^*(t)\cdot y_2^*(t)+z_2^*(t)\cdot z_2^*(t)} \tag{7.4}$$

$$A_2^*(t)=\begin{cases}0^\circ+\arcsin\dfrac{z_2^*(t)}{R_2^*(t)}\cdots x_2^*(t)\geqslant 0\\ 180^\circ-\arcsin\dfrac{z_2^*(t)}{R_2^*(t)}\cdots x_2^*(t)\leqslant 0\end{cases} \tag{7.5}$$

$$E_2^*(t)=\arctan\frac{y_2^*(t)}{R_2^*(t)} \tag{7.6}$$

$$\dot{R}_2^*(t)=\frac{1}{R_2^*}[x_2^*(t)\cdot\dot{x}_2^*(t)+y_2^*(t)\cdot\dot{y}_2^*(t)+z_2^*(t)\cdot\dot{z}_2^*(t)] \tag{7.7}$$

式中：$x_2^*(t)$、$y_2^*(t)$、$z_2^*(t)$ 分别为卫星对雷达垂线测量坐标系的坐标；$\dot{x}_2^*(t)$、$\dot{y}_2^*(t)$、$\dot{z}_2^*(t)$分别为卫星对雷达垂线测量坐标的坐标速度。

7.4.3 脉冲雷达测量数据处理

脉冲雷达测量数据预处理有合理性检验、奇异数据的修正、电波折射修正和系统误差修正等部分，其中合理性检验、奇异数据的修正和电波折射形成误差的修正，按 GJB 2246－1994 的规定处理[1]。

7.4.3.1 异常测量数据的检测与剔除[2]

比正常值明显偏大或偏小的测量值称为“野值”。在实际测量数据中往往会有“野值”出现，大多来源于操作失误或数据传输线路故障，必须将明显不合理的“野值”剔除。利用外推拟合法可以识别和检验野值。外推拟合法是以前面 n 次连续正常的观测数据为依据，应用最小二乘估计和时间多项式外推后一时刻(第 $i+1$)观测数据估计值，与该时刻的实测数据作差，识别差值是否超过给定的门限 δ。若差值大于门限 δ，则认为该实测值为野值，并用估值代替野值，否则认为是正常值。δ 为相应观测量测量误差的均方根误差。

7.4.3.2 系统误差修正

系统误差修正为

$$\begin{aligned}A_1^{(2)}(t)=&A_1^{(1)}(t)-A_{10}-a_{11}\sin(A_1(t)-A_{1m})\tan E_1(t)-a_{12}\tan E_1(t)\\&-a_{13}\sec E_1(t)-a_{14}\sec E_1(t)-a_{15}\sin(A_1(t)+V_a)-a_{16}\Delta V_a\end{aligned} \tag{7.8}$$

$$\begin{aligned}E_1^{(2)}(t)=&E_1^{(1)}(t)-E_{10}-e_{11}\cos(A_1(t)-A_{1m})-e_{12}\\&-e_{13}\cos E_1(t)-e_{14}\sin(E_1(t)+V_e)-e_{15}\Delta V_e\end{aligned} \tag{7.9}$$

$$R_1^{(2)}(t)=R_1^{(1)}(t)-r_{11}\Delta t_y-r_{12}R_1(t) \tag{7.10}$$

式中：$A_1^{(2)}$、$E_1^{(2)}$、$R_1^{(2)}$ 为方位角、俯仰角、距离校正后的值；$A_1^{(1)}(t)$，$E_1^{(1)}(t)$，$R_1^{(1)}(t)$ 分别为测量值经过合理性检验、奇异数据修正、电波折射修正后的值；$A_1(t)$，$E_1(t)$，$R_1(t)$ 分别为雷达测量值；A_{10}、E_{10} 为方位角、仰角的零值(°)；a_{11}、e_{11} 为天线大盘水平度的方位、俯仰修正值(°)；$A_{1\mathrm{m}}$ 为天线座下倾的最大方位角(°)；a_{12} 为方位轴、俯仰轴垂直度(°)；a_{13} 为光机轴平行度(°)；a_{14}、e_{12} 为方位、俯仰光电轴平行度(°)；e_{13} 为天线重力变形(°)；a_{15}、e_{14} 为角编码器非线性度(°)；$a_{16} = \dfrac{180}{\pi \times 1000\eta_a}$(°/V)，$e_{15} = \dfrac{180}{\pi \times 1000\eta_e}$(°/V)；$\eta_a$，$\eta_e$ 为方位角、俯仰角定向灵敏度(V/°)；$r_{11} = \dfrac{c}{2}$；Δt_y 应答机及馈线的延时(s)；$r_{12} = \dfrac{\Delta f}{f}$，$f$ 为标准频率的设计值(Hz)，Δf 为相对标准频率的偏差(Hz)。

7.4.4　误差统计精度评定

7.4.4.1　误差统计精度计算

雷达测量数据与卫星轨道数据比对作差，得到

$$\begin{cases} \Delta A_{j,i} = A_{1,ji}^{(2)} - A_{2,ji}^{(*)} \\ \Delta E_{j,i} = E_{1,ji}^{(2)} - E_{2,ji}^{(*)} \\ \Delta R_{j,i} = R_{1,ji}^{(2)} - R_{2,ji}^{(*)} \end{cases} \tag{7.11}$$

式中：$A_1^{(2)}$，$E_1^{(2)}$，$R_1^{(2)}$ 为脉冲雷达测量方位、俯仰、距离数据；$A_2^{(*)}$，$E_2^{(*)}$，$R_2^{(*)}$ 为卫星轨道测量方位、俯仰、距离数据；$i = 1, 2, \cdots, n$ 为卫星运行“圈次”的序号；$j = 1, 2, \cdots, m$ 为卫星测量区段内数据序号。

某个圈次任务区段总误差为

$$\sigma_{x,i} = \sqrt{\frac{1}{m-1}\sum_{j=1}^{m}\sigma_{x,j}^2} \tag{7.12}$$

n 个圈次任务的总误差为

$$\sigma_x = \sqrt{\frac{1}{n}\sum_{i=1}^{n}\sigma_{x,i}^2} \tag{7.13}$$

7.4.4.2　随机误差评定

应用最小二乘法正交多项式拟合方法评定雷达测量数据的随机误差的均方差 σ_{x_R}，x_R 可以分别代表 A_R、E_R、R_R。

7.4.4.3　系统误差评定

某圈次任务区段的系统误差：等于总误差与随机误差平方差的平方根，即

$$\sigma_{x_s,i} = \sqrt{\sigma_{x,i}^2 - \sigma_{x_R,i}^2} \quad (7.14)$$

n 个圈次的系统误差为

$$\sigma_{x_s} = \sqrt{\frac{1}{n}\sum_{i=1}^{n}\sigma_{x_s,i}^2} \quad (7.15)$$

其中 x_s 为可以分别代表雷达的方位角 A_s、高低角 E_s、斜距 R_s 三个测量元素。

7.5 卫星标定雷达反射截面积 RCS

如果用于标校的卫星 RCS 可以预知,雷达可将标校星作为标准目标,跟踪标校星,采用多次测量,用标校星的 RCS 为基准,完成雷达性能系数 K 的标定。

$$K = \frac{R_x^4 (S/N)_x}{\sigma_x} \quad (7.16)$$

式中:K 为雷达性能系数(m^2);R_x 为雷达跟踪标准星的距离(m);$(S/N)_x$ 为雷达跟踪标准星时的信噪比;σ_x 为标准星雷达散射截面积(m^2)。

雷达跟踪目标距离为

$$R_\mathrm{M}^4 = K\frac{\sigma_\mathrm{M}}{(S/N)_\mathrm{M}} = K\frac{\sigma_\mathrm{M}}{(C \times A_\mathrm{M})} \quad (7.17)$$

则得到目标的 RCS 为

$$\sigma_\mathrm{M} = \frac{R_\mathrm{M}^4 (C \times A_\mathrm{M})}{K} \quad (7.18)$$

式中:σ_M 为被测量目标雷达反射截面积(m^2);R_M 为被测量目标的跟踪距离(m);A_M 为被测量目标信号的衰减量 AGC;C 为雷达信噪比标定常数。

7.6 雷达跟踪距离标定

雷达跟踪距离标定是在目标雷达反射截面积 $\sigma = 1\mathrm{m}^2$ 和信噪比 $S/N = 12\mathrm{dB}$ 条件下,雷达能稳定跟踪目标的距离,也称为雷达威力。

从脉冲雷达性能系数方程可以得出雷达性能系数 K,便可以得到雷达跟踪距离标定方程,即

$$R_\mathrm{Z}^4 = K\frac{\sigma_1}{(S/N)_{12}} = \frac{R_\mathrm{X}^4 (S/N)_\mathrm{X}}{\sigma_\mathrm{X}} \frac{\sigma_1}{(S/N)_{12}} \quad (7.19)$$

式中:R_Z 为目标雷达反射截面积 $\sigma = 1\mathrm{m}^2$ 和信噪比 $S/N = 12\mathrm{dB}$ 条件下雷达跟踪目标的距离(m);R_X 为雷达跟踪标准星的距离(m);$(S/N)_\mathrm{X}$ 为雷达稳定跟踪标准星时的信噪比;σ_X 为标准雷达反射截面积(m^2);$(S/N)_{12}$ 为信噪比为

12dB;σ_1为目标雷达反射截面积为 1m^2。

7.7　小　　结

雷达卫星标校是采用专门或者形状对称并且有精准轨道数据的人造地球卫星进行雷达标校,并且可以实现雷达自动化标校,节省大量人力和物力资源。雷达卫星标校技术是无塔标校的一种新的探索途径,解决了大口径天线的雷达标校难题,并可以提高标校精度。雷达卫星标校除完成雷达常规标定功能之外,也可以实施动态性能、RCS 特性以及雷达威力等项目的标校,扩展了雷达标定的项目。

参考文献

[1] GJB 2246 - 94 脉冲雷达事后数据处理方法[S]. 北京:国防科技工业委员会. 1994.
[2] 袁勇. 精密星历的雷达测量误差标定技术研究[D]. 国防科学技术大学硕士论文. 2008.

第8章 三角交会标校

8.1 概　　述

三角交会测量方法是一种非接触性测量方法，该方法用两部角度测量仪器以及距离测量仪器就可以交会出测站附近目标的位置信息。例如，在干涉仪测角雷达标校时需要准确测得雷达的天线型面，找出其形心（原点）及法线、测量标校设备天线的位置，并获得它们之间的相对位置关系[1]。由于雷达天线外形尺寸大，不便在天线阵面单元上进行接触。考虑利用两台经纬仪，或者一台全站仪和一台超站仪，进行三角交会测量，得到雷达天线与标校设备天线的相对于两台仪器的距离、方位角和俯仰角等参数。在两台仪器构成的光学坐标系下，对干涉仪测角雷达精度进行校验。将这种方法也可以类推到其他雷达的标定上，可以直接绘制出雷达形面，拟合出雷达天线机械轴方位角和俯仰角，给出雷达原点的大地坐标以及雷达与周围目标点位之间的相对位置关系[2]。

三角交会测量是大地测量方法的一种，一般是利用两台以上的经纬仪或全站仪（可测距）或超站仪（加装 BD/GPS），对远距离空中目标的同一点位进行瞄准可测出该点位的方位角、俯仰角，通过解算空间三角形就可得到空间点位相对于两台仪器距离、方位角、俯仰角。在用 BD/GPS 获得两台仪器大地坐标的前提下（超站仪自身带有 GPS 模块，可直接实现载波相位差分定位），即可推算出测量点位的大地坐标。三角交会测量方法常用于非接触测量，如山顶、海岛或高塔等目标位置的静态测量，也用于一些舰载、球载的目标测量。

三角交会测量依据被测目标运动状态的不同，分为静态三角交会测量和动态三角交会测量。其中静态三角交会测量针对静止目标进行交会测量，而动态三角交会测量主要对缓慢运动的目标进行光学跟踪交会测量。

8.2　静态三角交会测量

8.2.1　雷达天线上点位测量

采用全站仪(可以测量水平角、垂直角和水平距离)和经纬仪(可以测量水平角和垂直角),或者两台超站仪(可以测量方位角、垂直角和仪器架设点大地坐标)进行静态三角交会测量。三角交会测量与传统的接触性测量方法不同,主要使用非接触性测量方法。

8.2.1.1　接触性测量

常规的接触性测量方法如图 8.1 所示,以全站仪为坐标原点来定位雷达天线上 O'点坐标 X'、Y'、Z',用全站仪测量出 O'点的方位角 A、俯仰角度 E 和斜距 L,从而得出 O'坐标。

$$\begin{cases} X' = L\cos A\cos E \\ Y' = L\sin A\cos E \\ Z' = L\sin E \end{cases} \tag{8.1}$$

式中:L 为雷达到全站仪的斜距(m);A 为雷达相对于全站仪的方位角(°);E 为雷达相对于全站仪的俯仰角(°)。

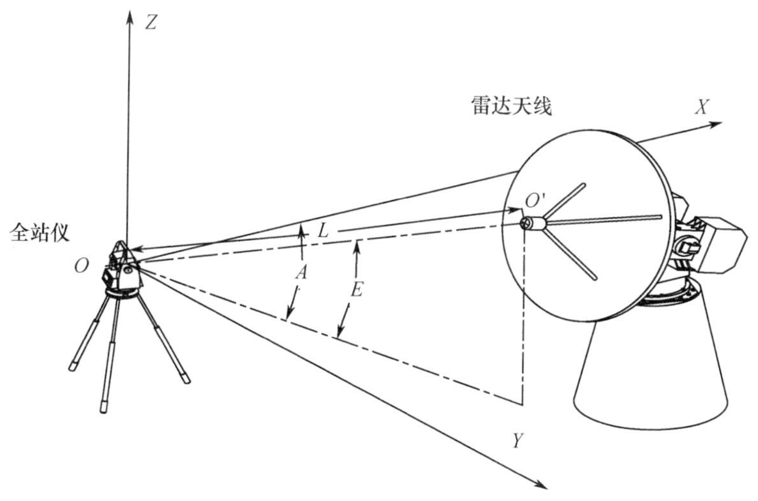

图 8.1　全站仪接触性测量示意图

为了获得斜距 L 就需要将棱镜放置到 O'点上。然后使用全站仪的激光测距功能,瞄准棱镜进行测距。测距得到的是全站仪与雷达天线上放置的棱镜之间水平距离。结合此时的全站仪垂直角数据可以计算出斜距 L。

但是由于雷达天线或标校设备天线架设位置都比较高,人员难以触及,为保证测量的准确性,又不可能通过多次攀爬雷达天线或升降标校设备天线来多次安放棱镜,所以采用接触性测量可操作性比较差。

8.2.1.2 三角交会测量

三角交会测量如图 8.2 所示,用一台全站仪和一台经纬仪构成坐标系,以全站仪为坐标原点来定位雷达天线上的 O'点坐标(X'、Y'、Z')。用全站仪和经纬仪测量出 O'点的方位角 A、A'和俯仰角度 E、E',将棱镜放置在经纬仪上测出全站仪到经纬仪的距离 L,利用这几个测量参数即可通过式(8.2)求得 O'坐标。

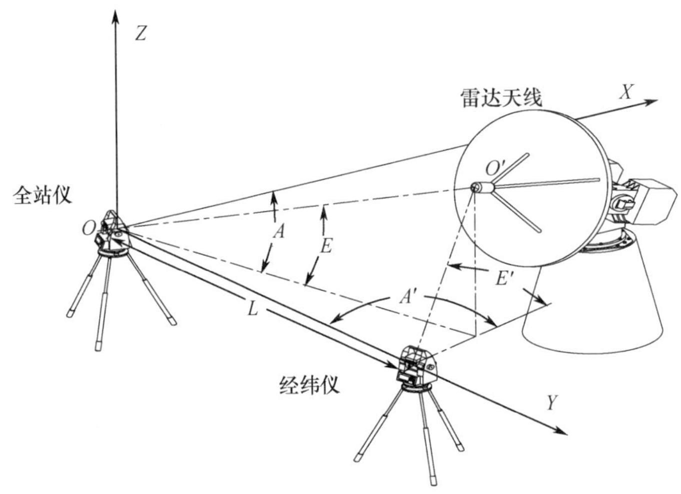

图 8.2 静态三角交会测量方法示意图

$$
\begin{cases}
X' = \dfrac{L \times \sin A'}{\cos(A - A')} \times \cos A \\
Y' = \dfrac{L \times \sin A'}{\cos(A - A')} \times \sin A \\
Z' = \dfrac{L \times \sin A'}{\cos(A - A')} \times \tan E
\end{cases}
\tag{8.2}
$$

其中 A'为雷达与经纬仪连线和全站仪与经纬仪连线的夹角(°)。

为了在雷达系统试验时应用这些测量数据,通常利用 BD/GPS 设备测出经纬仪和全站仪的点位坐标,然后利用坐标转换软件进行换算,将所测点的位置信息转换成地心大地坐标系(经度、纬度、高程)坐标信息。

8.2.2　干涉仪测角雷达的标校

一般干涉仪测角雷达采用两站或多站形式，振子形平面框架天线阵面。标校过程中需要准确测出各雷达相位中心之间的距离（基线长度）和各雷达天线法线方向以及雷达与标校设备天线之间的距离、方位角和俯仰角。

8.2.2.1　干涉仪测角雷达的静态三角交会标校方法

在干涉仪测角雷达标校中采用三角交会测量方法有多种设备组合方案，这里以采用一台经纬仪、一台全站仪和一台 BD/GPS 差分定向仪的方案进行介绍。设备精度见表 8.1。

表 8.1　三角交会测量仪表组成

名称	测角精度	测距精度
经纬仪	2″	
TS 全站仪	2″	$1.5\text{mm}+2\times10^{-6}D$（$D$ 为全站仪到被测目标距离）
GPS 差分定向仪	16″	
备注		

将全站仪和经纬仪两台仪器安放在雷达站和 BD/GPS 标校设备中间，使两台仪器与待测各设备之间保持通视，如图 8.3 所示。

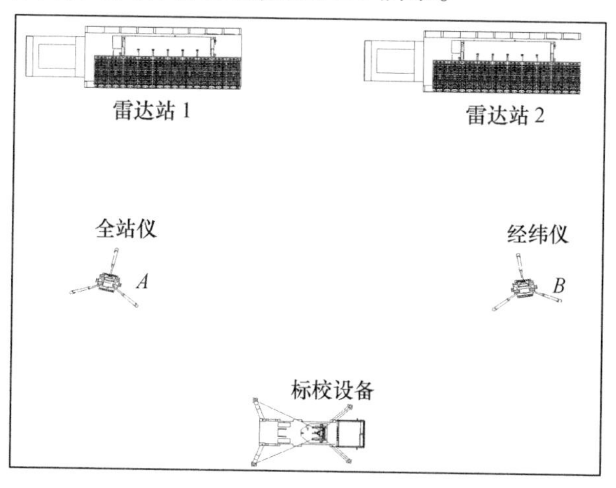

图 8.3　三角交会测量设备布置图

8.2.2.2　三角交会测量的光学瞄准部分精度分析

由于全站仪测距精度能达到 $1.5\text{mm}+2\times10^{-6}D$（$D$ 为到被测目标距离），而测角精度能达到 2″,加上对测量点标记刻线粗细的控制,可以提高测量数据精度。如果仪器距离测量点 100m,测量点标记刻线宽度为 5mm,解算出来的测量点的距离误差为:$\left(\left(50000\times\tan\dfrac{2}{3600}\right)^{2}+2.5^{2}+1.7^{2}\right)^{0.5}\approx 3.1\text{mm}$。

8.2.2.3 三角交会测量使用的 BD/GPS 设备坐标精度分析

静态三角交会测量中,以全站仪的大地坐标为原点,并通过交会得到各个交会测量点相对于原点的斜距、方位角和俯仰角,然后再计算出各个测量点的大地坐标。测量点之间的相对测量误差由光学瞄准和基线方向、长度测量精度决定,测量点的大地坐标精度还与超站仪(全站仪)自身的经度、纬度、高程决定。可以用高精度 BD/GPS 差分定向仪测量基线方向和长度,指向精度能够达到 16″;如果采用全站仪自带的高精度的 GPS 定位模块,相对定位精度 2cm,绝对平面位置精度 1.5m。

8.2.3 静态三角交会标校计算方法

静态三角交会标校的计算模型如图 8.4 所示。

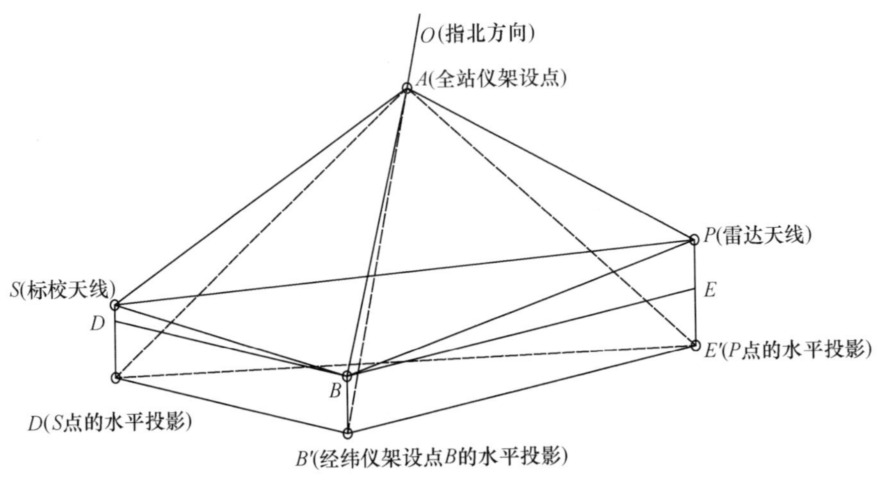

图 8.4 静态三角交会标校的计算模型

干涉仪测角雷达标校时,主要是为求得以非接触方式测定标校天线(S 点)和雷达天线(P 点)之间的距离、方位角、俯仰角。S 点和 P 点均不能直接放置用于测距的棱镜。在 S 和 P 点之间的平坦地面寻找两个点位 A、B 架设全站仪和经纬仪,精确测出 A、B 之间的水平间距及仰角,同时全站仪和经纬仪通过互瞄,置方位零值,构成方位 0°(180°)基准线。操作步序为

(1) 全站仪和经纬仪互相瞄准后,分别将全站仪和经纬仪方位显示初值

置零；

（2）点 B' 是经纬仪 B 点在通过 A 点的水平面上的投影点；

（3）点 S 是标校天线上的测量点；

（4）点 P 是雷达天线上的测量点。

计算过程中各参量含义为

（1）全站仪 A、经纬仪 B 近似等高架设，记 B 点高于 A 点的距离为 h；

（2）$\overline{AB'}$ 为全站仪 A、经纬仪 B 水平间距；

（3）$\overrightarrow{B'A}$ 连线定义为方位角初始位；

（4）$\overline{PE'}$ 为目标 P 在 A、B' 所在水平面的投影高；

（5）$\angle PAE'$ 为全站仪 A 瞄准 P 时的俯仰角；

（6）$\angle OAE'$ 为全站仪 A 瞄准 P 点的方位角，$\angle OAE'$ = 全站仪读数 $+180°$；

（7）$\angle PBE$ 为经纬仪 B 瞄准 P 点的俯仰角；

（8）$\angle OB'E'$ 为经纬仪 B 瞄准 P 点的方位角；

（9）$\angle SAD'$ 为全站仪 A 瞄准 S 点的俯仰角；

（10）$\angle OAD'$ 为全站仪 A 瞄准 S 点的方位角，$\angle OAD'$ = 全站仪读数 $+180°$；

（11）$\angle SBD$ 为经纬仪 B 瞄准 S 点的俯仰角；

（12）$\angle OB'D'$ 为经纬仪 B 瞄准 S 点的方位角。

注：方位角以 $\overrightarrow{B'AO}$ 为基线，顺指针旋转为正。转满一圈为 360°，俯仰角以大地水准为铅垂，$\overline{AB}$ 互相瞄准时置为俯仰初始值 E_0，B 高于 A 为正。

推导过程如下：

考察 $\Delta AB'E'$（P 点水平投影与 $\overline{AB'}$ 构成的三角形）：

$$\frac{\overline{AE'}}{\sin(\angle OB'E')}=\frac{\overline{B'E'}}{\sin(180-\angle OAE')}=\frac{\overline{AB'}}{\sin(180-\angle OB'E'-(180-\angle OAE'))}$$

$$=\frac{\overline{AB'}}{\sin(\angle OAE'-\angle OB'E')}$$

分别解出 $\overline{AE'}$，$\overline{B'E'}$：

$$\begin{cases}\overline{AE'}=\dfrac{\overline{AB'}}{\sin(\angle OAE'-\angle OB'E')}\times\sin(\angle OB'E')\\[2ex]\overline{B'E'}=\dfrac{\overline{AB'}}{\sin(\angle OAE'-\angle OB'E')}\times\sin(180-\angle OAE')\end{cases}\tag{8.3}$$

考查 $\Delta PAE'$

$$\begin{cases}\overline{PE'}=\overline{AE'}\times\tan(\angle PAE')\\\overline{PA}=\overline{AE'}/\cos(\angle PAE')\end{cases}\tag{8.4}$$

考查 $\Delta PB'E'$

$$\begin{cases}\overline{PE'}=\overline{B'E'}\times\tan(\angle PBE)+h\\\overline{PB'}=\sqrt{\overline{PE'}^2+\overline{B'E'}^2}\end{cases}\tag{8.5}$$

推出：PB 斜距$\overline{PB}=\overline{B'E'}/\cos\angle PBE$

同样，考查 $\Delta AB'D'$（S 点水平投影与$\overline{AB'}$构成的三角形）：

$$\frac{\overline{AD'}}{\sin(360-\angle OB'D')}=\frac{\overline{B'D'}}{\sin(\angle OAD'-180)}$$

$$=\frac{\overline{AB'}}{\sin(180-(360-\angle OB'D')-(\angle OAD'-180))}$$

$$=\frac{\overline{AB'}}{\sin(\angle OB'D'-\angle OAD')}$$

分别解出$\overline{AD'}$，$\overline{B'D'}$。

$$\begin{cases}\overline{AD'}=\dfrac{\overline{AB'}}{\sin(\angle OB'D'-\angle OAD')}\times\sin(360-\angle OBD')\\ \overline{B'D'}=\dfrac{\overline{AB'}}{\sin(\angle OB'D'-\angle OAD')}\times\sin(\angle OAD'-180)\end{cases}\tag{8.6}$$

考查 $\Delta SAD'$

$$\begin{cases}\overline{SD'}=\overline{AD'}\times\tan(\angle SAD')\\ \overline{SA}=\overline{AD'}/\cos(\angle SAD')\end{cases}\tag{8.7}$$

考查 $\Delta SB'D'$

$$\begin{cases}\overline{SD'}=\overline{B'D'}\times\tan(\angle SBD)+h\\ \overline{SB'}=\sqrt{\overline{SD'}^2+\overline{B'D'}^2}\end{cases}\tag{8.8}$$

推出 SB 间斜距$\overline{SB}=\overline{B'D'}/\cos(\angle SBD)$

考查 $\Delta AD'E'$（A 与 P 点、S 点在水平面投影构成的三角形）

$\overline{D'E'}=\sqrt{\overline{AD'}\times\overline{AD'}+\overline{AE'}\times\overline{AE'}-2\,\overline{AD'}\times\overline{AE'}\times\cos(\angle OAD'-\angle OAE')}$ 以 S 点为基点，

P 点相对于 S 点的高差 $dH=\overline{PE}-\overline{SD}$；

P 点与 S 点的距离：

$$\overline{PS}=\sqrt{\overline{D'E'}\times\overline{D'E'}+dH\times dH}\tag{8.9}$$

P 点相对于 S 点的仰角：

$$dE=\arctan(dH/\overline{D'E'})\tag{8.10}$$

全站仪 A 为起算点，P 点相对于 S 点的水平角$\angle EDA$ 为：

$$\angle E'D'A=\arccos\left(\frac{\overline{AD'}^2+\overline{D'E'}^2-\overline{AE'}^2}{2\times\overline{AD'}\times\overline{D'E'}}\right)\tag{8.11}$$

通过 A、B 点分别观察 P 点，S 点，获得相应的方位角和俯仰角，结合 AB 点的间距，利用式(8.9)、式(8.10)、式(8.11)就可以转算出以 S 点为基础的 P 点位置关系。

在此计算基础之上，测出两仪器架设点位的地心大地坐标值或测出一点坐

标加二者之间指向的数值就可解算出点位(S、P)的地心大地坐标。经过地心大地坐标－地心空间笛卡儿坐标－大地北天东坐标－大地球坐标的转换,便可以获得 S 点对 P 点的坐标值($R_0 \cdot A_0 \cdot E_0$),作为雷达 P 标校的基准值。雷达 P 对标校天线 S 进行多次电气跟踪,也获得 S 点对 P 点的坐标测量值($R_c \cdot A_c \cdot E_c$)。标校的系统误差如式(8.12)所示。

$$\begin{cases} \Delta R = R_c - R_0 \\ \Delta A = A_c - A_0 \\ \Delta E = E_c - E_0 \end{cases} \tag{8.12}$$

式中:ΔR 为 S 点对 P 点距离系统误差(m);ΔA 为 S 点对 P 点方位角系统误差(°);ΔE 为 S 点对 P 点俯仰角系统误差(°);R_c 为雷达测量 S 点对 P 点的距离(m);A_c 为雷达测量 S 点对 P 点方位角(°);E_c 为雷达测量 S 点对 P 点俯仰角(°);R_0为三角交会测量 S 点对 P 点的距离(m);A_0为三角交会测量 S 点对 P 点方位角(°);E_0为三角交会测量 S 点对 P 点俯仰角(°)。

法线计算方法如图 8.5 所示。

定义:向量$\boldsymbol{OM} = \boldsymbol{OB} \times \boldsymbol{OC}$可知$\boldsymbol{OM} \perp \boldsymbol{OB}$,$\boldsymbol{OM} \perp \boldsymbol{OC}$

求出$\boldsymbol{OM}$的指向,即为三角形 OBC 确定的平面的法线,为了便于绘制图形取一定数值的模量与$\boldsymbol{OM}$的方向余弦进行点积,即可绘制出该法线。

$\mathbf{i}$,$\mathbf{j}$,$\mathbf{k}$分别为 x,y,z 方向上的单位向量,根据图 8.5 坐标系有

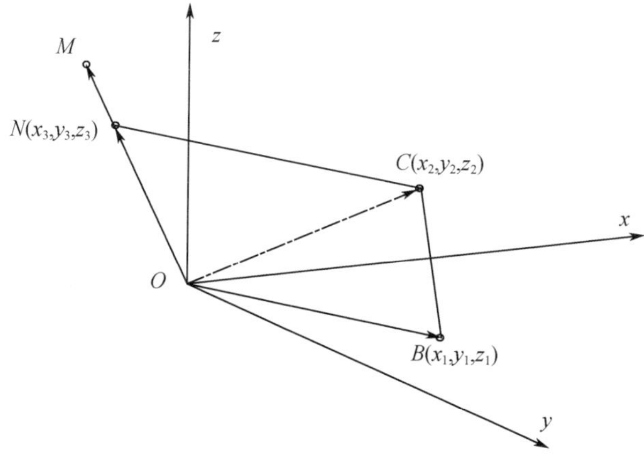

图 8.5　法线计算示意图

$$\mathbf{i} \times \mathbf{j} = -\mathbf{k}, \mathbf{j} \times \mathbf{k} = -\mathbf{i}, \mathbf{k} \times \mathbf{i} = -\mathbf{j}, \mathbf{j} \times \mathbf{i} = \mathbf{k}, \mathbf{k} \times \mathbf{j} = \mathbf{i}, \mathbf{i} \times \mathbf{k} = \mathbf{j}$$

则推出

$$\begin{aligned} \boldsymbol{OM} &= \boldsymbol{OB} \times \boldsymbol{OC} \\ &= (x_1\mathbf{i} + y_1\mathbf{j} + z_1\mathbf{k}) \times (x_2\mathbf{i} + y_2\mathbf{j} + z_2\mathbf{k}) \end{aligned}$$

$$= \{z_1y_2 - y_1z_2, x_1z_2 - z_1x_2, y_1x_2 - x_1y_2\}$$

OM的方向余弦为

$$\frac{\boldsymbol{OM}}{|\boldsymbol{OM}|} = \left\{\frac{z_1y_2 - y_1z_2}{\sqrt{(z_1y_2 - y_1z_2)^2 + (x_1z_2 - z_1x_2)^2 + (y_1x_2 - x_1y_2)^2}},\right.$$
$$\left.\frac{x_1z_2 - z_1x_2}{\sqrt{(z_1y_2 - y_1z_2)^2 + (x_1z_2 - z_1x_2)^2 + (y_1x_2 - x_1y_2)^2}}, \frac{y_1x_2 - x_1y_2}{\sqrt{(z_1y_2 - y_1z_2)^2 + (x_1z_2 - z_1x_2)^2 + (y_1x_2 - x_1y_2)^2}}\right\} \tag{8.13}$$

在**OM**上选一点 N，令**ON**模量为 L，则 N 点坐标(x_3, y_3, z_3)为

$$\left\{L\frac{z_1y_2 - y_1z_2}{\sqrt{(z_1y_2 - y_1z_2)^2 + (x_1z_2 - z_1x_2)^2 + (y_1x_2 - x_1y_2)^2}},\right.$$
$$L\frac{x_1z_2 - z_1x_2}{\sqrt{(z_1y_2 - y_1z_2)^2 + (x_1z_2 - z_1x_2)^2 + (y_1x_2 - x_1y_2)^2}},$$
$$\left.L\frac{y_1x_2 - x_1y_2}{\sqrt{(z_1y_2 - y_1z_2)^2 + (x_1z_2 - z_1x_2)^2 + (y_1x_2 - x_1y_2)^2}}\right\} \tag{8.14}$$

为直观地表示出标校天线和雷达天线之间的位置关系，利用这些测量数据及计算结果，在绘图软件中可以直接画出它们之间的位置关系图，如图 8.6、图 8.7 所示。从图中可看出天线的基本形状，法线方向，结构几何学中心位置等。实际应用中经常换算成 GPS 坐标，通常以东、南、西、北向来确定坐标系，从图中不仅能看出标校天线和雷达天线的位置关系，还能直接得出天线法向与正北夹角经过换算能得出仰角。

由图 8.6 可以得出雷达站 1 天线法向与正北夹角为：$A = 187.49°$，

仰角为：$\arctan\left(\dfrac{\tan 18.07}{\cos 7.49}\right) = 18.21°$。

由图 8.7 可以得出雷达站 2 天线法向与正北夹角为：$A = 181.47°$，

仰角为：$\arctan\left(\dfrac{\tan 13.13}{\cos 1.47}\right) = 13.134°$。

8.2.4 超站仪简介

前面介绍的静态三角交会方法主要以全站仪和经纬仪方式进行。同样的，使用超站仪也能进行三角交会测量。

超站仪是由全站仪和差分 BD/GPS 构成的复合体，如图 8.8 所示。具有

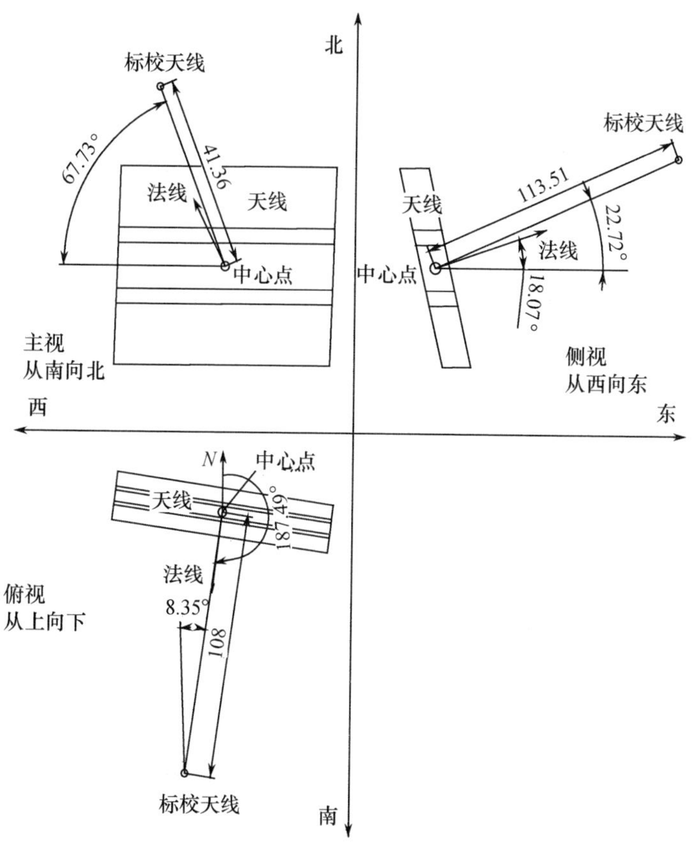

图 8.6　雷达站 1 天线及标校天线相对位置图

BD/GPS 授时、RTK 实时相位差分测量功能和精密角度测量功能，因此可以同时记录时间、位置、方位角度和俯仰角度信息。一套超站仪由移动站和基准站组成，二者都具有 BD/GPS 定位功能。基准站的作用主要用于为移动站提供差分定位基准数据以提高精度，距离精度可达 2 ~ 3cm；移动站将接收到的基准站测量数据与自身 BD/GPS 数据对比，可以得到移动站的大地坐标值，同时通过超站仪的目镜瞄准目标点，能够读取目标与北的夹角和俯仰角。利用两台超站仪采集的方位、俯仰信息就能交会测量出目标的运动轨迹。

8.2.5　超站仪的三角交会测量

采用超站仪的静态三角交会测量是将超站仪架设在合适位置，基准站和移动站的距离在 50 ~ 100m 为宜，如图 8.9 所示。假设基准站为 S 点，移动站在 A 点瞄准目标点 O，通过读取超站仪测量的数据，可以得到目标 O 点相对于 A 点的

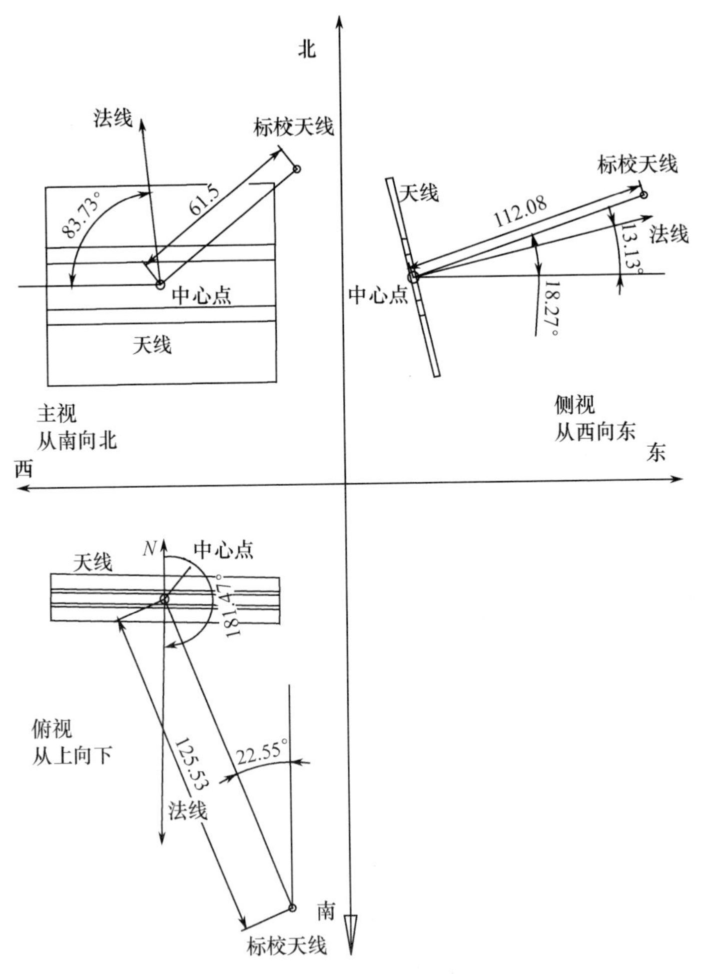

图 8.7　雷达站 2 天线及标校天线相对位置图

俯仰角 A_E，与正北的方位角 A_A，已知超站仪在 A 点经纬度值和高程，这样就能够确定 **AO** 射线在空间的位置。

在 A 点测量完成后，将超站仪架设到离 A 点和 S 点 50～100m 的合适位置 B 点，再次瞄准目标点 O，得到目标点 O 相对于 B 点的俯仰角 B_E 和与正北的方位角 B_A。理论上超站仪在 A 点和 B 点所形成的射线 **AO** 和 **BO** 将相交与 O 点，根据 A、B 点的经纬度和高程及方位、俯仰值，就可以确定 O 点的空间位置。实际测量中由于瞄准误差，A 和 B 点瞄准的 O 点会不重合，分别是 O_A 和 O_B。设 O' 点为目标 O 点在大地的投影，通过 **AO′** 和 **BO′** 的方位角可以确定目标平面 AOO' 和平面 BOO'，O_A 和 O_B 点都在两平面所交汇形成的直线上，取两点在直线上的中间位置为测量的目标点的位置。

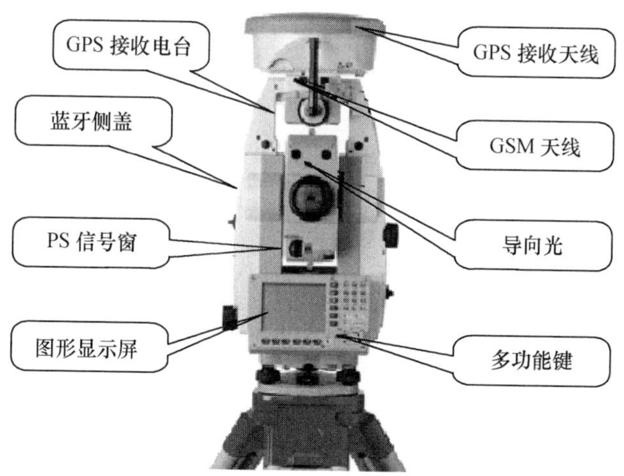

图 8.8　超站仪示意图

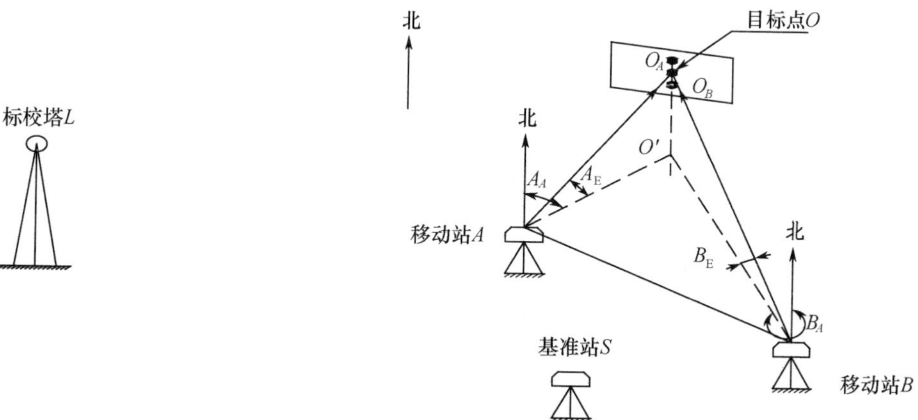

图 8.9　三角交会测量原理示意图

在静态三角交会测量中，更多的是用来获取相控阵天线阵面法向的方位角、俯仰角以及阵面中心与标校天线点位置的关系。通过在阵面上标记多个目标点，用超站仪可以进行测量所有标记点的空间位置。通过三角交会测量软件，对每三个点所形成的三角形求其法线的俯仰角和与北向夹角，最后比较所有三角形形成的子法线，去除因为测量误差引起偏离较大的法线，对其他法线求取均值得到最终阵面的方位、俯仰信息。

通过对标校塔上天线点位的测量，可以得到其空间位置，从而获得标校天线点位相对于阵面中心的位置关系。在标校前，使雷达电气中心对准标校天线，测量完成后，通过三角交会所计算的数据修正雷达的方位和俯仰角。

8.3 三角交会动态测量

8.3.1 概述

静态三角交会测量是利用超站仪或和全站仪对同一静止目标点在两个不同位置进行测量,通过三角形交会原理得到目标点位的精确位置。一般利用全站仪和经纬仪作为角度测量的基本工具,进行静态三角交会测量,但是由于没有BD/GPS配合,两台仪器之间无法实现时间码的准确同步,因此很难进行动态三角交会测量。动态三角交会测量是对慢速运动目标进行交会测量。由于超站仪集成有BD/GPS定位及授时功能,通过基准站和流动站的差分定位可以得到较高精度。因此也可以把超站仪用在动态三角交会测量。

船载雷达或者其他运动载体的精密测量雷达不断出现,传统的静态标定无法很好地满足这些特殊平台(雷达随平台作一定幅度的摇摆、升沉等运动)测量雷达的需求,这里介绍利用两台超站仪对雷达上的目标点进行三角交会测量,实现其位置动态标定。超站仪实时观测并记录观测目标的时间(BD/GPS授时)、方位角和俯仰角,观测的同时雷达稳定跟踪地面信标,通过三角交会处理软件获得观测目标每一时刻的位置信息,与雷达的测量数据进行分析和处理,通过数据统计得到舰载雷达目标点的位置信息[3]。

对船用精密测量设备进行标定,是保证船上测量设备正常工作的重要手段。常规的舰载雷达标定,一般都是采用船进船坞,在静止坐墩并调平条件下,按地面精密测量设备的标定方法进行标定,由于船进坞时间短、成本高,且必须在有船坞的地方设置固定方位标,并且由于舰船经常移动,返港时也不一定以同样的姿态停靠在同一个泊位,对于每次标定都十分困难。因此,利用两台超站仪进行动态标校的方法颇具实用性。

8.3.2 动态三角交会测量方法

动态目标测量通常分为两种,一种是静止雷达捕获动态目标,一种是动态雷达捕获静态或动态目标。

对于船载雷达精密测量系统的标定,一般都是采用船进船坞,在静止坐墩并调平条件下,按地面固定精密测量设备的标定方法进行标定。在船坞周围设立一些大地测量点作为方位标,在船头、船尾艏艉线方向设置标定点用以确定船体航向。由大地测量部门精确测量船用精密测量设备以及建设的方位标的大地坐标(一般不低于三等测量精度),然后再计算出船用精密测量设备与这些方位标的相对位置关系(包含斜距、方位角和俯仰角),同时计算出船体的基准航向。

这些值作为真值供标定使用。利用船用精密测量系统上安装的光学瞄准装置瞄准各个方位标，记录方位和俯仰角度指示装置（通常是方位码盘和俯仰码盘）的读数，与大地测量真值和船体航向比对后形成方位零值[4]。

船载精密测量设备的常规标校方法借用陆地静态设备标校方法，固然可以取得很高的标校精度，但存在一些缺点，主要体现在以下几个方面：

（1）船必须进船坞。通常船只是在设备中修、大修以及加装新设备，拆卸旧设备时才进船坞。船在船坞内的时间通常很短，费用消耗也比较高。对于船上的测量设备来说，标定是日常工作，如果每次标定都进坞实施起来十分困难；

（2）必须在有船坞的地方设置固定式方位标。船载精密测量设备由于舰船需要移动，返港时也不一定以同样的姿态停靠在同一个泊位。这样陆地上建设的固定式方位标有可能就发挥不了作用；

（3）无法对船载精密测量设备的定位设备进行动态（航行状态）特性标定。

因此，在船没进坞的条件下，对舰载雷达进行动态标校十分必要，这样能够在载船停靠码头期间或者随船出海期间，与船载精密测量系统日常维护同步进行标定工作。

8.3.3　动态三角交会测量过程

动态三角交会测量是利用超站仪能够依据 BD/GPS 授时对所测量数据进行实时存储的特性，如图 8.10 所示。利用两台超站仪对舰载雷达上的目标点进行一段时间（通常为 2 ~ 3min）的手动跟踪，同时船载雷达稳定跟踪信标（由于信标处于静止状态，所以其大地坐标可以通过静态三角交会测量方法得到），通过三角交会原理可以得到某一时刻目标点经纬度和高程值，在后续软件处理中，根据时间点匹配两台超站仪的数据，就能得到该段时间内雷达上目标点的方位真值与方位码盘输出值随时间变化的关系，最终通过取两者之间差值的均值对雷达方位进行修正。

8.3.3.1　动态测量前的工作

动态标校的精度受天气影响较大，尤其是舰载设备的摇摆大小取决于风速，因此测量前尽量选择风力不大于 3 级，无降水，能见度达到清晰可见 500m 范围内的目标。

（1）船靠码头处于系泊状态，在雷达上设置特征明显的瞄准点；

（2）升起信标塔，确认雷达可稳定跟踪、雷达姿态数据能够实时存取、超站仪的 BD/GPS 授时正常；

（3）在合适的位置架设超站仪，确认能够清晰观测雷达上的瞄准点和信标点，超站仪运行跟踪程序。

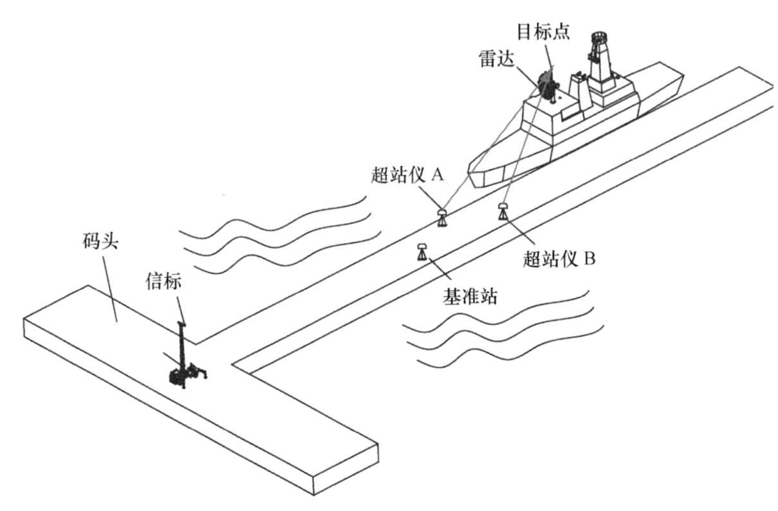

图 8.10　动态三角交会测量示意图

8.3.3.2　测量步骤

测量步骤为

(1) 雷达稳定跟踪信标(可使用瞄准镜手动瞄准信标塔上的光目标);

(2) 两台超站仪同时跟踪雷达上的瞄准点 2 ~ 3min;

(3) 测量完成后,分别检查雷达数据记录和超站仪记录文件是否正常;

(4) 再次重复步骤(2)和(3);

(5) 两台超站仪利用静态三角交会测量方法瞄准雷达跟踪的信标点并记录数据。

8.3.3.3　数据处理

数据处理过程主要在专用的雷达标定程序中进行,主要过程为

(1) 提取雷达跟踪信标和超站仪跟踪瞄准点自动存储的数据;

(2) 将两者数据格式转换为软件识别的格式;

(3) 对数据按时间匹配,运行三角交会程序,得到"超站仪"瞄准点随时间的位置变化;

(4) 修正目标点与雷达三轴中心的位置差值;

(5) 运行静态三角交会程序,得到信标点的大地坐标;

(6) 计算信标点相对于三轴中心的方位和俯仰值,与雷达的跟踪数据对比,

对该段时间内二者的差值取均值,用于修正雷达的方位角。

8.3.4　测量结果

动态标定是在静态标校基础上,利用超站仪能够采集 BD/GPS 授时并自动存储数据的特点,对舰载雷达进行方位修正的一种方法。该方法解决了传统舰载雷达标定船必须进坞的缺点,增加了可操作性。

8.4　小　　结

采用全站仪、经纬仪和超站仪等测量设备进行静态和动态三角交会测量,可以很好的完成包括干涉仪测角雷达标校和船载雷达标校在内的雷达标校任务,在距离和角度的精度上都能满足要求。

利用全站仪和经纬仪进行三角交会测量除了进行干涉仪测角雷达标校外,还可进行:

1）非接触测量山顶、海岛或高塔目标位置[5]

一般地标等标志物架设在山顶、海岛或高塔位置,为确定它们与雷达的位置关系,可以通过三角交会测量得到。

2）间接测量厂房内遮蔽目标位置

有的雷达处于厂房内,为获得该雷达的大地坐标,可以将仪器架设在开阔地带与被遮蔽雷达通视的位置,进行三角交会测量,间接得到雷达的大地坐标。

3）阵面体的测量

在大型阵面天线安装后,为校验天线形面的安装和加工精度,可以通过在天线上取多个测量点,利用三角交会测出各点坐标后,进行拟合计算就能得到天线外形,进行比对校验[5]。

如果利用两台超站仪,不仅能提高测量效率而且能进行准动态测量。具有 BD/GPS 授时、RTK 实时载波相位差分测量功能和精密角度测量功能。因此可以同时记录时间、位置、方位角和俯仰角信息。利用两台超站仪测量的这些信息就可以交会测量出目标的运动轨迹,可以进行动态跟踪气球类慢速运动目标[6]。

当然利用三角交会测量也有它的缺点和不足,由于是光学测量所以对天气要求比较高,一般选择能见度高,风力比较小的天气进行测量。测量距离相对于雷达电气跟踪距离要小,对人员的操作能力要求比较高等[7]。

三角交会测量对雷达标校是一种简洁、实用、高效的测试手段,随着测试仪器的不断更新,计算方法的不断改进,三角交会测量的应用会更加广泛。

参考文献

[1] 王森,高梅国,等. 三通道干涉仪雷达测角方法[J]. 北京:北京理工大学学报,2008,28(8):732-736.

[2] 张献奇. 短基线干涉仪测角定位方法研究. 中国优秀硕士学位论文全文数据库,2006(7).

[3] 项树林,徐宁. 基于多台光学经纬仪实时交会的弹道初段解算方案探讨[J]. 北京:弹、箭与制导学报,2009(1):205-208.

[4] 付芸,张峋. 非接触交会测量方法在空间位置测量中应用[J]. 北京:光电工程,2005,32(9):39-42.

[5] 李宗春. 李广云,等. 电子经纬仪交会测量系统在大型天线精密安装测量中的应用[J]. 北京:海洋测绘,2005,25(1):27-30.

[6] 杨斌峰. 地面测控雷达角度标校技术[J]. 北京:现代电子技术,2005(28):47-49.

[7] 张兴唐,江水明,王志辉. 三角交会测量在干涉仪雷达标校上的应用[C]. 北京:机械电子学学术会议,2011.

第9章 雷达自动化标校

9.1 概　　述

20 世纪 90 年代以前，我国的精密测量雷达标校习惯采用常规标校技术，利用合像仪、光学望远镜、校准塔等仪器设备，以人工或者半自动方式进行雷达天线的标定，辅以电子作业表格或者功能单一的自动化标定程序。特别是在海上的动态条件且又无标校塔的情况下，完成标校更为困难[1]。进入 21 世纪后，开始采用更为先进的卫星标校和常规标定相结合的标定方式，并逐渐形成以程序控制和自动化仪器配合的自动化和系统化标定模式，提高了雷达标定精度和时效性，降低了标校操作人员的劳动强度。随着科学技术的飞速发展，远程测控技术的应用也更加广泛[2]，遥测遥控的发展也上了一个新台阶[3]，这给自动化标校技术的发展提供了技术基础。在雷达的重要组成部分，例如信道接收系统，也增加了相应的硬件和软件，以匹配自动化标校和测试[4]。

9.2 自动化标校任务

雷达标定程序是在雷达标定活动中逐步积累并完善起来，主要任务是：

（1）雷达标定基本数学模型的程序化。用程序实现雷达标定的基本数学模型和相关标准，使得雷达标定数据处理模式相对固化，加快了数据处理速度。

（2）用于自动化标定的仪器设备实现智能化。雷达标定程序可以采集、处理参与标定的仪器设备数据，实现一体化的标定方案。

（3）适应雷达专业发展，以测量雷达的自动化标定为基础，逐步扩展到多种雷达的自动化标校。

（4）自动化标定与雷达系统软件进行集成，共享软硬件设备及其标定的数据，简化标定过程。

9.3 雷达自动化标校基础

实现雷达自动化标校要求雷达功能完备,各项战术技术指标满足要求。为此,在自动化标校之前必须对雷达主要战术技术指标进行自动化检测。

9.3.1 自动化测试

在维护工作方式下,完成对设备的自动化测试,步骤为

(1) 雷达系统检测:模拟各种工作模式下的系统工作,检查系统功能及性能。

(2) 分系统的自动化测试:检查分系统的工作状态及性能参数。

9.3.2 雷达系统检测

雷达系统设计可使用标校信号源或目标模拟器,用以产生模拟信号,对雷达系统进行全面的功能检测。

(1) 标校信号源可以进行雷达系统部分性能指标的检查。主要内容包括天线方向图测试、接收机相位补偿测试、距离 S 曲线测试和速度 S 曲线测试等。

(2) 目标模拟器能分别产生各通道所需的模拟信号,检查雷达所有硬件系统的功能,也检查雷达控制软件和各分系统执行软件的功能。

9.3.3 分系统自动化测试

用于常规性功能检测,维护修理排除故障,更换故障单元。自动化测试项目如表 9.1 所列。

表 9.1 自动化测试项目

设备	测试项目
天线	方向图参数、波形参数
发射	输出频谱特性、功率
阵面检测	阵面幅度相位分布
频率源	波形参数、调频带宽
伺服	最大速度、最大加速度、最小速度、带宽、阶跃响应特性
接收	中频带宽、通道幅度相位一致性、定向灵敏度、噪声电平
信号处理	脉压主瓣宽度、旁瓣、脉压损耗、测距量程、径向速度、径向加速度

9.4 标校程序的基本功能

用于雷达的自动化标定程序可以实现雷达自动化标定的所有功能。下面以目前使用的一个雷达标定程序为例,介绍雷达自动化标定程序的基本功能和实现方法。

雷达标定程序是一套基于 VC ++ 开发的程序包。参照国家雷达标校的相关军用标准和大地测量基本方法,提供雷达标定的大部分计算和分析工具。标定程序主界面如图9.1所示。

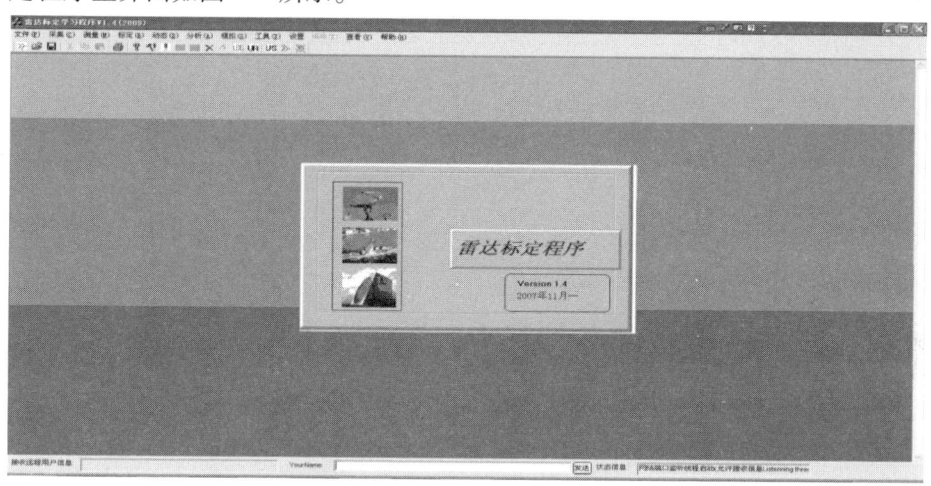

图9.1 雷达标定程序主界面

9.4.1 采集功能

提供对大部分标定仪器的数据采集功能(图9.2)。采集方式分为串行数据采集和网络数据采集。其中串行数据采集有针对特定传感器的采集模式和无特定的串行采集模式。网络采集可以通过网络实现自动化/远程采集。

9.4.2 测量功能

一些专业的工程测量,其中包括三角交会测量、超站仪数据整合、超站仪(全站仪)单站测量等功能(图9.3)。测量是一些雷达标定的基础手段。

9.4.3 标定项目分类

标定有综合标定、分项标定、星体标定和工厂标定几类(图9.4)。综合标定包括常规标定、无塔标定、系统标定等,涉及多种载体和体制的雷达形式。分项

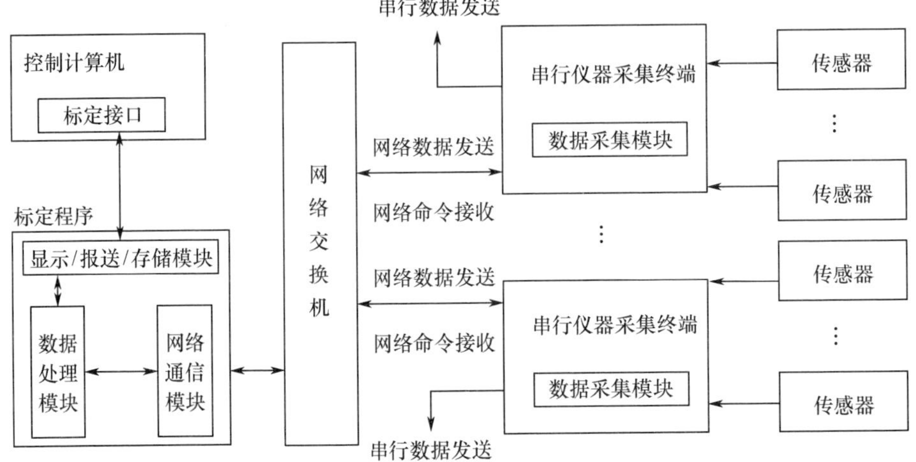

图 9.2　数据采集流程图

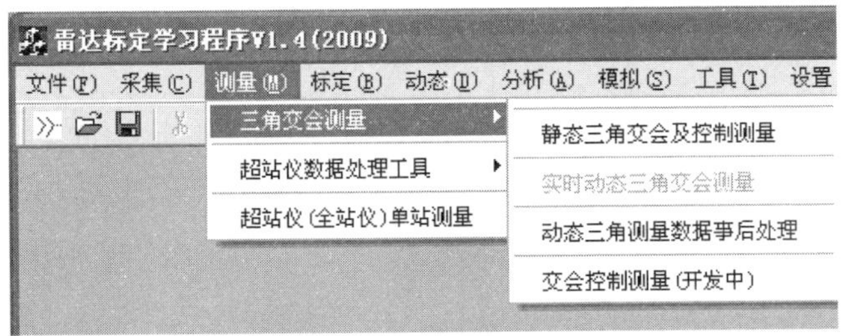

图 9.3　测量功能图

标定具体应用某一类标定方法。星体标定探索利用星体进行标定；工厂标定是针对雷达分系统某些传感器进行标定。

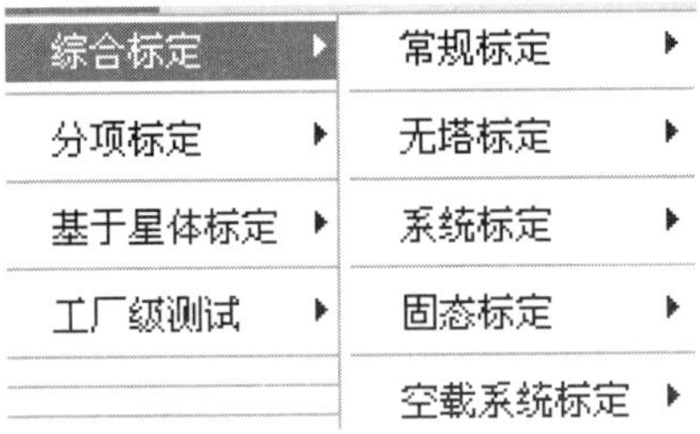

图 9.4　标定选择页面

9.4.4　动态标定功能

动态标定主要提供雷达与目标之间的空间位置关系(图 9.5)。

图 9.5　动态标定页面

9.4.5　分析功能

对标定的数据和结果进行图示化统计分析,如图 9.6 所示。

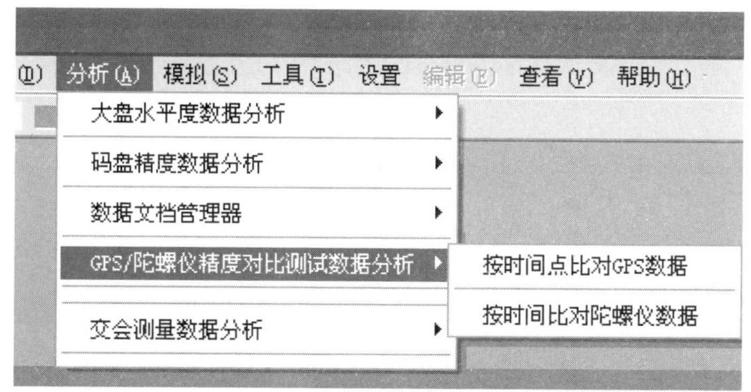

图 9.6　分析功能页面

9.4.6　模拟功能

提供对某些误差参量变化特性影响分析。并能够以数值方式模拟星体位置参数,如图 9.7 所示。

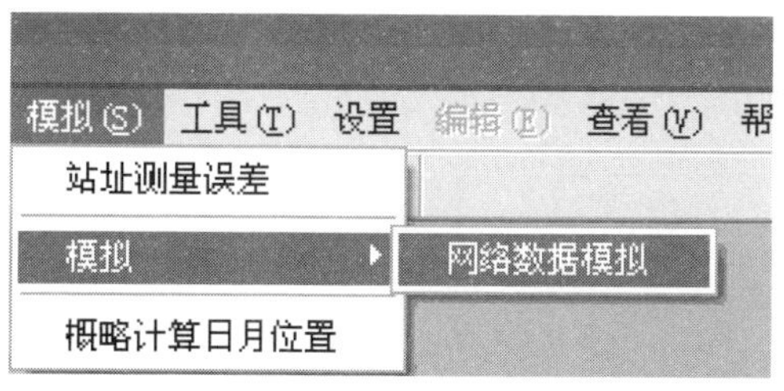

图 9.7　模拟功能页面

9.4.7 常用工具

提供标定常用计算和文件处理工具(图9.8)。例如坐标平移转换、角度计算、单位换算、数据文件拼接等。

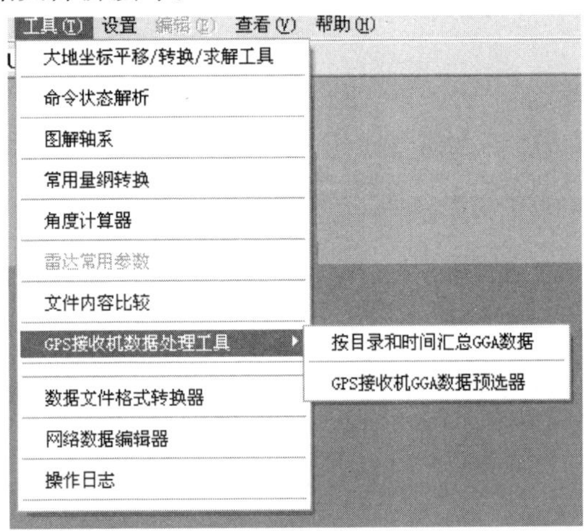

图9.8 常用工具页面

9.4.8 软件设置工具

提供软件运行的相关参数设置工具(图9.9)。例如网络传输设置、雷达结构参数设置、运行选项设置等。

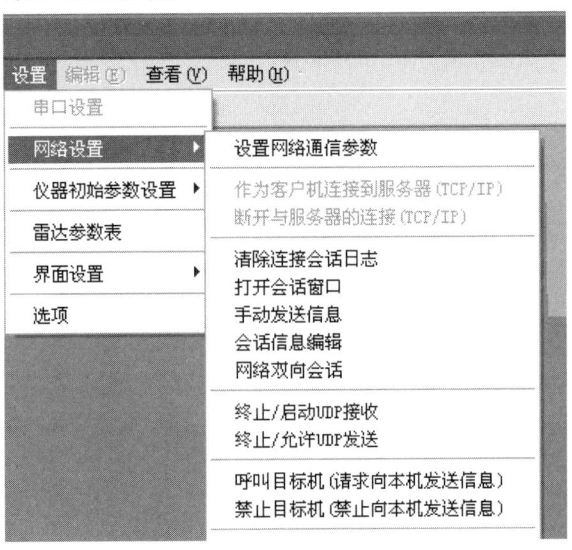

图9.9 软件设置工具页面

9.4.9 帮助工具

提供一个基于 HTML 超文本格式的在线帮助系统。

9.5 自动化标定仪器

为配合雷达自动化标定,需要一批自动化仪器设备,主要包括:

9.5.1 无线电子倾角仪

用于测量平行度或水平度,水平度的测量精度 4″。采用无线方式采集。由无线电子倾角仪和无线数据采集终端组成,如图 9.10 所示。

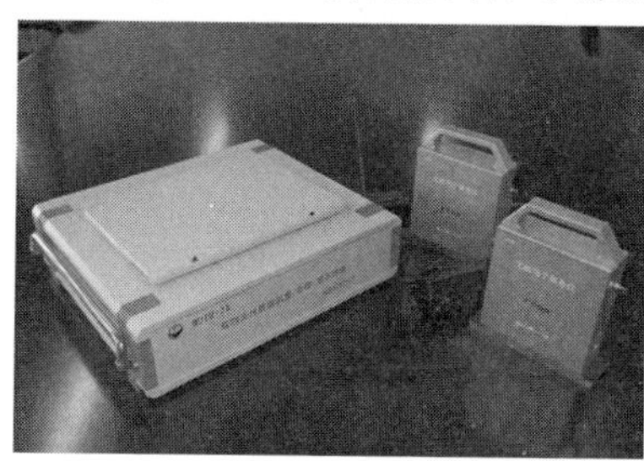

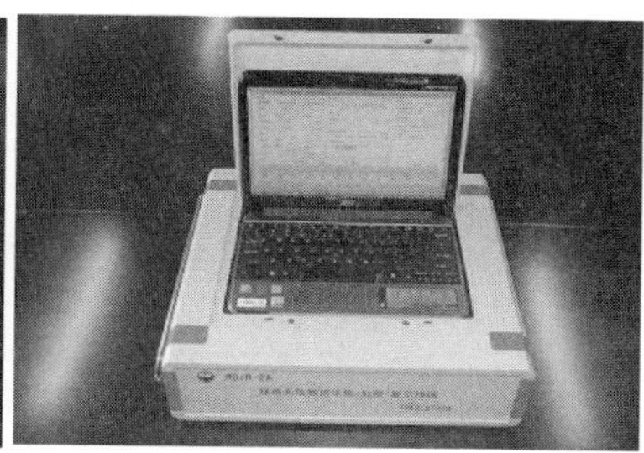

图 9.10 无线电子倾角仪(见彩图)

9.5.2 中短基线定位定向设备(BD/GPS)

设备(图 9.11)由一台基准站和一台流动站组成,用于在 60m ~ 1km 范围内精密定向,间距 120m 的典型定向精度为 0.005°。测量时以流动站为测量坐标原点,以北偏东为方位指向,以天顶为高的测量坐标系。显示流动站的大地位置坐标、正北偏东顺时针旋转至基准站的方位角。

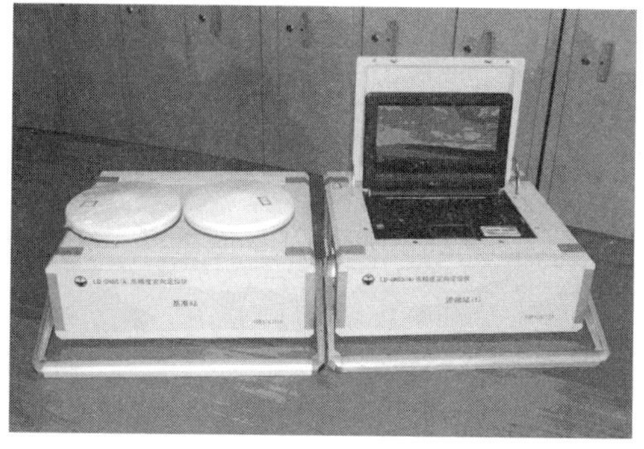

图 9.11 中短基线定位定向设备(见彩图)

9.5.3 移动实时相位差分定位设备(RTK)

用于现场测量 BD/GPS 椭球系(WGS－84)下点位大地坐标。平面位置绝对测量精度 1.5m,空间位置绝对测量精度 3m,相对位置测量精度 5cm。

9.5.4 短基线定向仪

用于 10m 以内基线长度的雷达设备定向,典型 4m 基线的静态定向精度约为 0.05°。通常与雷达天线(舱)安装在一起,用于指示雷达天线方位。最高数据率 5Hz,首次达到定向精度时间约为 7min。

9.6 自动化标定项目流程

常规标校自动化标定流程如图 9.12 所示。

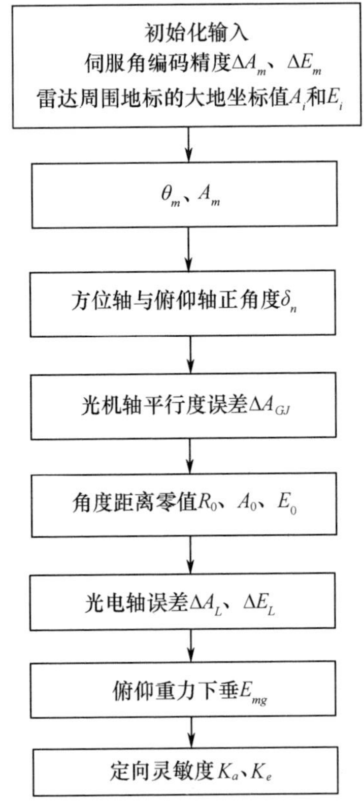

图 9.12 自动化标定流程图

9.7　自动化标定工作的意义

一般雷达的天线、天线座结构比较复杂，容易受温度和环境的影响，产生变形，这种变形在一年的不同季节、一天的不同时段都有不同，给方位轴不垂直于地平面（大盘水平度）、轴系匹配等带来一定影响。另外天线电轴的漂移，也会对雷达的跟踪测量精度造成不利影响。通过系统误差的标定测量，对雷达的测量结果进行修正，从而满足雷达测量精度的要求。

另外，由于地质结构因素的影响，雷达基座的地基沉降也不可能均匀，随着时间的推移，它对雷达大盘水平度的影响会逐步加大，也会影响到雷达测量精度。

因此，伴随雷达设备日常使用、维护，经常性地开展系统误差标定工作，实现雷达标校自动化是十分有益的。

9.8　自动化标定方法的相关进展和展望

雷达自动化标定方法的研究伴随着雷达设备的研制和使用的需求不断深入。主要体现在以下几个方面：

（1）用于标校目标的选择范围逐步扩大，利用 BD/GPS 对地物进行接触性测量的方法获取目标位置；使用气球系留具有广域差分模式的 BD/GPS 进行目标位置测量；利用三角交会方法对静态和动态目标进行测量；利用自然天体（如射电星体）和人工天体（如人造地球卫星）进行标定。

（2）对更远距离准动态目标交会测量方法和手段研究逐步深入。特别是针对 10～30km 范围内的测试场交会测量系统研究，可以在雷达工厂调试、试验期间提供比较准确的测试环境。

（3）开展以 BD 系统为主导的标定方法研究。BD 系统是我国自行研制的全球定位导航系统，随着近些年 BD 卫星在轨运行数量的不断增加，星座分布更加完善，北斗卫星提供的定位服务也将逐渐丰富，开展这方面的研究也是势在必行。

（4）扩展无塔标定试验原理和方法的研究，实现无塔标定方法多样化和实用化。

参考文献

[1] 瞿元新，毛南平．船载 X 频段微波统一测控系统快速校相方法[J]．遥控遥测，2014，35(2)：69－72.
[2] 马佩娜．远程测控站地面监控系统的研究与实现[D]．电子科技大学硕士论文，2009.
[3] 谭维炽．我国航天器遥测技术发展的台阶实现[J]．遥控遥测，2016，37(6)：15－17.
[4] 邱冬冬．船载测控雷达信道系统的 BIT 设计[J]．电子设计工程，2016，24(20)：110－112.

第10章 雷达精度校验

10.1 概　　述

雷达是由探测、控制、数传、通信等功能集成的设备。雷达的主要任务是完成对目标的探测和跟踪,探测的目标包括空气动力目标、临近空间(高度 20 ~ 100km)目标和空间目标三大类。空气动力目标包括各种性能的飞机(隐身飞机、无人机、直升机和各类常规作战飞机)和各种形式的导弹(TBM 战术弹道导弹、巡航导弹和空对地导弹),临近空间目标是以高超声速高机动飞行的飞行器,空间目标是高度大于 100km 以上的轨道飞行器(卫星、空间站、远程弹道导弹等)。有些目标往往采用了各种反雷达措施,诸如电子干扰、雷达隐身、低空突防等。

雷达在投入使用之前必须经历大量的针对探测目标跟踪及其性能的校验,只有满足了各项战术、技术指标后才能正式交付使用。在校飞检验的过程中,大量的工作是校验雷达测量精度、威力和抗干扰能力。

雷达精度校验有两种途径,一种是模拟校飞,另一种是外场校飞。模拟校验利用雷达信号模拟设备和软件,产生雷达逼真的工作状态,检验雷达工作性能。外场校验是为雷达提供实际工作场景的条件下,校验雷达工作性能。

10.2 模拟校飞

雷达探测目标的精度决定于雷达测量目标坐标的误差,其误差源由雷达跟踪误差、转换误差、目标误差和传播误差构成。雷达跟踪和转换误差是雷达设备自身引起的,目标误差是由被探测目标的形状、尺寸、隐身和运动性能决定的,传播误差是雷达发射的电磁波通过对流层和电离层大气空间传播产生的。

检验雷达设备自身产生的测量误差,需要获得目标的性能和运动特性,及其获得被探测目标所处的复杂环境,采用模拟校验的方法是现实、经济和有效的选择。

10.2.1 单脉冲雷达射频模拟系统

10.2.1.1 射频模拟系统功能

射频模拟系统是雷达的重要组成部分。射频模拟系统接受控制计算机和雷达频率、波形产生器的控制，产生单脉冲和、差、差三通道射频模拟目标信号，送给高频接收机，完成雷达系统的模拟。可以模拟空中点目标各种飞行性能和航迹，进行雷达系统硬件和软件的检查、性能测试、精度检验，为雷达提供有效而经济的调试、检测、操作训练和演示手段。

可以按照需要装定模拟目标回波的距离、角度、速度、加速度、加加速度、多普勒频率、航路捷径、机动开始时间及机动过载量等参数，并可按需要装订目标运动轨迹和杂波干扰环境。

10.2.1.2 射频模拟系统工作原理及其组成

射频模拟系统原理框图如图 10.1 所示。

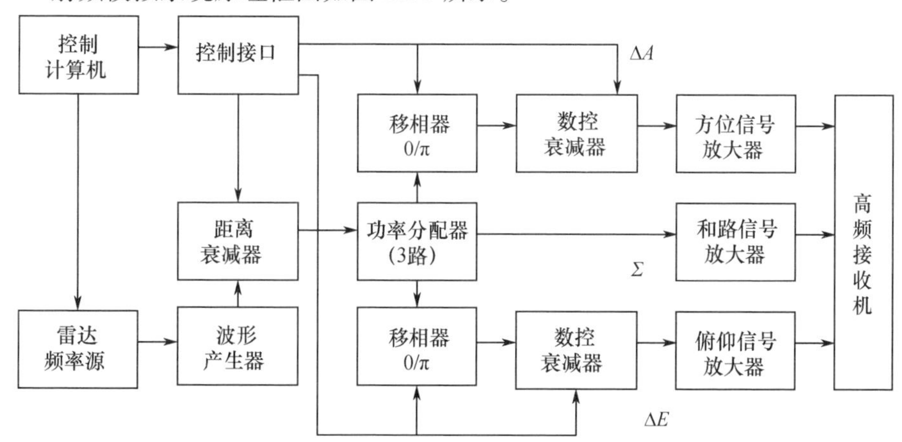

图 10.1 射频模拟系统原理框图

射频模拟系统主要包括控制计算机及和 Σ、差 ΔA、差 ΔE 三通道射频信号模拟电路。控制计算机实时控制雷达频率源和射频波形产生器，生成目标射频模拟回波信号。通过功率分配器将模拟射频回波信号送给三通道射频信号模拟电路，控制计算机通过控制接口控制差、Δ 路的 $0/\pi$ 移相器、和 Σ 路、差 Δ 路的衰减器，最后，射频模拟系统输出 Σ、ΔA、ΔE 三路信号给高频接收机。

射频模拟电路组成框图见图 10.2。

Σ 衰减器用于控制模拟信号的强弱；ΔA 衰减器用于模拟方位角差信号的大小；ΔE 衰减器用于模拟仰角差信号的大小；$0/\pi$ 转换用于模拟角度差信号的 ±

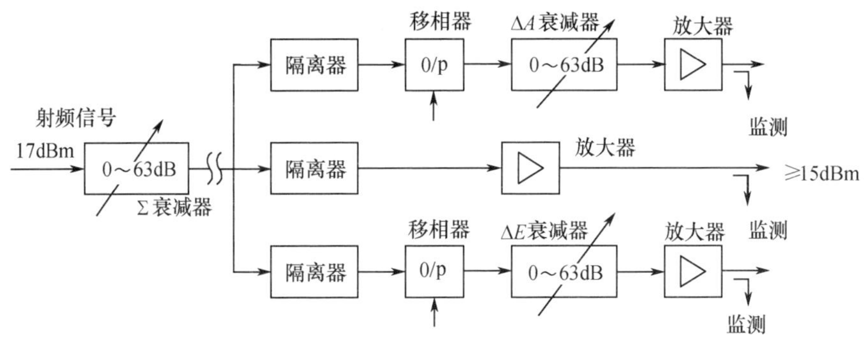

图 10.2　射频模拟电路框图

符号;隔离器用于减小 Σ、ΔA、ΔE 等三路信号互相影响,提高接收通道之间的隔离度。

10.2.2　数字阵列雷达射频模拟系统

10.2.2.1　射频模拟系统功能

射频模拟系统是雷达的重要组成部分。射频模拟系统利用数字阵列的内检测通道检测雷达系统和分系统的功能,可以模拟空中点目标各种飞行性能和航迹,进行雷达系统硬件和软件的检查和性能测试。可以进行模拟标校,检验雷达设备自身的精度。能够形象逼真地进行操作人员的训练,完成演示和上报。为雷达提供了有效而经济的测试、检测、操作训练和演示的手段。

10.2.2.2　射频模拟系统工作原理及其组成

射频模拟系统原理框图如图 10.3 所示。数字阵列雷达的射频模拟和雷达工作系统的硬件是一体化设计,不用配置专用的模拟器。射频模拟集成在雷达的收发分系统和主控计算机及数据处理组合中,主控机及数据处理组合中计算模拟目标的时延、多普勒频率、偏离波束中心位置、信号幅度等信息,与系统控制信息一起送给数字接收通道。在接收通道和数字波束形成中实现对信号的幅度相位控制,模拟目标回波信息。

射频模拟系统的模拟功能是通过内检测通道来完成,雷达在模拟训练工作状态下,频率源中的波形产生器生成射频模拟回波信号,经过内检测功率分配网络送到各收发单元中,再经过功率分配器分发给水平极化接收通道和垂直极化接收通道,信号在收发模块中经过衰减、放大、滤波和模拟数字变换(ADC),最后数字信号通过光纤传输给雷达信号处理分系统。

频率源组件按照控制字产生阵面接收机系统的内检测信号或接收单个发射

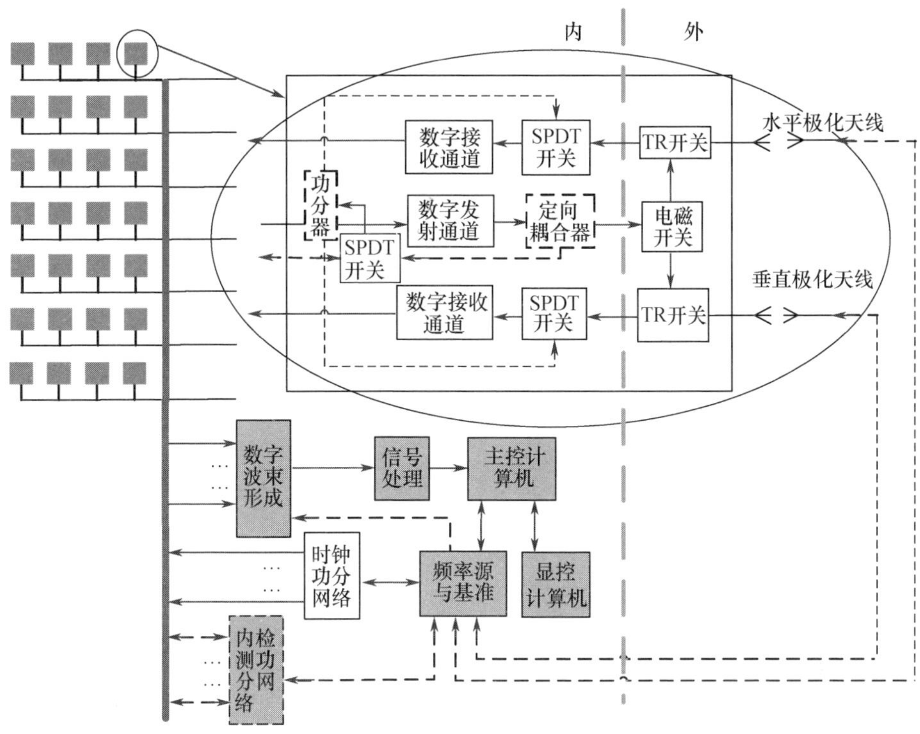

图 10.3 射频模拟系统原理框图(见彩图)

通道的内检测信号,与阵面的内检测功分网络双向通信。当产生内检测信号时,由波形产生组件产生需要的工作波形,经衰减放大后送给阵面的内检测功率分配网络,再经功分后分别送给垂直、水平极化接收通道,作为各个接收通道的内部测试信号源,对接收通道的一致性等进行测试和标校。当进行发射通道内检测时,由数字发射发射通道耦合出来的信号经内检测功分器,送给数字接收通道,进行直接采样、数字下变频等处理,变成基带 I/Q 数据送给信号处理,以便做进一步的计算和分析。

10.2.2.3 接收通道幅度相位内检校

接收通道检测时,由主控软件控制频率源生成脉冲测试信号,控制所有 T/R 模块工作在接收通道内检测状态。测试信号通过内检测功率分配网络送至 T/R 模块的测试口,经两路功分器送给两个正交极化信号接收通道进行数字采样,测试结果送给数字波束形成组合。

数字波束形成组合以其中一个通道参考为准,计算各接收通道之间的幅度相位一致性误差,更新幅度相位误差数据表,将其发送给主控计算机。主控计算机将幅度相位误差数据表与基准数据表进行比较,判断该模块是否故障,根据判别情况更新幅度相位误差补偿表,进行接收通道的幅度相位补偿。

10.2.2.4 发射通道幅度相位内检校

发射通道检测时,由主控软件控制被检测 T/R 模块工作在发射内检测状态,其他 T/R 模块发射通道不工作,频率源中的校正接收组合产生参考信号。

频率源中的校正接收组合同时对被测模块耦合输出信号和参考信号进行采样,将测试结果送给主控计算机,采用巡检的方式完成所有模块的检测。主控计算机完成幅度相位误差的计算,更新发射通道幅度相位误差数据表,与基准数据表进行比较,判断该发射模块是否故障,根据判别情况更新幅度相位误差补偿表。在需要进行幅度相位补偿时,主控计算机将更新后的发射通道幅度相位误差补偿表发送给频率源与校正接收组合,控制 T/R 模块调整直接数字频率源的数字本振(DDS)的初相来实现发射通道相位校准。

10.2.2.5 接收通道近场外部检测

雷达收发通道幅度相位外检测的目的是定性检查天线阵面各收发通道的幅度和相位,判断各收发通道是否工作正常,结合幅度相位内检测的结果,进行天线阵面的故障诊断和隔离。

接收通道检测时,频率源与校正接收组合产生测试信号和参考信号,测试信号经外监测天线辐射,参考信号直接采集后送主控计算机。T/R 模块将水平极化和垂直极化接收通道测试结果送给主控计算机。主控计算机根据测试结果更新幅度相位误差数据表,并将本次测试的结果与基准数据进行比较,判断收发通道是否工作正常。

10.2.2.6 发射通道近场外检测

发射通道监测时,逐个开启每个发射通道,发射测试信号。频率源与校正接收组合产生参考信号,并采集天线送来的水平极化和垂直极化测试信号,测试结果送给主控计算机。主控计算机比较测试信号与参考信号之间的幅相差,更新幅度相位误差数据表,将其与基准数据进行比较,判断收发通道是否工作正常。

10.2.3 目标航迹模型

10.2.3.1 水平直线飞行目标航迹模型

1) 目标水平直线飞行状态

目标水平直线飞行状态如图 10.4 所示。

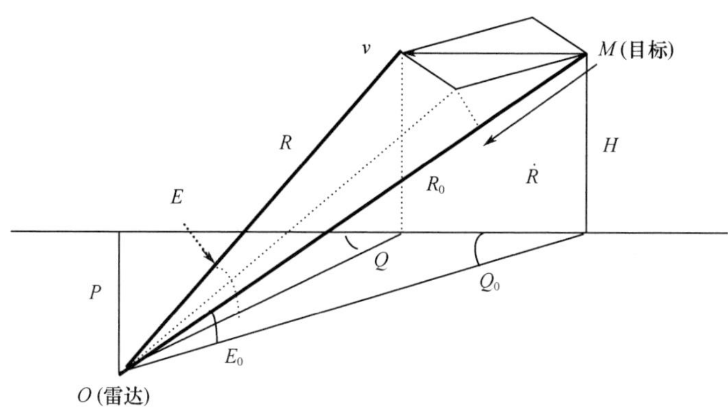

图 10.4 目标水平直线飞行示意图

从图 10.4 可以得出目标水平飞行的径向速度 $\dot{R}$、仰角速度 $\dot{E}$ 和方位角速度 $\dot{A}$。

$$\begin{cases} Q_0 = \arcsin\left(\dfrac{P}{R_0 \cos E_0}\right) \\ H = R_0 \sin E_0 \\ \dot{R} = v\cos Q\cos E \\ \dot{E} = -\dfrac{v\cos Q\sin E}{R} \\ \dot{A} = \dfrac{v\sin Q}{R\cos E} \end{cases} \tag{10.1}$$

其中:Q_0为目标初始航路角(°);R_0为目标初始距离(m);E_0为目标初始仰角(°);A_0为方位角初始值(°);P为目标航路捷径(m);H为目标飞行高度(m);v为目标飞行速度(m/s)。

2）递推计算模型

$$\begin{cases} R_{i+1} = R_i + \dot{R}_i T \\ A_{i+1} = A_i + \dot{A}_i T \\ E_{i+1} = E_i + \dot{E}_i T \end{cases} \tag{10.2}$$

其中:R_i为第 i 个飞行周期时的目标距离(m);E_i为第 i 个飞行周期时的目标仰角(°);A_i为 i 个飞行周期时的目标方位角(°);T为雷达脉冲重复周期(s)。

3）实时计算模型

$$\begin{cases} R = \sqrt{R_0^2 + (Vt)^2 - 2R_0 Vt\cos Q_0 \cos E_0} \\ E = \arcsin\left(\dfrac{H}{R}\right) \\ Q = \arcsin\left(\dfrac{P}{R\cos E}\right) \\ \dot{R} = v\cos Q\cos E \\ \dot{E} = -\dfrac{v\cos Q\sin E}{R} \\ \dot{A} = \dfrac{v\sin Q}{R\cos E} \end{cases} \tag{10.3}$$

其中:Q 为目标航路角(°);

v 为目标飞行速度(m/s)。

递推模型计算量小、误差较大,实时计算模型计算量大、误差小。

10.2.3.2 垂直直线飞行目标航迹模型

目标垂直直线飞行状态如图 10.5 所示。

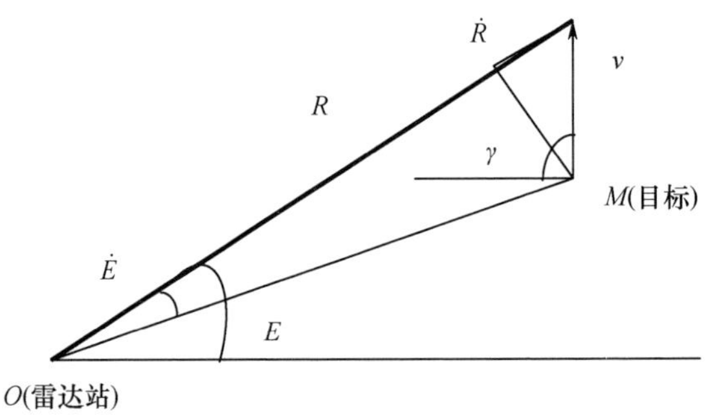

图 10.5 目标垂直直线飞行示意图

从图 10.4 可以得出目标垂直飞行的斜距速度、仰角速度和方位角速度,即

$$\begin{cases} \gamma = 90^0 \\ \dot{R} = v\sin E \\ \dot{E} = \dfrac{v\cos E}{R} \\ \dot{A} = 0 \end{cases} \tag{10.4}$$

其中 γ 为目标垂直飞行爬升角(°)。

10.2.3.3　水平机动飞行目标航迹模型

目标水平机动飞行状态如图 10.6 所示。

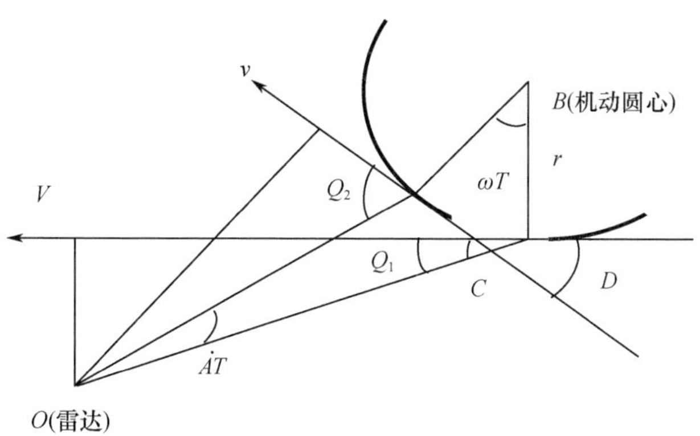

图 10.6　目标水平机动飞行示意图

从图 10.6 的几何关系可以得到航路角速度。

$$\dot{Q} = \frac{\angle Q_2 - \angle Q_1}{T}$$

$$\angle Q_2 = \angle \dot{A}T + \angle C$$

$$\angle C = \angle D + \angle Q_1 = \angle \omega_x T + \angle Q_1$$

$$\begin{cases} \omega_h = \dfrac{v}{r} \\ r_h = \dfrac{v^2}{a} = \dfrac{v^2}{N_h g} \\ \dot{Q} = \dot{A} + \dfrac{N_h g}{v} \end{cases} \tag{10.5}$$

其中：ω_h为水平机动角速度((°)/s)；r_h为水平机动半径(m)；$\dot{Q}$ 为目标的航路角速度((°)/s)；N_h为水平机动过载量(g)；a 为向心加速度(m/s^2)。

10.2.3.4　垂直机动飞行目标航迹模型

目标垂直机动飞行状态如图 10.7 所示。

从图 10.7 的几何关系可以得到爬升角速度。

$$\dot{\gamma} = \omega_v = \frac{v}{r}, \qquad r = \frac{v^2}{a}, \qquad a = N_v g$$

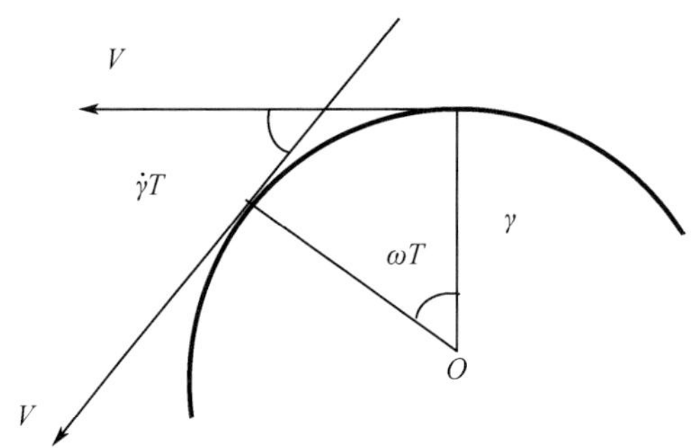

图 10.7　目标垂直机动飞行示意图

$$\dot{\gamma}=\frac{N_v g}{v} \tag{10.6}$$

其中:$\dot{\gamma}$ 为目标的爬升角速度((°)/s);N_v 为垂直机动过载量(g);ω_v 为垂直机动角速度((°)/s);r 为机动半径(m)。

目标垂直机动时引起目标斜距速度和高低角速度的变化如图 10.8 所示。

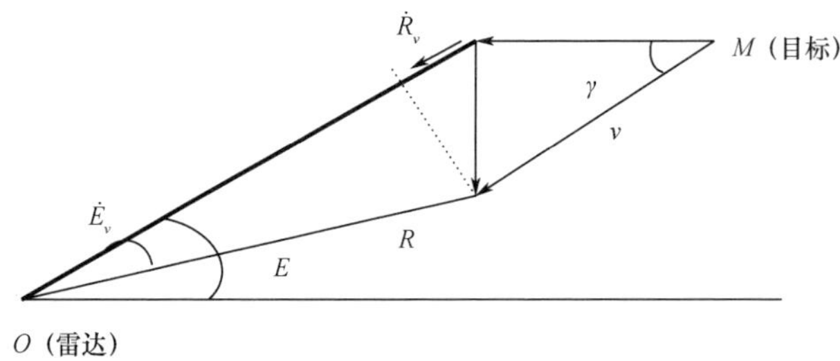

图 10.8　目标垂直机动速度分解示意图

从图 10.8 的几何关系可以得到目标垂直机动时引起目标斜距速度和高低角速度的变化。

$$\begin{cases}\dot{R}_v=v\sin\gamma\sin E\\ \dot{E}_v=\dfrac{v\sin\gamma\cos E}{R}\end{cases} \tag{10.7}$$

其中:$\dot{R}_v$ 为目标垂直机动时引起目标径向速度(m/s);$\dot{E}_v$ 为目标垂直机动时引起目标仰角速度((°)/s)。

10.2.3.5　空中任意飞行目标航迹模型

综合上述各种飞行目标坐标的微分模型,得到空中任意飞行目标航迹的积分模型,如式 10.9 所示。

$$
\begin{cases}
R = \int_0^t v(\cos E\cos Q\cos\gamma - \sin E\sin\gamma)\,\mathrm{d}t \\
E = \int_0^t \dfrac{v(\sin E\cos Q\cos\gamma + \cos E\sin\gamma)}{R}\mathrm{d}t \\
A = \int_0^t \dfrac{v\sin Q\cos\gamma}{R\cos E}\mathrm{d}t \\
Q = \int_0^t \left(\dfrac{v\sin Q\cos\gamma}{R\cos E} + \dfrac{N_h g}{v\cos\gamma}\right)\mathrm{d}t \\
\gamma = \int_0^t \dfrac{N_v g}{v\cos\beta}\mathrm{d}t \\
\beta = \int_0^t \dfrac{N_h g}{v\cos\gamma}\mathrm{d}t
\end{cases}
\tag{10.8}
$$

10.2.4 连续系统快速数字仿真

在雷达模拟仿真系统中,不仅由计算机实时解算目标航迹,生成目标模拟信号,还要对雷达实时控制进行数字化仿真。常常需要在控制回路中加入微分、积分、惯性、微分延时、领先-迟滞校正等环节。

在知道连续系统传递函数 $G(p)$情况下,变换法快速数字仿真推导出脉冲传递函数 $G(z)$,最后写出离散系统的差分方程。

已知变量:$\dfrac{\mathrm{d}x}{\mathrm{d}t} = \dot{x}$,$z = \mathrm{e}^{PT}$,其中:$T$ 为开关时间周期。

10.2.4.1 线性变换

方程:　$x_{n+1} = x_n + T\dot{x}_n$

连续系统:　$\dot{x} = px \quad ,p = \dfrac{\dot{x}}{x}$

脉冲选通:　$(z-1)x = T\dot{x} \quad ,\dfrac{\dot{x}}{x} = \dfrac{z-1}{T}$

算子:　$p = \dfrac{z-1}{T}$

10.2.4.2 微分环节

连续传递函数:　$G(p) = p$

脉冲传递函数:　$G(z) = \dfrac{z-1}{T}$

差分方程:

$$y_n = \frac{1}{T}(x_n - x_{n-1}) \tag{10.9}$$

10.2.4.3 积分环节

连续传递函数：$$G(p) = \frac{1}{p}$$

脉冲传递函数：$$G(z) = \frac{T}{z-1}$$

差分方程：$$y_n = y_{n-1} + Tx_n \tag{10.10}$$

10.2.4.4 惯性环节

连续传递函数：$$G(p) = \frac{1}{1+pT_2}$$

脉冲传递函数：$$G(z) = \frac{1}{1+\frac{z-1}{T}T_2} = \frac{\frac{T}{T_2}}{\frac{T}{T_2}+z-1}$$

差分方程：

$$y_n = y_{n-1} + \frac{T}{T_2}(x_n - y_{n-1}) \tag{10.11}$$

10.2.4.5 微分延时环节

连续传递函数：$$G(p) = \frac{pT_1}{1+pT_2}$$

脉冲传递函数：$$G(z) = \frac{\frac{T_1}{T_2}(z-1)}{z-\left(1-\frac{T}{T_2}\right)}$$

差分方程：

$$y_n = \left(1-\frac{T}{T_2}\right)y_{n-1} + \frac{T_1}{T_2}(x_n - x_{n-1}) \tag{10.12}$$

10.2.4.6 领先－迟滞校正环节

连续传递函数：$$G(p) = \frac{1+pT_3}{1+pT_4}$$

脉冲传递函数：$$G(z)=\frac{\frac{T_3}{T_4}z-\frac{T_3-T}{T_4}}{z-\left(1-\frac{T}{T_4}\right)}$$

差分方程：

$$y_n=y_{n-1}+\frac{T_3}{T_4}(x_n-x_{n-1})+\frac{T}{T_4}(x_{n-1}-y_{n-1}) \tag{10.13}$$

10.2.4.7　双线性变换

方程：$$x_{n+1}=x_n+\frac{T}{2}(\dot{x}_n+\dot{x}_{n-1})$$

连续系统：$$\dot{x}=px,p=\frac{\dot{x}}{x}$$

脉冲传递函数：$(z-1)x=\frac{T}{2}(z+1)\dot{x},p=\frac{\dot{x}}{x}=\frac{2}{T}*\frac{z-1}{z+1}$

10.2.4.8　微分环节

连续传递函数：$$G(p)=p$$

脉冲传递函数：$$G(z)=\frac{2}{T}*\frac{z-1}{z+1}$$

差分方程：

$$y_n=\frac{2}{T}(x_n-x_{n-1})-y_{n-1} \tag{10.14}$$

10.2.4.9　积分环节

连续传递函数：$$G(p)=\frac{1}{p}$$

脉冲传递函数：$$G(z)=\frac{T}{2}*\frac{z+1}{z-1}$$

差分方程：

$$y_n=y_{n-1}+\frac{T}{2}(x_n+x_{n-1}) \tag{10.15}$$

10.2.4.10　惯性环节

连续传递函数：$$G(p)=\frac{1}{1+pT_2}$$

脉冲传递函数：
$$G(z)=\frac{\frac{T}{2T_2+T}(z+1)}{(z-1)+\frac{2T}{2T_2+T}}$$

差分方程：
$$y_n=y_{n-1}+\frac{T}{2T_2+T}(x_n+x_{n-1}-2y_{n-1}) \tag{10.16}$$

10.2.4.11 微分延时环节

连续传递函数：$G(p)=\frac{pT_1}{1+pT_2}=\frac{T_1}{T_2}*\frac{pT_2}{1+pT_2}=\frac{T_1}{T_2}\left(1-\frac{1}{1+pT_2}\right)$

微分延时环节可以用一个惯性环节和一个线性放大环节的实时数字仿真实现。

微分延时环节方框图如图 10.9 所示。

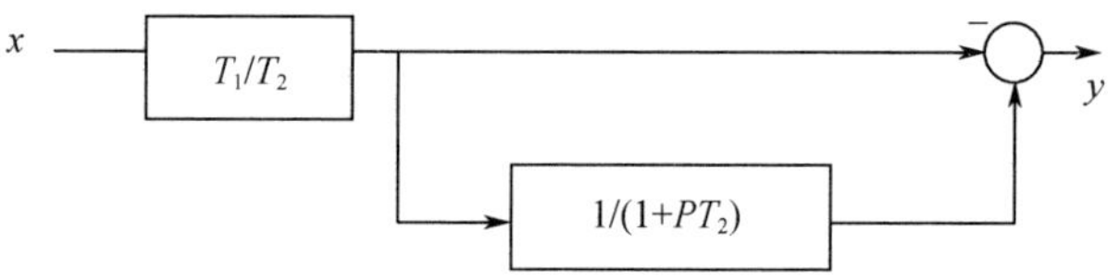

图 10.9 微分延时环节方框图

脉冲传递函数：
$$G(z)=\frac{\frac{2T_1}{2T_2+T}(z-1)}{z-\frac{2T_2-T}{2T_2+T}}$$

差分方程：
$$y_n=\frac{2T_2-T}{2T_2+T}y_{n-1}+\frac{2T_1}{2T_2+T}(x_n-x_{n-1}) \tag{10.17}$$

10.2.4.12 领先－迟滞校正环节

连续传递函数：

$$G(p)=\frac{1+pT_3}{1+pT_4}=\frac{1}{1+pT_4}+\frac{pT_3}{1+pT_4}=\frac{1}{1+pT_4}+\frac{T_3}{T_4}\left(1-\frac{1}{1+pT_4}\right)$$
$$=\frac{T_3}{T_4}+\left(1-\frac{T_3}{T_4}\right)\frac{1}{1+pT_4}=\frac{T_3}{T_4}+\left(\frac{T_4-T_3}{T_4}\right)\frac{1}{1+pT_4}$$

领先－迟滞校正环节可以用一个惯性环节和两个线性放大环节的实时数字仿真实现。

领先－迟滞校正环节的方框图如图 10.10 所示。

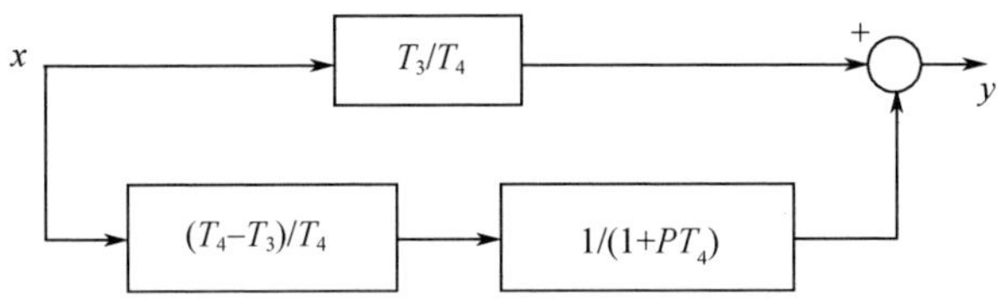

图 10.10　领先 - 迟滞校正环节的方框图

脉冲传递函数：
$$G(z)=\frac{\dfrac{2T_3+T}{2T_4+T}z-\dfrac{2T_3-T}{2T_4+T}}{z-\dfrac{2T_4-T}{2T_4+T}}$$

差分方程：

$$y_n=y_{n-1}+\frac{2T_3}{2T_4+T}(x_n-x_{n-1})+\frac{T}{2T_4+T}(x_n+x_{n-1}-2y_{n-1}) \qquad (10.18)$$

10.2.5　静态模拟校验

雷达系统工作在模拟状态，检验雷达精度。雷达正常加电后，模拟空中固定点目标，设定雷达使用的波形、目标距离、方位角，仰角和运动速度均为 0，进行静态模拟校飞。搜索、截获和跟踪模拟的目标回波信号，调整回波信号的强度，使信噪比 $S/N=12\sim20$dB，雷达记录跟踪目标的坐标数据，距离 $R_i(t)$、方位角 $A_i(t)$、仰角 $E_i(t)$，如表 10.1 所列。

表 10.1　静态模拟数据

名称	时间/(h,min,s,ms)	距离/m	方位角/(°)	俯仰角/(°)	环境温度/℃
符号	t_i	$R_i(t)$	$A_i(t)$	$E_i(t)$	20
序号					

按 1.1.3 节介绍的方法进行误差计算，以距离 R_0、方位角 A_0，仰角 E_0 为真值，与跟踪的坐标数据距离 $R_i(t)$、方位角 $A_i(t)$、仰角 $E_i(t)$ 比对和统计，得到各坐标的系统误差 ΔR、ΔA、ΔE 和随机误差 σ_R、σ_A、σ_E。获得了雷达在常态情况下，雷达设备自身的精度。

10.2.6　环境温度对雷达精度的影响

影响雷达跟踪精度有两个主要因素，一个是热噪声引起的测量误差，另一个是动态滞后误差。此项试验仍然设定目标运动速度 $v_0=0$，排除动态滞后的影响。设定雷达使用的波形、目标距离、方位角，仰角，进行环境温度变化时对热噪声误差的影响。搜索、截获和跟踪模拟的目标回波信号，调整回波信号的强度，使信噪比 $S/N=12\sim20$dB，雷达记录跟踪目标的坐标数据，即距离 $R_i(t)$、方位

角 $A_i(t)$、仰角 $E_i(t)$，如表 10.2 所列。

表 10.2　静态模拟温度测试数据

名称	时间/(h,min,s,ms)	距离/m	方位角/(°)	俯仰角/(°)	环境温度/℃
符号	t_i	$R_i(t)$	$A_i(t)$	$E_i(t)$	±30
序号					

按 1.1.3 节介绍的方法进行误差计算，以距离 R_0、方位角 A_0，仰角 E_0 为真值，与跟踪的坐标数据距离 $R_i(t)$、方位角 $A_i(t)$、仰角 $E_i(t)$ 比对和统计，得到各坐标的系统误差 ΔR、ΔA、ΔE 和随机误差 σ_R、σ_A、σ_E。获得了雷达在高温度和低温度时，雷达设备自身的精度，并且可以与常温状态进行比较，看出环境温度变化对热噪声误差的影响。

10.2.7　动目标误差校验

由于目标的运动引起雷达跟踪设备产生动态滞后误差，是雷达测量精度的主要组成部分。此项试验设定目标运动速度 $v_0 = 10000\text{m/s}$ 或者是雷达典型目标的最大速度，再设定雷达使用的波形为线性调频脉冲、目标初始距离、方位角，仰角、航路捷径 P_0，目标水平直线飞行。搜索、截获和跟踪模拟的目标回波信号，调整回波信号的强度，使信噪比 $S/N = 12 \sim 20\text{dB}$，雷达记录跟踪目标的坐标数据距离 $R_i(t)$、方位角 $A_i(t)$、仰角 $E_i(t)$、航路捷径 $P_i(t)$ 和运动速度 $v_i(t)$，如表 10.3 所列。

表 10.3　模拟校验数据

名称	时间/(h,min,s,ms)	距离/m	方位角/(°)	俯仰角/(°)	速度/(m/s)	航捷/m
符号	t_i	$R_i(t)$	$A_i(t)$	$E_i(t)$	$v_i(t)$	$P_i(t)$
序号						

按 1.1.3 节介绍的方法进行误差计算，以模拟航迹计算的目标坐标距离 $R_{0i}(t)$、方位角 $A_{0i}(t)$，仰角 $E_{0i}(t)$ 为真值，与跟踪的坐标数据距离 $R_i(t)$、方位角 $A_i(t)$、仰角 $E_i(t)$ 比对和统计，得到各坐标的系统误差 ΔR、ΔA、ΔE 和随机误差 σ_R、σ_A、σ_E。获得了目标在高速度运动时，雷达设备的测量精度，并且可以与固定点目标模拟校验进行比较，看出雷达目标匀速运动对雷达测量精度的影响。

雷达使用线性调频脉冲波形情况下，目标匀速运动引起测距误差的原理，如图 10.11 所示。

图 10.11 示意一个正斜率线性调频脉冲波形，其中 f_0 为雷达中心频率，Δf 为线性调频的带宽，τ 为调频脉冲的时宽，f_d 为目标运动速度产生的多普勒频率，Δt 为 f_d 引起的调频斜线在时间轴上的移动，这样就形成了距离系统误差 ΔR，如式 10.19 所示。

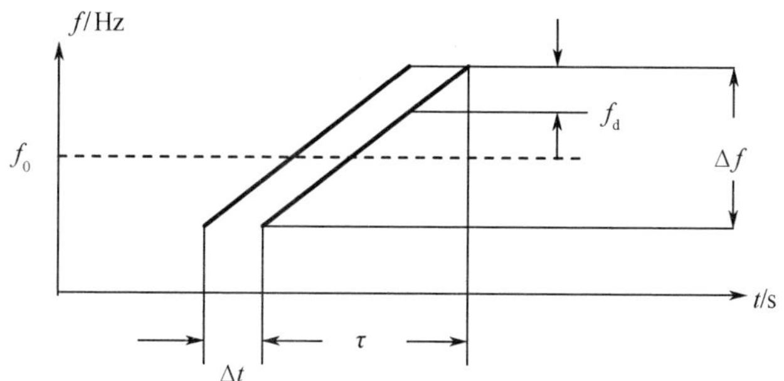

图 10.11 线性调频脉冲波形测距误差示意图

$$\begin{cases} \Delta R = \dfrac{c}{2} \cdot \Delta t \\ \Delta R = \dfrac{c}{2} \cdot \dfrac{\tau}{\Delta f} \cdot f_d \\ \Delta R = \dfrac{c}{2} \cdot \dfrac{\tau}{\Delta f} \cdot \dfrac{2v}{\lambda} \\ \Delta R = \dfrac{\tau f_0 v}{\Delta f} \end{cases} \tag{10.19}$$

因此,雷达使用线性调频脉冲波形进行测量时,需要对形成的距离系统误差 ΔR 进行实时计算和补偿,以便满足雷达测量精度要求。

10.2.8 动态滞后误差校验

雷达动态滞后误差是影响雷达测量精度的主要因素之一,一般雷达坐标的跟踪滤波回路都采用二阶以上滤波器,对速度没有静差,主要是加速度造成动态滞后误差。此项试验设定目标运动速度 $v_0 = 0\text{m/s}$,加速度 $a = 100\text{m/s}^2$ 或者是雷达典型目标的最大加速度,再设定雷达使用的波形、目标初始距离 R_0、方位角 A_0,仰角 E_0、航路捷径 P_0,目标水平直线飞行。搜索、截获和跟踪模拟的目标回波信号,调整回波信号的强度,使信噪比 $S/N = 12 \sim 20\text{dB}$,雷达记录跟踪目标的坐标数据:距离 $R_i(t)$、方位角 $A_i(t)$、仰角 $E_i(t)$、目标航路捷径 $P_i(t)$ 和运动速度 $v_i(t)$,如表 10.4 所列。

表 10.4 模拟校验数据

名称	时间/(h,min,s,ms)	距离/m	方位角/(°)	俯仰角/(°)	速度/(m/s)	航捷/m
符号	t_i	$R_i(t)$	$A_i(t)$	$E_i(t)$	$v_i(t)$	$P_i(t)$
序号						

按 1.1.3 节介绍的方法进行误差计算,以模拟航迹计算的目标坐标距离 $R_{0i}(t)$、方位角 $A_{0i}(t)$,仰角 $E_{0i}(t)$ 为真值,与跟踪的坐标数据距离 $R_i(t)$、方位角

$A_i(t)$、仰角 $E_i(t)$ 比对和统计，得到各坐标的系统误差 ΔR、ΔA、ΔE 和随机误差 σ_R、σ_A、σ_E。获得目标在高加速度运动时，雷达设备的测量精度，并且可以与匀速运动目标模拟校验进行比较，看出目标有加速度运动时对雷达测量精度的影响。

雷达跟踪回路经常使用 $\alpha-\beta$ 滤波器，为了克服动态滞后对测量精度的影响，需要综合考虑选择 $\alpha-\beta$ 增益系数，详见附录 B。

10.2.9 雷达极化特性校验

10.2.9.1 雷达极化探测的功能

在进行双极化 RCS 分析过程中，分别对水平极化与垂直极化的数据采用 RCS 特性分析方法获取目标特征参数。因此在双极化处理过程中，将会获得两组不同极化下的 RCS 信息。

1）双极化探测有利于目标探测

根据隐身目标散射特性可知，目标在不同姿态时，其不同极化的 RCS 不同，雷达采用同时正交极化接收可以提高对隐身目标的探测能力；正交极化信号的接收还可补偿电波穿越电离层的极化损失，提高对临近空间目标、TBM 目标的探测能力。

2）双极化探测有利于抗有源干扰

雷达采用分时变极化发射、同时双极化接收，水平极化天线和垂直极化天线的隔离度一般大于 20dB，雷达配置干扰侦察设备可探测出干扰的极化特性，可根据干扰极化特性，控制切换雷达发射的极化形式使雷达接收到的干扰信号最小，还可以通过极化对消抑制主瓣有源干扰。

3）双极化探测有利于目标的分类识别

雷达回波的极化信息含有丰富的目标几何对称和几何结构特征，目标对极化波的变化可用四个极化分量描述，因此雷达系统可利用不同目标的四个极化分量完成目标识别。

10.2.9.2 极化检测

雷达可以交替发射水平极化 H 和垂直极化 V 两种极化波，并且可同时接收 H、V 两种极化回波，这样就有两个共极化雷达回波 HH 和 VV，以及两个交叉极化雷达回波 HV 和 VH。因此，可以利用雷达的多极化回波信号来对抗干扰和提高目标检测性能。若雷达接收到的信号包含干扰信号，则首先进行极化干扰对消（滤波），再进行极化检测；若雷达回波信号中不包含干扰信号，则直接进行极化检测。

极化对消的实质是利用天线对不同入射波在极化域的选择性来改善有用信号的接收质量。滤波准则实质上就是干扰功率最小化准则，即通过调整接收极化与入射干扰极化相正交，从而最大限度地减少进入雷达接收机的干扰信号。

对于极化度较高的干扰，极化抑制滤波器可取得很高的干扰抑制比。对干扰抑制后的信号再进行极化检测，可充分发挥极化抗干扰和极化信号增强的能力。采用极化对消－极化检测结构，实质上是一个白化滤波－非相参积累检测器，具有简单、有效、可靠的优点。

雷达采用图 10.12 的极化对消－检测实现方案来对抗干扰和检测目标。水平、垂直两种极化天线分别完成数字波束形成后，如果有干扰则分别完成极化对消，然后进行极化检测；如果没有干扰则直接进行极化检测。

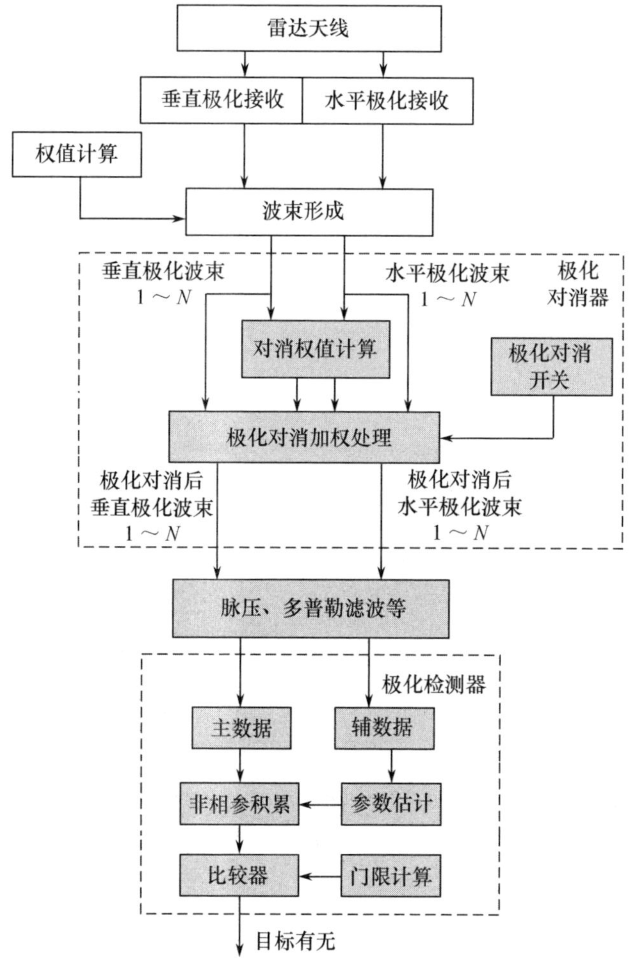

图 10.12　极化对消和检测

10.2.9.3　模拟仿真校验

利用雷达检测通道，将模拟信号和干扰经过功率分配器后送入雷达垂直极化接收通道和水平极化接收通道，可以用仿真试验来验证极化检测方法的性能。

1）极化对消

设定雷达发射 400μs 脉宽、0.8MHz 带宽的线性调频信号，在单个极化干扰的情况下，信号干扰比为 -30dB，信噪比为 0dB；目标信号极化相位描述子为(32°，102°)，干扰极化相位描述子为(45°，304°)。极化对消前后的对比如图 10.13 所示，从图中可以看出，利用极化对消对压制式干扰具有较好的抑制效果。

注：电磁波极化状态的相位描述子(γ,η)的物理含义[7]：$\tan\gamma=\dfrac{A_y}{A_x}$表示了 y 方向电场幅度与 x 方向电场幅度的比，$\eta=\phi_y-\phi_x$ 表示 y 方向电场和 x 方向电场的相位差，参数 $\gamma\in\left[0,\dfrac{\pi}{2}\right]$，$\eta\in[0,2\pi]$。

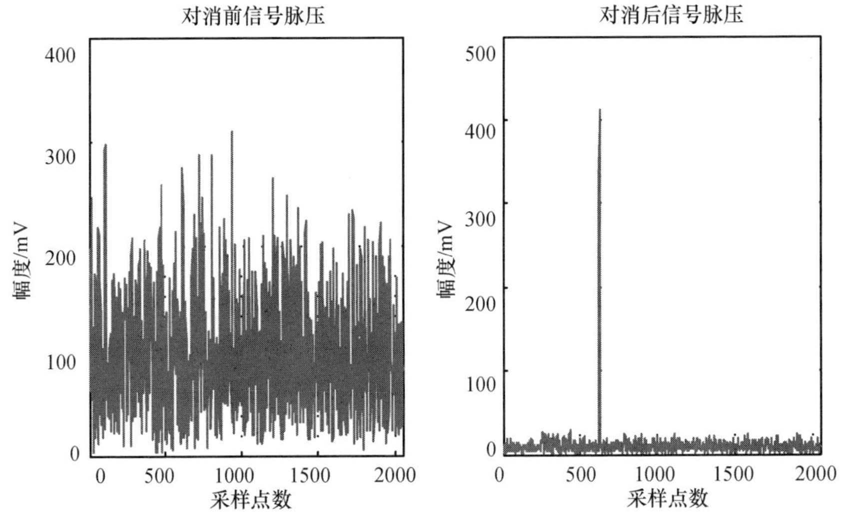

图 10.13　极化对消前、后的信号脉压效果

2）极化检测

目标信号分为确定信号和随机起伏并服从复高斯分布信号两种情况，讨论目标信号分类对检测性能的影响。

3）目标信号为确定信号

单极化、双极化和三极化检测如图 10.14 所示，从图中可以看出，双极化和三极化检测均优于单极化检测性能，在检测概率为 0.8 时，信噪比分别改善了 2.5dB 和 4.5dB。

4）目标信号服从复高斯分布

假设目标信号分量服从零均值的复高斯分布，且在三通道内的信号分量中，

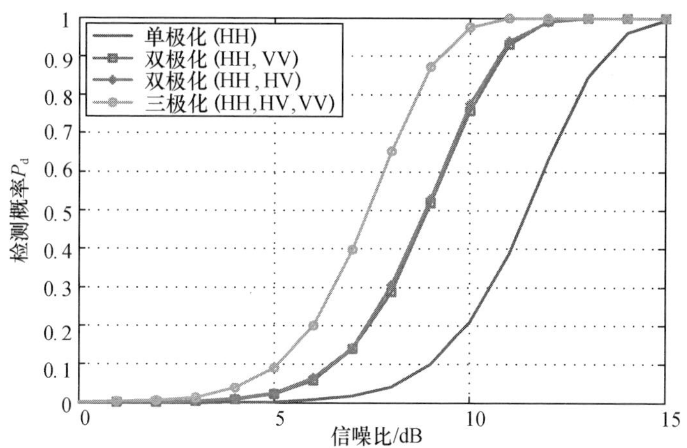

图 10.14 非起伏(确定)目标检测性能曲线(见彩图)

共极化通道和交叉极化通道信号分量相互独立,HH 通道和 VV 通道信号分量相关,对应信号向量的协方差矩阵如式(10.20)所示。

$$\boldsymbol{R}_t=\sigma_t^2\begin{bmatrix}1 & \rho_t\sqrt{r_t} & 0\\ \rho_t\sqrt{r_t} & r_t & 0\\ 0 & 0 & \alpha_t\end{bmatrix} \tag{10.20}$$

假设三通道信号平均功率分别为 $\sigma_t^2=1$, $r_t=1$, $\alpha_t=0.01$,定义信噪比为 $S/N=10\lg(\sigma_t^2/\sigma_{HHt}^2)$。当 HH 通道和 VV 通道信号相关因子 ρ_t 分别为 0 和 0.9 时,单极化、双极化和全极化检测性能如图 10.15 所示,双极化和全极化检测性能均优于单通道检测性能,在 $\rho_t=0$ 情况下全极化探测性能比 $\rho_t=0.9$ 时更优。

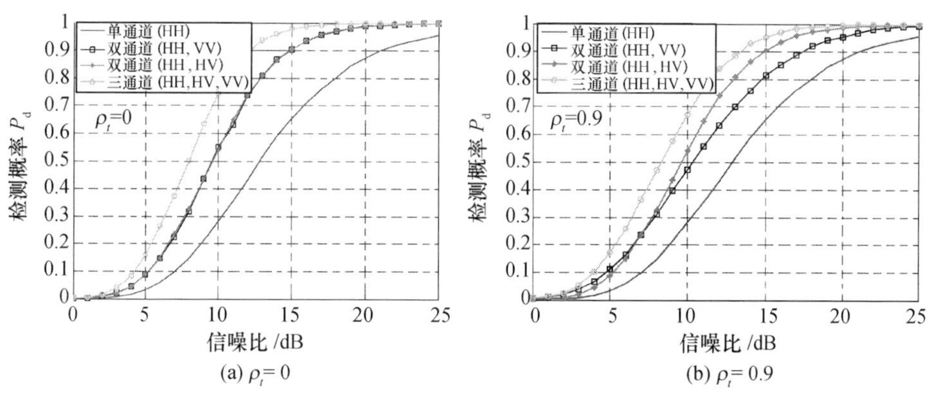

(a) $\rho_t=0$ (b) $\rho_t=0.9$

图 10.15 起伏目标检测性能曲线(见彩图)

5)极化对消后极化检测

雷达发射 400μs 脉宽、0.8MHz 带宽的线性调频信号,在单个极化干扰的情况下，目标信号极化相位描述子为（72°，72°），干扰极化相位描述子为（22.5°，324°）。极化对消前后极化检测性能曲线如图 10.16 所示。

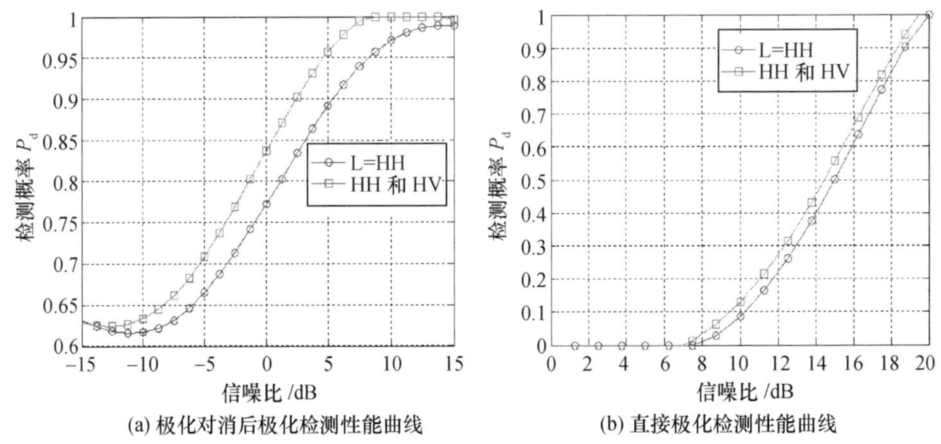

图 10.16　极化对消前后极化检测性能曲线（见彩图）

雷达中采用的极化对消技术可对一个单极化干扰获得稳定、良好的自适应对消性能。利用多极化通道检测，相对于单通道检测，可以有效改善检测性能。

10.3　外场校飞

10.3.1　外场校验条件

10.3.1.1　试验装备

试验的装备有受试装备和参试装备。受试装备为地面雷达及其配套设备。参试装备一般包括定位系统、飞行的目标、雷达测量系统、光学测量系统、时统及调度系统；在抗干扰功能的校验中还包括各类干扰机或干扰设备等。

1）受试装备

对受试雷达的主要要求为

（1）雷达技术状态已经固化；

（2）雷达进入阵地，处于正常工作状态，随机仪表、工具、备份器材以及随机资料齐备，提供的设计资料、图样和实物一致；

（3）应进行雷达站址的地理坐标位置测量，测量精度应满足校验要求；

（4）每架次飞行开始前，应根据试验项目对雷达进行重点项目的检查，其指标应符合试验要求。

2）参试装备

对参试设备的主要要求为

（1）校验用的仪表和辅助设备应符合产品标准的规定，其精度至少应优于被测参数允许误差的三分之一，参试设备应经过检验合格并在有效期内，应符合试验环境的要求，性能稳定、安全可靠；

（2）使用的飞行目标优先选用雷达工作中的典型目标。

3）基准设备

对基准设备的主要要求为

（1）基准设备应能提供飞行目标的位置及对应时间，数据率不低于雷达的相应数据率，常使用的基准设备有光测、应答机、GPS/BD（参照附录 A）；

（2）基准设备具有录取功能，且精度至少应比雷达的精度高三倍。

10.3.1.2　阵地环境

1）雷达阵地

雷达阵地选择参照 GJB 4645－1993[6]，主要要求为

（1）阵地应足够大，且平整、坚实；

（2）阵地应有良好接地措施；

（3）阵地在飞行方向应具有足够开阔的视野，并避开大型地物、大功率辐射源（如电台、电视台、其他雷达等）、高压线和变电站；

（4）在飞行方向上的遮蔽的角度应满足试验要求。

2）校飞环境

环境主要要求：

（1）对非抗干扰的校验项目，雷达阵地的外界电磁干扰强度应满足试验要求；

（2）在雷达试验频率上无明显外界电磁干扰；

（3）飞行时的气象条件、能见度和环境温度应处在产品标准（产品规范或技术条件）规定的范围之内。

10.3.2　外场校验项目

10.3.2.1　目标跟踪距离

检验雷达对目标的最大稳定跟踪距离、最小跟踪距离及保精度跟踪距离。

10.3.2.2　目标跟踪精度

检验雷达跟踪目标的距离、方位、俯仰、速度等精度，RCS 测量精度和成像

分辨率。

10.3.2.3 多目标能力

检验雷达的多目标跟踪能力。

10.3.2.4 抗干扰性能

(1) 抗箔条干扰为检验雷达在箔条干扰背景下稳定跟踪目标的性能,包括最大稳定跟踪距离和跟踪精度;

(2) 抗掩护式干扰为检验雷达在掩护式干扰条件下(远距离支援、随队掩护)的性能;

(3) 抗自卫式干扰为检验雷达在自卫式干扰条件下(噪声干扰、距离/速度欺骗干扰、多假目标干扰、复合干扰)的性能;

(4) 抗组合干扰为检验雷达在组合干扰条件下(箔条干扰、掩护式干扰、自卫式干扰的适当组合)的性能。

10.3.3 外场校验的实施

10.3.3.1 目标跟踪距离

1) 校验说明

雷达按预定方式工作,对目标进行截获、跟踪,录取目标跟踪的数据,分析处理录取数据,得到最大稳定跟踪距离和最小跟踪距离。

2) 校验设备布置图

校验设备布置图见图10.17。

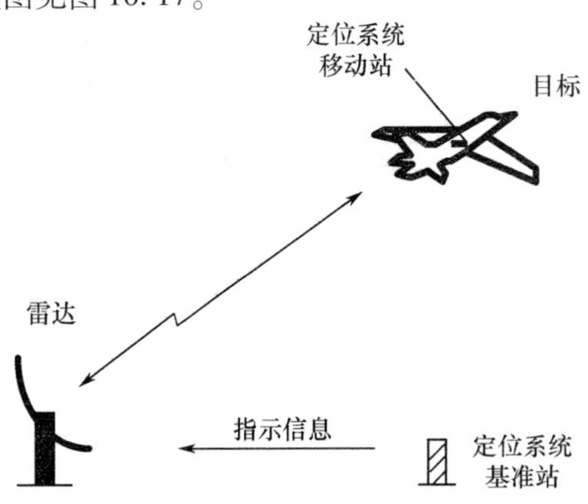

图10.17 目标跟踪距离校验设备布置图

3) 校验步骤

(1) 雷达加电后,检查工作正常,根据校验预案设置工作状态和参数。

（2）机载设备加电自检。

（3）飞行目标按预定航线飞行，进入航线前录取设备开始记录。雷达采用自主搜索或引导搜索方式进行搜索截获，截获成功后对目标转入跟踪。目标按航线飞行后退出，停止记录。必要时雷达持续跟踪直至目标消失。

（4）校验结束，参校及受校设备断电。

4）数据记录

雷达数据记录信息包含目标编号、时间、距离、方位角、俯仰角、三维位置、径向速度、三维速度、幅度、噪声、自动增益控制（AGC）、跟踪波形、跟踪状态信息等。

5）数据处理

（1）最大稳定跟踪距离数据处理

计算单个航次的最大稳定跟踪距离是在录取的雷达连续跟踪目标的信息中找出对应稳定跟踪目标状态的最大距离，该距离即为该航次的最大稳定跟踪距离；对于目标迎头飞行，雷达散射面积与典型目标的雷达散射面积不相等的情况，按式（10.21）对雷达最大稳定跟踪距离进行修正。

$$R_{\max} = R_{\max m}\sqrt[4]{\sigma/\sigma_m} \tag{10.21}$$

式中：$R_{\max}$为折算到典型目标雷达散射面积下的最大稳定跟踪距离（m）；$R_{\max m}$为第 m 次测量的最大稳定跟踪距离（m）；σ 为典型目标的雷达散射面积（m^2）；σ_m为第 m 次校验目标的雷达散射面积（m^2）。

在航线远端小于雷达技术指标中的目标最大稳定跟踪距离的情况下，从录取的雷达连续跟踪目标的信息中找出稳定跟踪目标状态的距离段，对该距离段的每个点，按照目标迎头雷达散射面积与典型目标的参考雷达散射面积不相等、波形不同、信噪比要求不相同等情况，对目标稳定跟踪的距离进行修正，得到本航次折算的最大稳定跟踪距离。

（2）计算最大稳定跟踪距离的平均值和标准差：

对多次进入所录取的最大稳定跟踪距离按式（10.22）处理，可得最大稳定跟踪距离的平均值：

$$\bar{R}_{\max} = \frac{1}{n}\sum_{i=1}^{n} R_{\max i} \tag{10.22}$$

式中：$\bar{R}_{\max}$为最大稳定跟踪距离的平均值（m）；$\bar{R}_{\max i}$为第 i 次进入的最大稳定跟踪距离（m）。

最大稳定跟踪距离的样本标准差 s 为

$$s = \sqrt{\frac{1}{n-1}\sum_{i=1}^{n}(R_{\max i} - \bar{R}_{\max})^2} \tag{10.23}$$

(3) 最小跟踪距离的数据处理

最小跟踪距离数据处理要求从录取的雷达连续跟踪目标的信息中找出对应稳定跟踪目标状态的最小距离,该距离就是该航次的最小跟踪距离。

(4) 计算最小跟踪距离的平均值和标准差

雷达对目标最小跟踪距离的平均值为

$$\bar{R}_{\min} = \frac{1}{n}\sum_{i=1}^{n} R_{\min i} \tag{10.24}$$

式中:$\bar{R}_{\min}$为最小跟踪距离的平均值(m);$\bar{R}_{\min i}$为第i次目标最小跟踪距离(m)。

目标最小跟踪距离的样本标准差s为

$$s = \sqrt{\frac{1}{n-1}\sum_{i=1}^{n}(R_{\min i} - \bar{R}_{\min})^2} \tag{10.25}$$

10.3.3.2 目标跟踪精度

1) 试验说明

雷达在稳定跟踪的条件下,对目标跟踪的距离、方位、俯仰、速度的精度及保精度跟踪距离进行检验。雷达按预定方式工作,对目标进行截获、跟踪,录取目标跟踪的数据,利用基准测量设备测量的数据与雷达目标跟踪的数据进行分析处理,得到目标跟踪距离、方位、俯仰、速度的精度及保精度跟踪距离。

2) 数据处理

距离、方位、俯仰、速度精度的数据处理方法见附录D。

保精度跟踪距离根据单个航次精度分段处理的结果求出单航次保精度跟踪距离,计算全部航次保精度跟踪距离的平均值、标准差。

10.3.3.3 多目标能力及其雷达精度

1) 试验说明

主要对雷达多目标跟踪能力进行检验,可通过实体目标飞行与目标模拟结合进行,可以利用跟踪过航飞机实现。

2) 试验设备分布图

试验设备分布图见图10.18。

3) 试验步骤

(1) 雷达加电检验正常后,根据校验预案设置工作状态和参数;

(2) 在空中目标进入探测范围之前,数据录取设备开始录取;

(3) 雷达采用自主搜索或目标指示搜索方式在试验空域进行搜索截获,截获成功后,对目标转入稳定跟踪;

(4) 继续搜索和跟踪目标,直到达到战术技术指标要求的目标容量,并保持

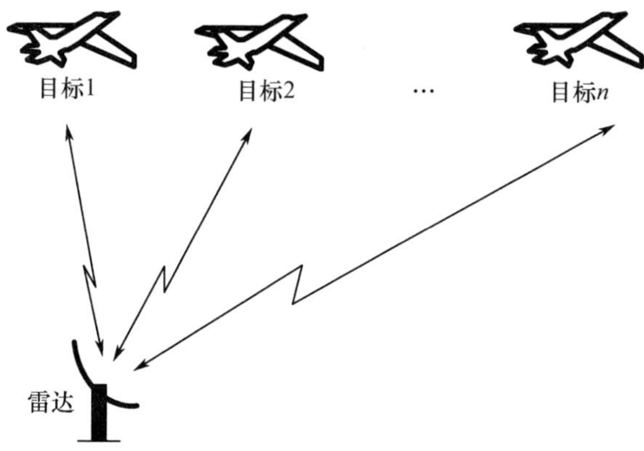

图 10.18　多目标能力校验设备分布图

稳定跟踪；

（5）试验结束，参试及受试设备断电。

4）试验数据记录

雷达数据记录信息包含目标编号、时间、距离、方位角、俯仰角、三维位置、径向速度、三维速度、幅度、噪声、自动增益控制、跟踪波形、跟踪状态信息等。

5）数据处理

计算对多个实体目标的跟踪目标总数：

$$k = \sum_{i=1}^{n} 1 \tag{10.26}$$

其中 k 为跟踪目标总数。

多目标情况下雷达的测量精度按 10.3.3.2 的方法处理。

10.3.3.4　跟踪 TBM 目标的性能

1）校验说明

校验雷达对 TBM 目标的截获、跟踪精度性能，雷达按预定方式工作，对 TBM 目标进行截获、跟踪，录取跟踪目标的数据。利用其他雷达或光学测量系统测量的数据，或弹上定位系统等基准值测量设备的数据，与雷达跟踪目标的数据进行分析处理，得出最大稳定跟踪距离、目标跟踪精度等试验结果。

2）试验设备分布图

试验设备分布图见图 10.19。

3）校验步骤

（1）雷达加电经检查正常后，根据校验飞行预案设置工作状态和参数；

（2）TBM 目标进入发射流程，设备加电自检；

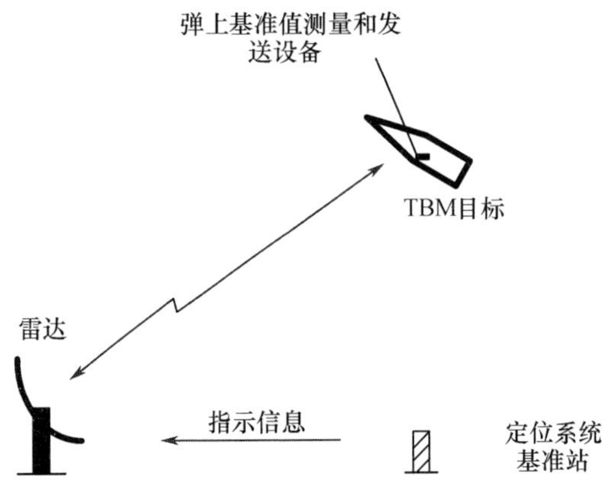

图 10.19 跟踪 TBM 目标性能试验设备分布图

(3) 录取设备开始录取;

(4) TBM 目标发射;

(5) 雷达采用自主搜索或引导搜索方式进行搜索截获,截获成功后对目标转入稳定跟踪,直至目标消失;

(6) 校验结束,参试及受试设备断电。

4) 试验数据记录和处理

雷达录取信息包含目标编号、时间、距离、方位角、俯仰角、三维位置、径向速度、三维速度、幅度、噪声、AGC、跟踪波形、跟踪状态和目标指示信息。

10.3.4 抗干扰性能校验

10.3.4.1 概述

现今作战装备的性能,决定于它的电子科技水平,导致对研究复杂电子战(EW)系统的重视,雷达系统已经成为许多武器系统的关键单元,使雷达成为电子对抗(ECM)系统的重要应用载体,现在许多文献中将 ECM 电子对抗称为电子攻击(EA)。由于干扰只是暂时使对方设备失效而并未毁坏,所以干扰有时被称为"软杀伤"。

当电子对抗(ECM)使雷达不能完成其赋予的任务时,求雷达设计具有足够的电子反干扰能力(ECCM),以便应对 ECM 的威胁[1]。

研制武器系统中的雷达,都要进行抗干扰性能校验,检验雷达在 ECM 环境下的跟踪距离和跟踪精度。

广义地说,干扰是指一切破坏和扰乱电磁设备正常工作的战术和技术措施的统称。综合干扰的分类方法如图 10.20 所示[2]。

对雷达的 ECM 干扰指的是有意干扰,按照干扰能量分类,可以分成无源干

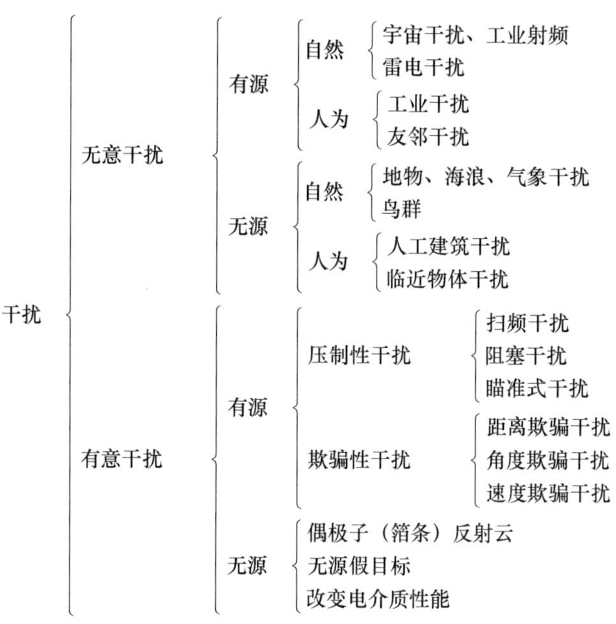

图 10.20　干扰综合分类

扰和有源干扰两大类。

1）无源 ECM

无源 ECM 由许多金属或涂覆金属的很轻的物体组成(常用箔条)，在一定高度将它们投放在目标周围，便可以起到对目标的掩护作用。另一种无源 ECM 是诱饵，如角反射器、龙伯透镜等用于增加假目标的雷达截面积，伴随真实目标飞行，起到掩护真实目标的作用[3]。

2）有源 ECM

有源 ECM 由干扰机和有源诱饵组成，使用压制性干扰和多种欺骗干扰技术。通常欺骗和诱饵技术都是接收和转发带有时延、多普勒频移及其他模仿目标特征的脉冲。噪声干扰也称遮盖性干扰，按照雷达信号和干扰信号的中心频率、谱宽的相对关系，可以分成瞄准式干扰、阻塞式干扰和扫频式干扰。欺骗性干扰是采用假目标或目标信息作用于雷达的目标检测、参数测量和跟踪系统，使雷达发生严重虚警，或错误的测量跟踪目标参数，常使用距离欺骗、角度欺骗、速度欺骗、AGC 自动增益控制电路欺骗等[4]。

雷达遇到的 ECM 有多种形式，大致可以分成四种：箔条干扰、掩护式干扰、自卫式干扰和组合式干扰。

10.3.4.2　抗箔条干扰

箔条是无源干扰技术。以箔条产生的假目标屏蔽真目标，箔条既可以在大范围也可以在走廊中播撒掩蔽目标飞行，也可以飞行目标自己投放诱骗雷达对自己的跟踪。依据箔条和目标飞行的速度差异，常用抗箔条干扰的方法是多普勒滤波和动目标显示（MTI）处理。箔条和无源诱饵都产生假目标，通过建立航迹管理它们，通过航迹识别和其他的信号分析方法来排除假目标。

1）试验说明

抗箔条干扰试验一般包括抗箔条走廊干扰试验和抗箔条弹干扰试验，检验雷达在箔条干扰背景下跟踪目标的性能，包括最大稳定跟踪距离、跟踪精度等。试验时目标载机应处在箔条的掩护范围里，要求抗箔条走廊干扰试验飞行航向设计应与高空风向保持一致，应在没有湍流风的晴天试验。选择试验航线时，箔条投掷区应避开电力网。目标载机航线与抛箔条载机航线的相对偏差不得超过雷达水平波束宽度的二分之一。

干扰箔条的长度约为雷达工作波长的二分之一，干扰箔条投放的密度为

$$\eta = \frac{60R\sigma}{L_A L_B V} \tag{10.27}$$

式中：η 为箔条走廊体密度（m^2/km^3）；R 为每分钟抛撒的箔条包数；σ 为每包箔条的有效截面积（m^2）；L_A为箔条走廊水平面宽度（km）；L_B 为箔条走廊垂直面厚度（km）；v 为箔条载机速度（km/h）。

2）校验设备分布图

校验设备分部如图 10.21、图 10.22 所示。

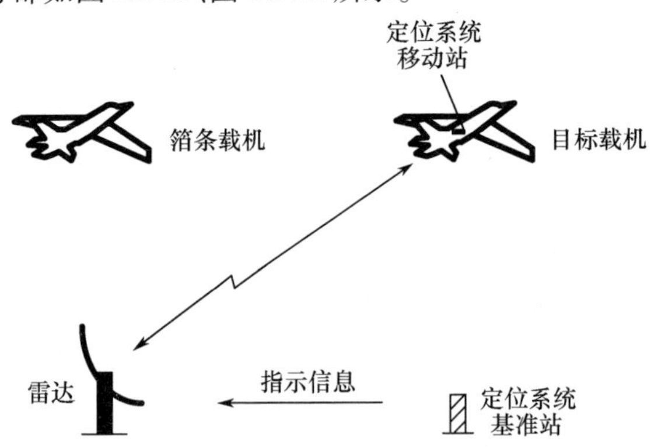

图 10.21　抗箔条走廊干扰校验设备分布图

3）校验步骤

（1）箔条走廊试验步骤

① 雷达加电经检查正常后，根据校验预案设置工作状态和参数；

② 机载设备加电自检；

③ 箔条载机按航线飞行并投掷箔条，投掷完成后返航；

④ 目标载机进入航线前录取设备开始录取；

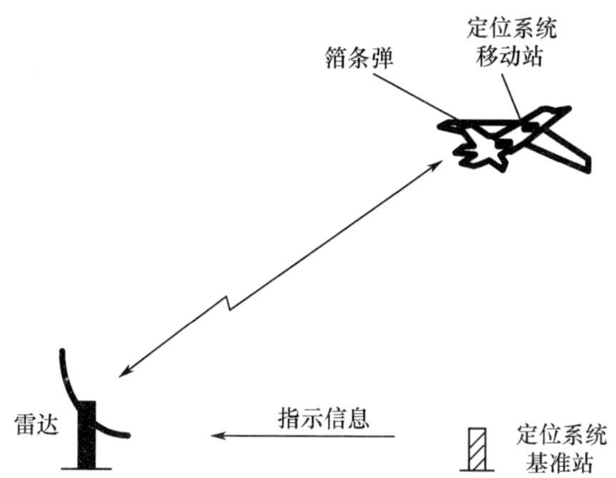

图 10.22　抗箔条弹干扰校验设备分布图

⑤ 待形成箔条走廊后,目标载机按航线飞行进入箔条掩护范围内;

⑥ 雷达采取抗箔条干扰措施,截获跟踪目标载机;

⑦ 目标载机按航线飞行后退出,停止记录;

⑧ 试验结束,参试及受试设备断电。

(2) 箔条弹的试验步骤

① 雷达加电经检查正常后,根据校验预案设置工作状态和参数;

② 目标载机装载规定的箔条弹;

③ 机载设备加电自检;

④ 目标载机从雷达探测距离以外向雷达飞行;

⑤ 载机进入航线前录取设备开始录取;

⑥ 发射箔条弹前,雷达在作用距离内稳定跟踪目标;

⑦ 目标载机在规定的距离发射箔条弹,对雷达实施干扰;

⑧ 雷达采用抗箔条干扰措施,保持对目标跟踪;

⑨ 目标载机按航线飞行后退出,停止录取;

⑩ 试验结束,参试及受试设备断电。

4) 试验数据记录和处理

雷达录取信息包含目标编号、时间、距离、方位角、俯仰角、三维位置、径向速度、三维速度、幅度、噪声、AGC、跟踪波形、跟踪状态和目标指示信息等。

(1) 在箔条干扰条件下目标最大稳定跟踪距离

处理方法同 10.3.3.1 节。

(2) 在箔条干扰条件下目标跟踪精度

数据处理方法按附录 D 进行。

10.3.4.3 抗掩护式干扰

掩护式干扰为有源干扰,一般有三种形式:掩护式噪声干扰、掩护式多假目标欺骗干扰和掩护式复合干扰。按有源 ECM 部署的典型装备[2]有:自卫式干扰机(SSJ),远距离干扰机(SOJ),护航干扰机(ESJ)和近距离干扰机(SFJ)。

自卫式干扰机(SSJ)设备安装在需要保护的目标上,可以使用噪声干扰和欺骗干扰,干扰信号进入对方雷达天线主瓣。SSJ 是现代作战装备必备的干扰手段。

远距离干扰机(SOJ)设备安装在远离对方武器威力范围的平台上,SOJ 主要使用噪声干扰和欺骗干扰技术,干扰信号进入对方雷达天线副瓣,扰乱对方的搜索雷达。

护航干扰机(ESJ)布置在目标附近,通过辐射强干扰信号掩护目标。干扰信号是从对方天线的主瓣或副瓣进入接收机,ESJ 一般采用遮盖性干扰技术,具备与被掩护目标同样的机动能力。

近距离干扰机(SFJ)领先于目标进入对方的防区,通过辐射强干扰信号掩护后续目标进入。SFJ 主要采用遮盖性干扰技术。

1) 抗掩护式干扰试验说明

最常见的 ECM 是噪声干扰。ECM 噪声的发射波形,既可以是连续波也可以用高占空比(90% 以上)脉冲。ECM 噪声的频带有宽窄之分[2],宽带阻塞式噪声干扰机的信号带宽 $\Delta F_{\rm j}$ 远大于雷达接收机的带宽 $\Delta F_{\rm r}$,即 $\Delta F_{\rm j} \geqslant 5\Delta F_{\rm r}$,近似覆盖给定雷达的全频带;窄带瞄准式噪声干扰的带宽近似于给定雷达的瞬时带宽,即 $\Delta F_{\rm j} \approx (2 \sim 5)\Delta F_{\rm r}$,并要干扰频率 $f_{\rm j}$ 调谐到被干扰雷达工作频率 $f_{\rm s}$ 上;扫频式干扰兼备了窄带瞄准式干扰和宽带阻塞式干扰的特点,通过动态扫描干扰频带,提高了干扰的功率利用率。

一般采取抗干扰(ECCM)的技术有:雷达采用低副瓣天线,削减从天线副瓣进入的噪声干扰电平;旁瓣对消和"匿隐"阻止噪声干扰;相参积累技术提高雷达的信噪比;雷达跟踪干扰机进行选通处理;主瓣对消技术;频率捷变和烧穿技术等[5]。

雷达在远距离支援和随队掩护式噪声干扰条件下,对目标的最大稳定跟踪距离、精度进行检验,噪声干扰机频段应覆盖雷达工作频率。

试验条件允许情况下,远距离支援干扰可采用空中干扰机,也可采用地面干扰机模拟空中干扰机,随队掩护干扰采用双机或多机编队。试验前对地面干扰机功率进行标定,对抗远距离支援干扰试验时,干扰机位置优先选择在雷达第一到第三副瓣内。目标载机和干扰载机的航线按照典型的模式设定。

2）抗掩护式多假目标欺骗干扰试验说明

欺骗式干扰又称模拟干扰，是利用特殊波形，在目标坐标或速度上产生有别于真实目标的一个以上假目标。欺骗式干扰机有两种：一种是干扰机接收、调制每个雷达脉冲，然后发射回去，称为转发式干扰机，另一种是收到雷达脉冲后发射噪声脉冲或仿真的雷达脉冲，称为转发器。

距离欺骗干扰使用的技术有多种：产生许多假目标，造成雷达跟踪器饱和；一个较强的假目标慢慢地移离真目标，称为距离门拖引（距离欺骗）干扰；仿真的目标与真实目标距离的变化率不同，产生相应的多普勒频移，称为速度门拖引（速度欺骗）干扰。雷达应具有的抗干扰（ECCM）措施：多跟踪文件保持，目标信号识别分析；附加动态跟踪滤波；距离"烧穿"；前沿跟踪等。

角度欺骗干扰常使用表面弹跳技术和相位波前技术。表面弹跳技术是利用窄的波束和低副瓣天线直接将假目标反射给地面，使在不同于真实目标的角度上出现假目标，ECCM 措施就是利用窄的波束天线和目标信号识别分析。相位波前技术是两点相干干扰和交叉极化干扰。两点相干干扰也称交叉眼睛，利用两个独立天线同时发射相干假信号，它们可以有效地倒转雷达单脉冲角误差曲线的斜率，ECCM 措施是采用多相位中心天线、发射和接收天线分置、快速 AGC。交叉极化干扰是把雷达发射的极化波，颠倒后再发射回去，造成雷达出现很大的角度跟踪误差，ECCM 措施是采用平面天线、平面天线罩和极化分集接收等技术。

有源诱饵干扰是将诱饵放置在真实目标之外运载工具上，发送强于真实目标回波的信标，致使雷达跟踪数据出现较大偏差。

检验雷达抗远距和护航式多假目标干扰的能力，试验在雷达试验频率上进行。试验条件允许情况下，远距离干扰可采用空中干扰机，也可采用地面干扰机模拟空中干扰机，护航式干扰采用双机或多机编队。试验前对地面干扰机功率进行标定，在对抗远距离干扰的试验中，干扰机位置优先选择在雷达第一到第三副瓣内。

目标机和干扰载机的航线按照典型的模式设定。

3）抗掩护式复合干扰试验说明

检验雷达抗远距干扰和掩护式复合干扰的能力，校验在雷达试验频率上进行。复合干扰一般包括噪声干扰、假目标（包括距离欺骗、速度欺骗、距离－速度联合欺骗、多假目标欺骗）干扰等。

试验条件允许情况下，远距离干扰可采用空中干扰机，也可采用地面干扰机模拟空中干扰机，掩护式干扰采用双机或多机编队。试验前对地面干扰机功率进行标定，抗远距干扰试验中，干扰机位置优先选择在雷达第一到第三副瓣内。

目标载机和干扰载机的航线按照典型的模式设定。

4）试验设备分布图

抗远距支援干扰检验设备分布如图 10.23 所示，抗掩护式干扰试验设备分布如图 10.24 所示。

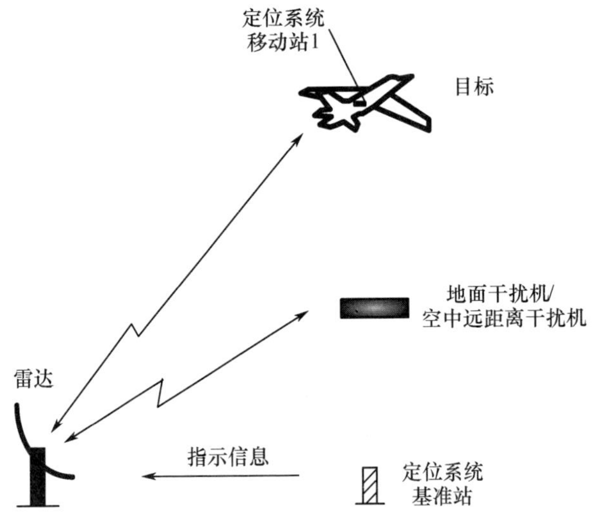

图 10.23 抗远距干扰检验设备分布图

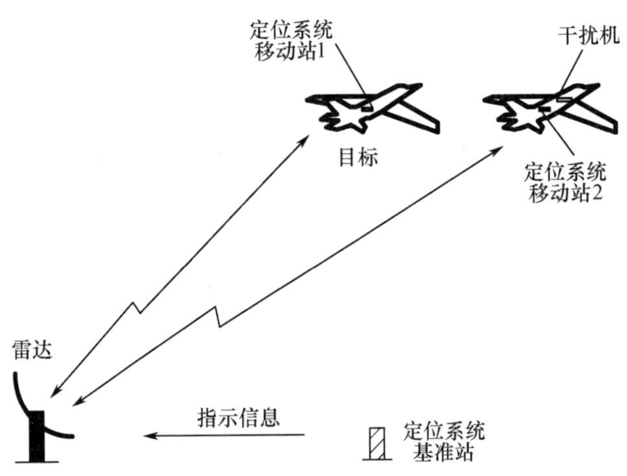

图 10.24 抗掩护式干扰试验设备分布图

5）试验步骤

（1）雷达加电经检查正常后，根据试验预案设置工作状态和参数；

（2）机载设备加电自检；

（3）目标载机进入航线前，干扰机开机；

(4) 目标载机从雷达作用距离的 120% 之外进入并按航线飞行,目标载机进入航线前录取设备开始录取;

(5) 雷达采用抗干扰措施,进行目标搜索截获,截获成功后转入目标跟踪;

(6) 目标载机按航线飞行之后退出,停止记录;

(7) 试验结束,参试及受试设备断电。

6) 试验数据记录与数据处理

(1) 试验中录取雷达遭到的干扰信号功率、干扰样式等信息;

(2) 实时录取雷达跟踪目标的距离、方位、俯仰、速度、时间等参数;

(3) 按 10.3.3.1 节的方法处理雷达在干扰条件下的最大稳定跟踪距离;

(4) 按附录 D 的方法处理雷达在干扰条件下的跟踪精度。

10.3.4.4 抗自卫式干扰

自卫式干扰(SSJ)有自卫式噪声干扰、自卫式距离速度欺骗干扰、自卫式多假目标干扰和自卫式复合干扰等形式。

1) 抗自卫式干扰检验说明

(1) 抗自卫式噪声干扰试验说明

检验雷达在自卫式噪声干扰条件下跟踪性能以及跟踪精度,自卫式噪声干扰包括自卫式连续噪声干扰和自卫式间断噪声干扰。检验在雷达频点上进行,试验前对干扰机工作频率、功率等性能指标进行测试,应满足试验要求。

飞机挂载干扰吊舱,释放自卫式噪声干扰。ECCM 自卫式噪声干扰的措施有:旁瓣对消,相干积累,跟踪干扰机,大动态接收机和多雷达组网等。

(2) 抗自卫式距离速度欺骗干扰试验说明

检验雷达抗距离欺骗、速度欺骗和距离速度联合欺骗干扰的能力。试验在雷达试验频点上进行,试验前对干扰机工作频率、功率等性能指标进行测试。ECCM 自卫式距离、速度欺骗干扰的措施是配置动态跟踪滤波。

(3) 抗自卫式多假目标干扰试验说明

检验雷达在自卫条件下抗多假目标干扰的能力,检验在雷达试验频率上进行,试验前对干扰机性能指标进行测试。ECCM 自卫式多假目标干扰的措施有:多跟踪文件保持,目标信号识别分析等。

(4) 抗自卫式复合干扰试验说明

检验雷达抗自卫式复合干扰的能力,校验在雷达试验频率上进行,复合干扰一般包括噪声干扰、多假目标(包括距离欺骗、速度欺骗、距离 - 速度联合欺骗、多假目标欺骗)干扰等。ECCM 自卫式复合干扰的措施有:旁瓣对消、相干积累、跟踪干扰机、大动态接收机、动态跟踪滤波、多跟踪文件保持和目标信号识别分析等。

2）校验设备分布图

校验设备分布如图 10.25 所示。

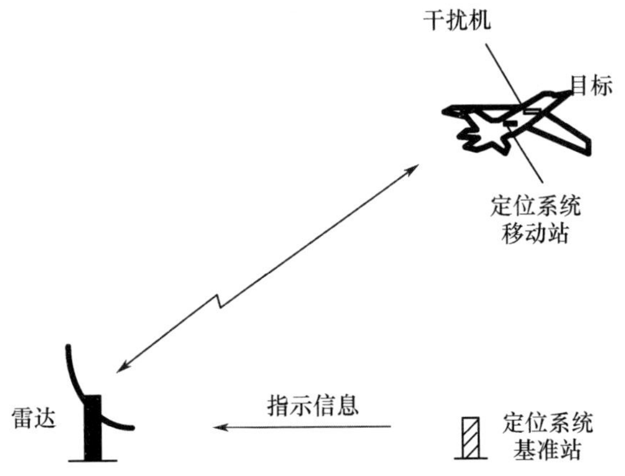

图 10.25　抗自卫式噪声干扰校验设备分布图

3）抗自卫式干扰试验步骤

（1）雷达加电经检查正常后,根据校验飞行预案设置工作状态和参数；

（2）机载设备加电自检；

（3）载机按预定航线飞行,进入航线前,干扰机开机并释放干扰,录取设备开始录取；

（4）雷达采取抗干扰措施,截获跟踪目标,必要时在载机飞行过程中,利用目标指示信息进行截获；

（5）载机按航线飞行后退出,停止录取；

（6）试验结束,参试及受试设备断电。

4）试验记录与数据处理

（1）试验记录与数据处理要求如下：

（2）试验中录取干扰信号功率、干扰样式、带宽等参数；

（3）实时录取雷达跟踪目标的距离、方位、俯仰、时间等参数；

（4）按 10.3.3.1 节的方法处理雷达在干扰条件下的最大稳定跟踪距离；

（5）按附录 D 的方法处理目标坐标跟踪精度。

10.3.4.5　抗组合干扰

组合干扰是指箔条干扰、噪声干扰、掩护式欺骗干扰、自卫式干扰等的适当组合。

1）试验说明

抗组合干扰用于检验雷达在组合干扰条件下跟踪目标性能。干扰样式一般包括箔条干扰、噪声干扰、欺骗干扰、多假目标干扰和复合干扰。

2）试验设备分布图

试验设备分布如图 10.26 所示。

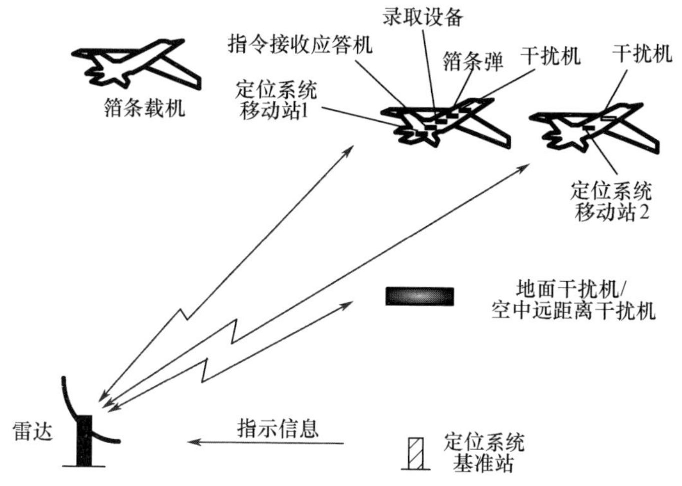

图 10.26　抗组合干扰试验设备分布图

3）试验步骤

（1）雷达加电经检查正常后，雷达开始工作，根据校验预案设置工作状态和参数；

（2）机载设备加电自检；

（3）载机按预定航线飞行，进入航线前，录取设备开始录取；

（4）干扰机开机，并根据不同的组合干扰方式释放干扰；

（5）雷达采取抗干扰措施，截获跟踪目标，必要时在目标载机飞行过程中，利用目标指示信息进行截获；

（6）载机按航线飞行后退出，停止录取；

（7）试验结束，参试及受试设备断电。

4）试验记录与数据处理

试验记录与数据处理要求如下：

（1）试验中录取干扰信号功率、干扰样式、带宽等参数；

（2）实时录取雷达跟踪目标的距离、方位、俯仰、时间等参数；

（3）从录取数据得出目标稳定跟踪距离，按附录 D 处理跟踪精度。

10.4　小　　结

雷达模拟校验是雷达系统进行实时仿真，雷达工作在“训练”状态，雷达设备除天线和发射机之外，其他设备的运行状态与雷达“工作”状态完全相同。用于雷达系统功能和性能检验,检查雷达硬件工作的正确性和可靠性,检查雷达系统软件运行的正确性和可靠性。为操作人员提供与实际工作完全相同的操作步骤和观察视觉,使雷达的操作训练和演示形象逼真。提高了雷达系统的操作、使用和维护的自动化水平。

雷达外场校验是雷达在实际工作环境条件下,检验雷达的威力、精度和抗干扰性能。

参考文献

[1] [美]David K. Barton. 雷达评估手册[M]. 电子部第十四研究所五部译. 南京:电子部第十四研究所五部. 1992.

[2] 赵惠昌,张淑宁. 电子对抗理论与方法[M]. 北京:国防工业出版社. 2010.

[3] 陈静. 雷达无源干扰原理[M]. 北京:国防工业出版社. 2009.

[4] 赵国庆. 雷达对抗原理[M]. 西安:西安电子科技大学出版社. 2009.

[5] [美] David Adamy. 电子战原理及应用[M]. 王燕,朱松,译. 北京:电子工业出版社. 2013.

附录A BD/GPS 校验雷达精度

A.1 概　　述

附录 A 讨论采用差分 BD/GPS 技术进行雷达标校的方法[1,2]。

雷达主要功能是在测量目标相对于雷达站坐标的基础上，叠加测站的大地坐标转换成绝对坐标，其坐标精度的标校较为复杂，以往是用光学经纬仪或更高精度的雷达对同一目标进行测量、数据比对，才能获得被检验雷达的测量精度。

随着全球卫星定位技术的发展，在各行各业得到推广和应用。已经将差分 BD/GPS 用于完成雷达绝对坐标测量精度的校验。借助于装载在目标上的差分 BD/GPS 得到目标相对雷达的位置变化，统计估计雷达的测量精度。

差分 BD/GPS 定位系统的特点有：

（1）相对使用光学经纬仪或更高精度的雷达作为校验基准，成本费用低；

（2）使用操作方便；

（3）差分 BD/GPS 自身精度的检验方便；

（4）差分 BD/GPS 与雷达之间的标校简便、准确；

（5）差分 BD/GPS 的数据处理简便、快捷；

（6）差分 BD/GPS 在差分台站的工作范围内（小于 300km）定位精度能稳定保持，目前在近距离误差较大，随着差分 BD/GPS 技术的发展，能够逐步得到解决。

A.2　差分 BD/GPS 校验雷达测量精度基本原理[3]

雷达有机械轴、电轴和编码器轴。雷达的测角误差是由多方面引起的，它与雷达天线的安装误差、电轴与机械轴线不重合、接收机噪声等因素有关。机械轴是天线方位轴、俯仰轴、角编码器轴组成，出厂前已经调整好了机械轴和编码器轴的匹配；电轴是单脉冲天线差波束过零点的对称轴线，理想的情况下，雷达的机械轴应与极坐标系的极轴相重合，并且机械轴、电轴和编码器轴 3 个轴应是重合的。雷达的测距误差与系统时延、脉冲信号波形与系统带宽、定时时钟及本地噪声等有关。为了保证雷达的测角和测距精度需要对雷达进行标校,以消除或减小系统误差。

雷达的标校包括标定和校准 2 个阶段,标定的过程是对一个给定的雷达目标,由被校雷达测出该目标的测量值子样本,由此得到这些数据样本的算术平均值。由标准设备测出该目标的真值子样本,当标准设备测得的目标数据即真值的精度比雷达的精度指标高 5 倍以上时,可认为标准设备给出的目标真值是可信的。将测量值子样本的算术平均值设为测量值,将真值子样本的算术平均值设为真值,这样将雷达测角的系统误差用雷达多次测量所得的平均值与被测目标角度的真值之差来表示,则雷达测量值与真值的差值便是系统误差。求得系统误差后,再对雷达测距零值和测角零值进行修正,完成对雷达的校准。

差分 BD/GPS 全天候服务,可以提供校验目标的高精度三维坐标、速度数据及精确时间。差分 BD/GPS 定位是利用一组卫星的伪距、星历和卫星精确时间等的观测量,同时还要知道用户时钟差,必须同时测量 4 颗星的伪距,才能用伪距法定位的数学模型算出定位点的三维坐标和用户时钟差,以便获得校验目标坐标的真值。

定位过程中存在 4 部分误差:

(1) 用户接收机共有的卫星时钟差、星历误差、电离层和对流层误差;

(2) 用户无法测量和校正的传播时延误差;

(3) 标准定位(SPS)服务自身带来的误差;

(4) 用户接收机内部噪声、接收通道时延和多路径效应引起的误差。

利用差分技术可以对消除第4 部分之外的大部分误差,提高 BD/GPS 定位精度。

差分 BD/GPS 是将一台 BD/GPS 接收机安装在位置已经精确测定的基准站,这台接收机的伪距观测值与经过计算的精确距离值比较,得到 BD/GPS 接收机在某一时刻的伪距修正值。再将这个修正值经过通信链路传递给目标上的 BD/GPS 接收机,作为目标上 BD/GPS 的伪距修正值。利用了基准站接收机和目标上接收机共同观视卫星星座的相关性,消除其公共误差,提高了定位精度,如图 A.1 所示。

目标上的 BD/GPS 利用修正后的伪距,实时解算出某一时刻目标在空中的位置坐标,并加时标后传回雷达站,同时基准站 BD/GPS 的时间系统同步雷达的同步器。由雷达同步器对雷达数据通道进行同步采样取数,得到同一时刻雷达测量目标的坐标数据,并与目标上 BD/GPS 传回的数据进行实时比对,得到雷达的绝对坐标测量精度。

差分 BD/GPS 方法有多种:位置差分、伪距差分、相位平滑伪距差分和相位实时差分等。从效费比和实用方面考虑,采用相位平滑伪距差分在数据率和定位精度上都能很好地满足校正要求。

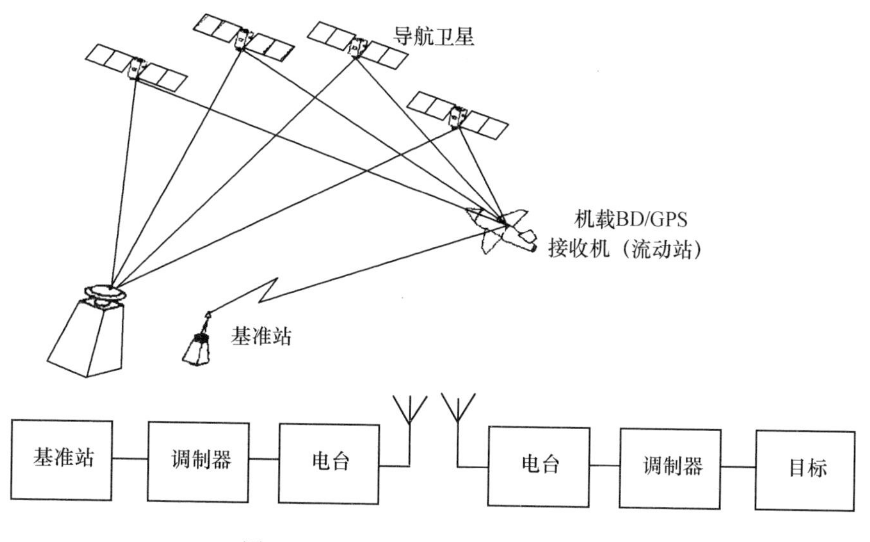

图 A.1 BD/GPS 动态相对定位示意图

A.3 差分 BD/GPS 校验雷达测量精度基本方案

差分 BD/GPS 校验系统由目标载 BD/GPS 接收机、基准站 BD/GPS 接收机、雷达 BD/GPS 同步器、数据处理计算机、坐标点测量和“寻北”仪 BD/GPS 系统组成。

A.3.1 目标载 BD/GPS 系统

目标载 BD/GPS 如图 A.2 所示。

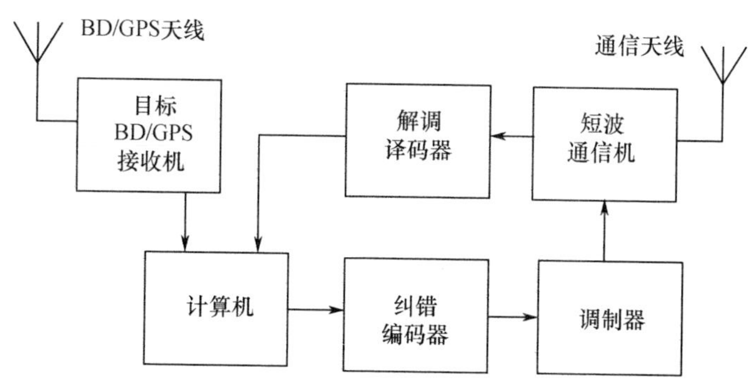

图 A.2 目标载 BD/GPS 系统框图

通信天线接收基准站传来的可视卫星伪距的修正值，BD/GPS 天线接收可视卫星的伪距，用计算机对伪距进行修正，并对修正后的多颗卫星的伪距进行解算，得到目标精确的空间位置。将目标位置数据加时标、编码和调制，由短波通信机发给雷达基准站。

BD/GPS 天线采用目标载动态天线。BD/GPS 接收机采用双频带差分输入口的接收机,以便减小接收通道的信号时延。

A. 3. 2 基准站 BD/GPS 系统

雷达基准站 BD/GPS 系统如图 A. 3 所示。

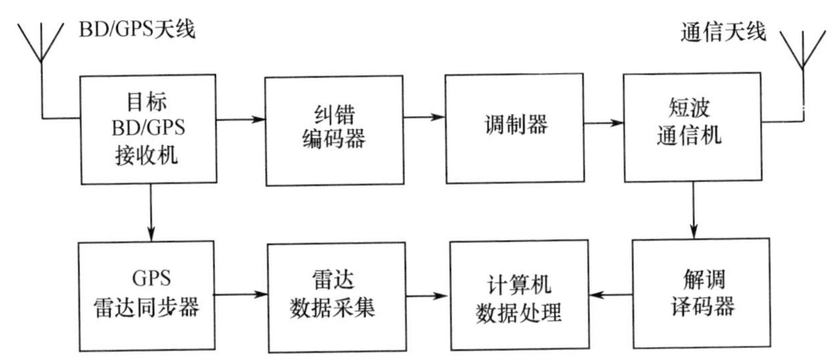

图 A. 3 雷达基准站 BD/GPS 系统框图

雷达基准站 BD/GPS 系统测量出可视卫星的伪距,并与自身所在位置数据比较,给出可视卫星伪距修正值和 BD/GPS 系统的秒脉冲。伪距修正值经过编码调制后,由短波通信机发送给目标载 BD/GPS 系统,并接收目标载 BD/GPS 系统发回的目标位置数据和时标,经解调译码后送给计算机。

雷达同步器接受 BD/GPS 系统的秒脉冲同步,并对雷达数据通道同步采集取数,送给计算机,使雷达采集的目标数据与 BD/GPS 系统获得的目标数据相关。

基准站 BD/GPS 采用 12 通道相位平滑型伪距差分接收机,并采用高增益接收天线。

计算机将 BD/GPS 系统获得的目标数据变换成极坐标数据,与雷达测量的目标数据进行比较,完成误差分析,得出雷达测量目标距离、方位角和俯仰角的精度。

A. 3. 3 坐标点位置标定

标定设备组成如图 A. 4 所示。

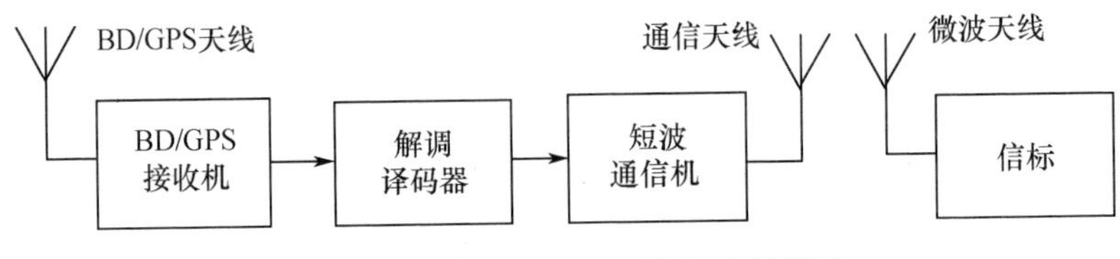

图 A. 4 标定 BD/GPS 系统组成示意图

BD/GPS 系统与雷达 BD/GPS 基准站相配合，利用已知大地测量成果点进行联测，确定雷达站点坐标和信标点坐标，使其坐标点的精度达到厘米级。在信标点上放置信标与雷达相配合，并利用这两点基线的指向定标雷达的方位，完成定北。并且可以同时校准天线的电轴。

A.4 差分 BD/GPS 自检

利用差分 BD/GPS 系统对雷达绝对坐标测量精度进行检验，是以差分 BD/GPS 系统有高定位精度为基础，因此对购置的差分 BD/GPS 系统设备，必须进行定位精度检验。

A.4.1 静止测量

将差分 BD/GPS 基准站安装在已知坐标点上，流动站放置在一个固定点上 (L_{P0}, B_{P0})，使它们都投入正常工作，记录其坐标数据 (L_{Pi}, B_{Pi}) 连续观测 30min，然后计算公式计算点位误差。求出每一观测值与固定点经度、纬度的误差，即 $(\Delta L_{Pi}, \Delta B_{Pi}) = (L_{P0} - L_{Pi}, B_{P0} - B_{Pi})$，然后统计出经度、纬度和定位位置的误差。

经度误差 σ_L 为

$$\sigma_L = \sqrt{\frac{\sum_{i=1}^{n}(L_{P0} - L_{Pi})^2}{n-1}} \tag{A.1}$$

纬度误差 σ_B 为

$$\sigma_B = \sqrt{\frac{\sum_{i=1}^{n}(B_{P0} - B_{Pi})^2}{n-1}} \tag{A.2}$$

定位位置误差 σ_P 为

$$\sigma_P = \sqrt{\frac{\sum_{i=1}^{n}(L_{P0} - L_{Pi})^2\cos^2 B_{P0} + \sum_{i=1}^{n}(B_{P0} - B_{Pi})^2}{n-1}} \tag{A.3}$$

A.4.2 动态测量

将差分 BD/GPS 基准站安装在已知坐标点上，流动站放置在一个车辆上。设置若干个固定点位，组成闭合环形。流动站在运动中测量，每到一个固定点位记录经度和纬度，沿环形路线重复记录 N 次，统计在同一点上 N 次记录的一致性及偏差。取数据的中值近似为真值，即

$$(L_{P0}, B_{P0}) \approx \frac{1}{N}\sum_{i=1}^{N}(L_{Pi}, B_{Pi}) \tag{A.4}$$

然后,利用式(A.1)至式(A.3)和流动状态记录的数据统计测量定位精度。

A.5 差分 BD/GPS 校验雷达精度统计

"中国沿海 RBN－DGPS"在沿海建设了 20 座 RBN－DGPS 基准台,从 2002 年 1 月 1 日起该系统正式开通投入使用。由于基准台的位置是已知的,可以利用卫星星历数据计算出基准接收机到卫星的距离,将测量的伪距和计算的距离的差值作为差分 GPS(DGPS)修正信息,通过航海无线电指向标播发给用户 DGPS 接收机,DGPS 接收机将距离修正数据,用于测距码伪距单点定位的修正,定位精度由原来 GPS 接收机的 15m(2DRMS,L1,C/A code,HDOP≤4withoutSA)提高到 1～5m(2DRMS, L1,C/A code,HDOP≤4)。"中国沿海 RBN－DGPS"单站信号作用距离为海上 300km,可以为此距离范围内的用户 DGPS 接收机定位。DGPS 接收机的定位精度与 DGPS 接收机和基准台之间的距离有关。

将 2 台 DGPS 接收机同时静置在雷达站点和目标点 T,进行几十分钟的观测,测出雷达站点 O 和目标点 T 在地心大地坐标系的坐标(B_0,L_0,H_0)和(B,L,H)。地心大地坐标系的定义为:地球椭球中心与地球质心重合,椭球的短轴与地球自转轴相吻合,大地纬度 B 为过地面点的椭球法线与椭球赤道面的夹角,大地经度 L 为过地面点的椭球子午面格林尼治平大地子午面之间的夹角,大地高 H 为地面点沿椭球法线到椭球面的高度。任一点 T 在地心大地坐标系中的坐标可表示为(B,L,H),任一点 T 在地心空间笛卡儿坐标系中的坐标也可表示为(X,Y,Z),这两种坐标相互可以转换。地心空间笛卡儿坐标系的定义为:原点 O 与地球质心重合,Z 轴指向地球北极,X 轴指向格林尼治子午面与地球赤道的交点 E,Y 轴垂直于 XOZ 平面构成右手坐标系。

将校飞中差分 BD/GPS 测得的目标坐标转换成雷达站极坐标系的坐标,作为目标坐标的真值(R_{0i},A_{0i},E_{0i}),并与其时间相关,雷达测量与其对应的目标坐标(距离,方位,俯仰)为(R_{Li},A_{Li},E_{Li}),然后,计算每一采样时刻目标的雷达测量值与目标的真值之差。

参考文献

[1] 朱起悦. 应用差分 GPS 进行雷达标校[J]. 北京:电讯技术. 2006,1:108－110.

[2] 姜韩英. 差分 GPS 技术在绝对体制雷达坐标精度校验中的应用[J]. 地面防空武器,1999,28(3):23－26.

[3] 罗霄. 面向雷达外场测量的动态 DGPS 标校系统设计与实现[D]. 长沙:国防科学技术大学, 2010.

附录 B

$\alpha-\beta$ 滤波器参数选择

B.1 概　　述

由于测量雷达存在噪声和干扰,雷达所测得的目标数据总是含有随机误差,不能准确地得到目标当前的坐标和外推的坐标,只能“估计”目标当前的坐标和外推的坐标。对目标当前的坐标“估值”是平滑问题,对目标外推的坐标“估值”是预测问题,平滑和预测统称为滤波“估值”,实时跟踪测量雷达常使用 $\alpha-\beta$ 滤波器“估值”,$\alpha-\beta$ 滤波器应用的基本内容是确定滤波增益 α 和 β[1]。

确定 α、β 系数的方法有多种,比较简单实用的一种是带宽周期确定法[2],在明确带宽 B、周期 T 的前提下,带宽 B 与 α、β 系数关系为

$$\begin{cases} B=\dfrac{1}{4T}\left(\alpha+\dfrac{\beta}{\alpha}\right) \\ \beta=\dfrac{\alpha^2}{2-\alpha} \end{cases} \tag{B.1}$$

联立,解二元二次方程,求得 α、β 滤波系数,与回路闭合的快慢、滤波的质量有直接的关系。

状态估计是目标跟踪的重要方面[3]。无论目标坐标的位置还是速度均方差最小化准则必须满足:

$$\beta=\frac{\alpha^2}{2-\alpha}$$

不论位置还是速度方面,参数$\left(\alpha,\beta=\dfrac{\alpha^2}{2-\alpha}\right)$对所有固定参数线性离散时间 $\alpha-\beta$ 跟踪器来说都是最佳的。将待选滤波器参数由 2 个减少为 1 个,选择 α 的关系式为

$$\frac{aT^2}{\sigma_{\mathrm{w}}}=\left(\frac{\theta}{2\sigma_{\mathrm{w}}}-c\sqrt{\frac{6\alpha-\alpha^2}{8-8\alpha+\alpha^2}}\right)\frac{\alpha^2}{2-\alpha} \tag{B.2}$$

式中：a 为加速度(m/s^2)；σ_w 为观测值标准偏差(m/(°))；θ 为雷达天线垂直波束宽度(°)；c 为置信度系数(1 或 2，通常取 $c=2$)；α 为位置增益。

设 $P=L/(2\sigma_w)$ 为归一化波门，$Q=aT^2/\sigma_w$ 为归一化速度，则有

$$Q=\left(p-c\sqrt{\frac{6\alpha-\alpha^2}{8-8\alpha+\alpha^2}}\right)\frac{\alpha^2}{2-\alpha} \tag{B.3}$$

根据式(B.3)计算 $\alpha-Q-P$ 数据，绘制 $\alpha-Q-P$ 关系曲线，便可以得到滤波器的系数$\left(\alpha,\beta=\dfrac{\alpha^2}{2-\alpha}\right)$。

B.2 $\alpha-Q-P$ 数据表

$\alpha-Q-P$ 数据表如表 B.1 所列。

表 B.1 $\alpha-Q-P$ 数据表

$\alpha-Q-P$	2	3	4	5	6	7	8	9	10	12
0.01	0.000	0.000	0.000	0.000	0.000	0.000	0.000	0.000	0.000	0.001
0.02	0.000	0.001	0.001	0.001	0.001	0.001	0.002	0.002	0.002	0.002
0.03	0.001	0.001	0.002	0.002	0.003	0.003	0.004	0.004	0.004	0.005
0.04	0.001	0.002	0.003	0.004	0.005	0.005	0.006	0.007	0.008	0.010
0.05	0.002	0.003	0.005	0.006	0.007	0.008	0.010	0.011	0.012	0.015
0.06	0.003	0.005	0.007	0.008	0.010	0.012	0.014	0.016	0.018	0.021
0.07	0.004	0.006	0.009	0.011	0.014	0.017	0.019	0.022	0.024	0.029
0.08	0.005	0.008	0.012	0.015	0.018	0.022	0.025	0.028	0.032	0.038
0.09	0.006	0.010	0.015	0.019	0.023	0.027	0.032	0.036	0.040	0.049
0.10	0.008	0.013	0.018	0.023	0.029	0.034	0.039	0.044	0.050	0.060
0.11	0.009	0.015	0.022	0.028	0.035	0.041	0.047	0.054	0.060	0.073
0.12	0.010	0.018	0.026	0.033	0.041	0.049	0.056	0.064	0.072	0.087
0.13	0.012	0.021	0.030	0.039	0.048	0.057	0.066	0.075	0.084	0.102
0.14	0.014	0.024	0.035	0.045	0.056	0.066	0.077	0.088	0.098	0.119
0.15	0.016	0.028	0.040	0.052	0.064	0.076	0.089	0.101	0.113	0.137
0.16	0.017	0.031	0.045	0.059	0.073	0.087	0.101	0.115	0.129	0.157
0.17	0.019	0.035	0.051	0.067	0.083	0.098	0.114	0.130	0.146	0.177
0.18	0.021	0.039	0.057	0.075	0.093	0.110	0.128	0.146	0.164	0.199
0.19	0.023	0.043	0.063	0.083	0.103	0.123	0.143	0.163	0.183	0.223

（续）

$\alpha-Q-P$	2	3	4	5	6	7	8	9	10	12
0.20	0.026	0.048	0.070	0.092	0.114	0.137	0.159	0.181	0.203	0.248
0.21	0.028	0.052	0.077	0.102	0.126	0.151	0.176	0.200	0.225	0.274
0.22	0.030	0.057	0.084	0.112	0.139	0.166	0.193	0.220	0.247	0.302
0.23	0.032	0.062	0.092	0.122	0.152	0.182	0.211	0.241	0.271	0.331
0.24	0.034	0.067	0.100	0.133	0.165	0.198	0.231	0.263	0.296	0.362
0.25	0.037	0.072	0.108	0.144	0.180	0.215	0.251	0.287	0.322	0.394
0.26	0.039	0.078	0.117	0.155	0.194	0.233	0.272	0.311	0.350	0.427
0.27	0.041	0.083	0.125	0.168	0.210	0.252	0.294	0.336	0.378	0.463
0.28	0.043	0.089	0.135	0.180	0.226	0.271	0.317	0.362	0.408	0.499
0.29	0.046	0.095	0.144	0.193	0.242	0.292	0.341	0.390	0.439	0.537
0.30	0.048	0.101	0.154	0.207	0.260	0.313	0.365	0.418	0.471	0.577
0.31	0.050	0.107	0.164	0.221	0.277	0.334	0.391	0.448	0.505	0.619
0.32	0.052	0.113	0.174	0.235	0.296	0.357	0.418	0.479	0.540	0.662
0.33	0.054	0.119	0.185	0.250	0.315	0.380	0.445	0.511	0.576	0.706
0.34	0.056	0.126	0.195	0.265	0.335	0.404	0.474	0.544	0.613	0.752
0.35	0.058	0.132	0.206	0.281	0.355	0.429	0.503	0.578	0.652	0.800
0.36	0.060	0.139	0.218	0.297	0.376	0.455	0.534	0.613	0.692	0.850
0.37	0.061	0.145	0.229	0.313	0.397	0.481	0.565	0.649	0.733	0.901
0.38	0.063	0.152	0.241	0.330	0.420	0.509	0.598	0.687	0.776	0.954
0.39	0.064	0.159	0.253	0.348	0.442	0.537	0.631	0.726	0.820	1.009
0.40	0.066	0.166	0.266	0.366	0.466	0.566	0.666	0.766	0.866	1.066
0.41	0.067	0.172	0.278	0.384	0.490	0.595	0.701	0.807	0.912	1.124
0.42	0.068	0.179	0.291	0.402	0.514	0.626	0.737	0.849	0.961	1.184
0.43	0.068	0.186	0.304	0.422	0.539	0.657	0.775	0.893	1.010	1.246
0.44	0.069	0.193	0.317	0.441	0.565	0.689	0.813	0.937	1.061	1.310
0.45	0.069	0.199	0.330	0.461	0.591	0.722	0.853	0.983	1.114	1.375
0.46	0.069	0.206	0.344	0.481	0.618	0.756	0.893	1.031	1.168	1.443
0.47	0.068	0.213	0.357	0.501	0.646	0.790	0.935	1.079	1.223	1.512
0.48	0.068	0.219	0.371	0.522	0.674	0.826	0.977	1.129	1.280	1.583
0.49	0.067	0.226	0.385	0.544	0.703	0.862	1.021	1.180	1.339	1.657
0.50	0.065	0.232	0.399	0.565	0.732	0.899	1.065	1.232	1.399	1.732
0.51	0.063	0.238	0.413	0.587	0.762	0.936	1.111	1.285	1.460	1.809

（续）

$\alpha-Q-P$	2	3	4	5	6	7	8	9	10	12
0.52	0.061	0.244	0.427	0.609	0.792	0.975	1.157	1.340	1.523	1.888
0.53	0.058	0.250	0.441	0.632	0.823	1.014	1.205	1.396	1.587	1.969
0.54	0.055	0.255	0.455	0.654	0.854	1.054	1.254	1.453	1.653	2.053
0.55	0.052	0.260	0.469	0.677	0.886	1.095	1.303	1.512	1.721	2.138
0.56	0.047	0.265	0.483	0.701	0.918	1.136	1.354	1.572	1.790	2.225
0.57	0.042	0.270	0.497	0.724	0.951	1.178	1.406	1.633	1.860	2.314
0.58	0.037	0.274	0.511	0.748	0.984	1.221	1.458	1.695	1.932	2.406
0.59	0.031	0.278	0.524	0.771	1.018	1.265	1.512	1.759	2.006	2.499
0.60	0.024	0.281	0.538	0.795	1.052	1.309	1.567	1.824	2.081	2.595
0.61	0.016	0.284	0.551	0.819	1.087	1.354	1.622	1.890	2.157	2.693
0.62	0.007	0.286	0.564	0.843	1.121	1.400	1.679	1.957	2.236	2.793
0.63	-0.002	0.287	0.577	0.867	1.157	1.446	1.736	2.026	2.315	2.895
0.64	-0.013	0.288	0.590	0.891	1.192	1.493	1.794	2.095	2.397	2.999
0.65	-0.024	0.289	0.602	0.915	1.228	1.541	1.853	2.166	2.479	3.105
0.66	-0.037	0.288	0.613	0.938	1.263	1.588	1.914	2.239	2.564	3.214
0.67	-0.051	0.287	0.624	0.962	1.299	1.637	1.974	2.312	2.649	3.324
0.68	-0.066	0.284	0.635	0.985	1.335	1.686	2.036	2.386	2.737	3.437
0.69	-0.082	0.281	0.645	1.008	1.371	1.735	2.098	2.462	2.825	3.552
0.70	-0.100	0.277	0.654	1.030	1.407	1.784	2.161	2.538	2.915	3.669
0.71	-0.120	0.271	0.662	1.053	1.443	1.834	2.225	2.616	3.006	3.788
0.72	-0.141	0.264	0.669	1.074	1.479	1.884	2.289	2.694	3.099	3.909
0.73	-0.164	0.256	0.675	1.095	1.515	1.934	2.354	2.773	3.193	4.032
0.74	-0.189	0.246	0.680	1.115	1.550	1.984	2.419	2.854	3.288	4.157
0.75	-0.216	0.234	0.684	1.134	1.584	2.034	2.484	2.934	3.384	4.284
0.76	-0.245	0.221	0.687	1.153	1.618	2.084	2.550	3.016	3.482	4.413
0.77	-0.276	0.206	0.688	1.170	1.652	2.134	2.616	3.098	3.580	4.544
0.78	-0.310	0.188	0.687	1.186	1.684	2.183	2.682	3.180	3.679	4.677
0.79	-0.347	0.169	0.684	1.200	1.716	2.232	2.748	3.263	3.779	4.811
0.80	-0.387	0.146	0.680	1.213	1.746	2.280	2.813	3.346	3.880	4.946
0.81	-0.430	0.121	0.673	1.224	1.775	2.327	2.878	3.429	3.981	5.083
0.82	-0.476	0.093	0.663	1.233	1.803	2.373	2.943	3.512	4.082	5.222
0.83	-0.527	0.062	0.651	1.240	1.829	2.417	3.006	3.595	4.184	5.361

（续）

$\alpha-Q-P$	2	3	4	5	6	7	8	9	10	12
0.84	−0.581	0.027	0.636	1.244	1.852	2.461	3.069	3.677	4.285	5.502
0.85	−0.640	−0.011	0.617	1.245	1.874	2.502	3.130	3.758	4.387	5.643
0.86	−0.703	−0.054	0.595	1.243	1.892	2.541	3.190	3.838	4.487	5.785
0.87	−0.772	−0.102	0.568	1.238	1.908	2.577	3.247	3.917	4.587	5.927
0.88	−0.846	−0.155	0.537	1.228	1.920	2.611	3.303	3.994	4.685	6.068
0.89	−0.927	−0.213	0.501	1.214	1.928	2.641	3.355	4.069	4.782	6.209
0.90	−1.014	−0.278	0.459	1.195	1.932	2.668	3.404	4.141	4.877	6.350
0.91	−1.109	−0.349	0.411	1.170	1.930	2.690	3.450	4.209	4.969	6.488
0.92	−1.212	−0.428	0.355	1.139	1.923	2.707	3.490	4.274	5.058	6.625
0.93	−1.324	−0.516	0.292	1.101	1.909	2.717	3.526	4.334	5.142	6.759
0.94	−1.447	−0.613	0.221	1.054	1.888	2.721	3.555	4.389	5.222	6.889
0.95	−1.580	−0.721	0.139	0.998	1.858	2.717	3.577	4.437	5.296	7.015
0.96	−1.726	−0.840	0.046	0.932	1.818	2.704	3.591	4.477	5.363	7.135
0.97	−1.887	−0.973	−0.060	0.854	1.767	2.681	3.594	4.508	5.421	7.248
0.98	−2.063	−1.121	−0.180	0.762	1.703	2.645	3.587	4.528	5.470	7.353
0.99	−2.257	−1.287	−0.316	0.654	1.624	2.595	3.565	4.536	5.506	7.447
1.00	−2.472	−1.472	−0.472	0.528	1.528	2.528	3.528	4.528	5.528	7.528
$\alpha-Q-P$	14	16	18	20	22	24	26	28	30	32
0.01	0.001	0.001	0.001	0.001	0.001	0.001	0.001	0.001	0.001	0.002
0.02	0.003	0.003	0.004	0.004	0.004	0.005	0.005	0.006	0.006	0.006
0.03	0.006	0.007	0.008	0.009	0.010	0.011	0.012	0.013	0.014	0.014
0.04	0.011	0.013	0.014	0.016	0.018	0.019	0.021	0.023	0.024	0.026
0.05	0.017	0.020	0.023	0.025	0.028	0.030	0.033	0.035	0.038	0.041
0.06	0.025	0.029	0.033	0.036	0.040	0.044	0.047	0.051	0.055	0.059
0.07	0.034	0.039	0.045	0.050	0.055	0.060	0.065	0.070	0.075	0.080
0.08	0.045	0.052	0.058	0.065	0.072	0.078	0.085	0.092	0.098	0.105
0.09	0.057	0.066	0.074	0.083	0.091	0.099	0.108	0.116	0.125	0.133
0.10	0.071	0.081	0.092	0.102	0.113	0.123	0.134	0.144	0.155	0.165
0.11	0.086	0.099	0.111	0.124	0.137	0.150	0.163	0.175	0.188	0.201
0.12	0.102	0.118	0.133	0.148	0.164	0.179	0.194	0.210	0.225	0.240
0.13	0.121	0.139	0.157	0.175	0.193	0.211	0.229	0.247	0.265	0.283
0.14	0.140	0.161	0.182	0.203	0.225	0.246	0.267	0.288	0.309	0.330

（续）

$\alpha-Q-P$	14	16	18	20	22	24	26	28	30	32
0. 15	0. 162	0. 186	0. 210	0. 235	0. 259	0. 283	0. 307	0. 332	0. 356	0. 380
0. 16	0. 184	0. 212	0. 240	0. 268	0. 296	0. 324	0. 351	0. 379	0. 407	0. 435
0. 17	0. 209	0. 241	0. 272	0. 304	0. 335	0. 367	0. 398	0. 430	0. 462	0. 493
0. 18	0. 235	0. 271	0. 306	0. 342	0. 377	0. 413	0. 449	0. 484	0. 520	0. 555
0. 19	0. 263	0. 303	0. 343	0. 382	0. 422	0. 462	0. 502	0. 542	0. 582	0. 622
0. 20	0. 292	0. 337	0. 381	0. 426	0. 470	0. 514	0. 559	0. 603	0. 648	0. 692
0. 21	0. 323	0. 373	0. 422	0. 471	0. 520	0. 570	0. 619	0. 668	0. 718	0. 767
0. 22	0. 356	0. 411	0. 465	0. 519	0. 574	0. 628	0. 683	0. 737	0. 791	0. 846
0. 23	0. 391	0. 451	0. 510	0. 570	0. 630	0. 690	0. 749	0. 809	0. 869	0. 929
0. 24	0. 427	0. 493	0. 558	0. 623	0. 689	0. 754	0. 820	0. 885	0. 951	1. 016
0. 25	0. 465	0. 537	0. 608	0. 680	0. 751	0. 822	0. 894	0. 965	1. 037	1. 108
0. 26	0. 505	0. 583	0. 661	0. 738	0. 816	0. 894	0. 971	1. 049	1. 127	1. 204
0. 27	0. 547	0. 631	0. 715	0. 800	0. 884	0. 968	1. 052	1. 137	1. 221	1. 305
0. 28	0. 590	0. 682	0. 773	0. 864	0. 955	1. 046	1. 137	1. 229	1. 320	1. 411
0. 29	0. 636	0. 734	0. 833	0. 931	1. 029	1. 128	1. 226	1. 324	1. 423	1. 521
0. 30	0. 683	0. 789	0. 895	1. 001	1. 107	1. 213	1. 318	1. 424	1. 530	1. 636
0. 31	0. 732	0. 846	0. 960	1. 074	1. 187	1. 301	1. 415	1. 528	1. 642	1. 756
0. 32	0. 784	0. 905	1. 027	1. 149	1. 271	1. 393	1. 515	1. 637	1. 759	1. 881
0. 33	0. 837	0. 967	1. 097	1. 228	1. 358	1. 489	1. 619	1. 750	1. 880	2. 010
0. 34	0. 892	1. 031	1. 170	1. 310	1. 449	1. 588	1. 727	1. 867	2. 006	2. 145
0. 35	0. 949	1. 097	1. 246	1. 394	1. 543	1. 691	1. 840	1. 988	2. 137	2. 285
0. 36	1. 008	1. 166	1. 324	1. 482	1. 640	1. 798	1. 956	2. 114	2. 272	2. 430
0. 37	1. 069	1. 237	1. 405	1. 573	1. 741	1. 909	2. 077	2. 245	2. 413	2. 581
0. 38	1. 133	1. 311	1. 489	1. 667	1. 846	2. 024	2. 202	2. 380	2. 559	2. 737
0. 39	1. 198	1. 387	1. 576	1. 765	1. 954	2. 143	2. 332	2. 521	2. 710	2. 899
0. 40	1. 266	1. 466	1. 666	1. 866	2. 066	2. 266	2. 466	2. 666	2. 866	3. 066
0. 41	1. 335	1. 547	1. 758	1. 970	2. 181	2. 393	2. 604	2. 815	3. 027	3. 238
0. 42	1. 407	1. 631	1. 854	2. 077	2. 300	2. 524	2. 747	2. 970	3. 194	3. 417
0. 43	1. 481	1. 717	1. 953	2. 188	2. 424	2. 659	2. 895	3. 130	3. 366	3. 601
0. 44	1. 558	1. 806	2. 054	2. 302	2. 551	2. 799	3. 047	3. 295	3. 544	3. 792
0. 45	1. 637	1. 898	2. 159	2. 420	2. 682	2. 943	3. 204	3. 466	3. 727	3. 988
0. 46	1. 718	1. 992	2. 267	2. 542	2. 817	3. 092	3. 366	3. 641	3. 916	4. 191

（续）

α－Q－P	14	16	18	20	22	24	26	28	30	32
0.47	1.801	2.090	2.378	2.667	2.956	3.245	3.533	3.822	4.111	4.400
0.48	1.887	2.190	2.493	2.796	3.099	3.402	3.706	4.009	4.312	4.615
0.49	1.975	2.293	2.611	2.929	3.247	3.565	3.883	4.201	4.519	4.837
0.50	2.065	2.399	2.732	3.065	3.399	3.732	4.065	4.399	4.732	5.065
0.51	2.158	2.507	2.856	3.206	3.555	3.904	4.253	4.602	4.951	5.300
0.52	2.254	2.619	2.984	3.350	3.715	4.081	4.446	4.811	5.177	5.542
0.53	2.352	2.734	3.116	3.498	3.880	4.262	4.645	5.027	5.409	5.791
0.54	2.452	2.851	3.251	3.650	4.050	4.449	4.849	5.248	5.648	6.047
0.55	2.555	2.972	3.389	3.807	4.224	4.641	5.058	5.476	5.893	6.310
0.56	2.661	3.096	3.532	3.967	4.403	4.838	5.274	5.710	6.145	6.581
0.57	2.769	3.223	3.678	4.132	4.586	5.041	5.495	5.950	6.404	6.858
0.58	2.880	3.353	3.827	4.301	4.775	5.249	5.722	6.196	6.670	7.144
0.59	2.993	3.487	3.981	4.474	4.968	5.462	5.956	6.449	6.943	7.437
0.60	3.109	3.624	4.138	4.652	5.167	5.681	6.195	6.709	7.224	7.738
0.61	3.228	3.764	4.299	4.834	5.370	5.905	6.441	6.976	7.511	8.047
0.62	3.350	3.907	4.464	5.021	5.578	6.135	6.692	7.250	7.807	8.364
0.63	3.474	4.054	4.633	5.212	5.792	6.371	6.951	7.530	8.110	8.689
0.64	3.601	4.204	4.806	5.408	6.011	6.613	7.215	7.818	8.420	9.023
0.65	3.731	4.357	4.983	5.609	6.235	6.861	7.487	8.113	8.739	9.365
0.66	3.864	4.514	5.164	5.814	6.465	7.115	7.765	8.415	9.065	9.715
0.67	3.999	4.674	5.350	6.025	6.700	7.375	8.050	8.725	9.400	10.075
0.68	4.138	4.838	5.539	6.240	6.940	7.641	8.341	9.042	9.743	10.443
0.69	4.279	5.006	5.733	6.459	7.186	7.913	8.640	9.367	10.094	10.821
0.70	4.423	5.177	5.930	6.684	7.438	8.192	8.946	9.700	10.454	11.207
0.71	4.570	5.351	6.133	6.914	7.696	8.477	9.259	10.040	10.822	11.603
0.72	4.719	5.529	6.339	7.149	7.959	8.769	9.579	10.389	11.199	12.009
0.73	4.871	5.711	6.550	7.389	8.228	9.067	9.907	10.746	11.585	12.424
0.74	5.027	5.896	6.765	7.634	8.503	9.373	10.242	11.111	11.980	12.849
0.75	5.184	6.084	6.984	7.884	8.784	9.684	10.584	11.484	12.384	13.284
0.76	5.345	6.277	7.208	8.140	9.071	10.003	10.935	11.866	12.798	13.729
0.77	5.508	6.472	7.436	8.400	9.364	10.328	11.293	12.257	13.221	14.185
0.78	5.674	6.671	7.669	8.666	9.663	10.661	11.658	12.656	13.653	14.650

（续）

$\alpha-Q-P$	14	16	18	20	22	24	26	28	30	32
0.79	5.842	6.874	7.905	8.937	9.969	11.000	12.032	13.063	14.095	15.126
0.80	6.013	7.080	8.146	9.213	10.280	11.346	12.413	13.480	14.546	15.613
0.81	6.186	7.289	8.392	9.494	10.597	11.700	12.802	13.905	15.008	16.110
0.82	6.362	7.501	8.641	9.781	10.920	12.060	13.200	14.339	15.479	16.619
0.83	6.539	7.717	8.894	10.072	11.249	12.427	13.605	14.782	15.960	17.137
0.84	6.718	7.935	9.152	10.368	11.585	12.801	14.018	15.234	16.451	17.667
0.85	6.900	8.156	9.413	10.669	11.926	13.182	14.439	15.695	16.952	18.208
0.86	7.082	8.380	9.677	10.975	12.272	13.570	14.868	16.165	17.463	18.760
0.87	7.266	8.606	9.946	11.285	12.625	13.964	15.304	16.644	17.983	19.323
0.88	7.451	8.834	10.217	11.600	12.983	14.365	15.748	17.131	18.514	19.897
0.89	7.637	9.064	10.491	11.918	13.346	14.773	16.200	17.627	19.054	20.482
0.90	7.822	9.295	10.768	12.241	13.713	15.186	16.659	18.132	19.604	21.077
0.91	8.008	9.527	11.047	12.566	14.086	15.605	17.125	18.644	20.163	21.683
0.92	8.193	9.760	11.327	12.895	14.462	16.030	17.597	19.164	20.732	22.299
0.93	8.376	9.992	11.609	13.226	14.842	16.459	18.075	19.692	21.309	22.925
0.94	8.556	10.224	11.891	13.558	15.225	16.892	18.560	20.227	21.894	23.561
0.95	8.734	10.453	12.172	13.891	15.610	17.329	19.048	20.767	22.487	24.206
0.96	8.908	10.680	12.452	14.224	15.997	17.769	19.541	21.314	23.086	24.858
0.97	9.075	10.902	12.729	14.556	16.383	18.210	20.037	21.864	23.691	25.518
0.98	9.236	11.119	13.002	14.885	16.768	18.652	20.535	22.418	24.301	26.184
0.99	9.388	11.328	13.269	15.210	17.151	19.092	21.032	22.973	24.914	26.855
1.00	9.528	11.528	13.528	15.528	17.528	19.528	21.528	23.528	25.528	27.528

$\alpha-Q-P$	34	36	38	40	42	44	46	48	50
0.01	0.002	0.002	0.002	0.002	0.002	0.002	0.002	0.002	0.003
0.02	0.007	0.007	0.008	0.008	0.008	0.009	0.009	0.010	0.010
0.03	0.015	0.016	0.017	0.018	0.019	0.020	0.021	0.022	0.023
0.04	0.027	0.029	0.031	0.032	0.034	0.036	0.037	0.039	0.041
0.05	0.043	0.046	0.048	0.051	0.053	0.056	0.058	0.061	0.064
0.06	0.062	0.066	0.070	0.073	0.077	0.081	0.085	0.088	0.092
0.07	0.085	0.090	0.095	0.100	0.105	0.111	0.116	0.121	0.126
0.08	0.112	0.118	0.125	0.132	0.138	0.145	0.152	0.158	0.165
0.09	0.142	0.150	0.159	0.167	0.176	0.184	0.193	0.201	0.210

（续）

$\alpha-Q-P$	34	36	38	40	42	44	46	48	50
0. 10	0. 176	0. 186	0. 197	0. 208	0. 218	0. 229	0. 239	0. 250	0. 260
0. 11	0. 214	0. 227	0. 239	0. 252	0. 265	0. 278	0. 291	0. 303	0. 316
0. 12	0. 256	0. 271	0. 286	0. 302	0. 317	0. 332	0. 347	0. 363	0. 378
0. 13	0. 301	0. 319	0. 337	0. 356	0. 374	0. 392	0. 410	0. 428	0. 446
0. 14	0. 351	0. 372	0. 393	0. 414	0. 435	0. 456	0. 477	0. 499	0. 520
0. 15	0. 405	0. 429	0. 453	0. 478	0. 502	0. 526	0. 551	0. 575	0. 599
0. 16	0. 463	0. 491	0. 518	0. 546	0. 574	0. 602	0. 630	0. 657	0. 685
0. 17	0. 525	0. 556	0. 588	0. 620	0. 651	0. 683	0. 714	0. 746	0. 777
0. 18	0. 591	0. 627	0. 662	0. 698	0. 733	0. 769	0. 805	0. 840	0. 876
0. 19	0. 662	0. 702	0. 741	0. 781	0. 821	0. 861	0. 901	0. 941	0. 981
0. 20	0. 737	0. 781	0. 826	0. 870	0. 914	0. 959	1. 003	1. 048	1. 092
0. 21	0. 816	0. 865	0. 915	0. 964	1. 013	1. 062	1. 112	1. 161	1. 210
0. 22	0. 900	0. 954	1. 009	1. 063	1. 118	1. 172	1. 226	1. 281	1. 335
0. 23	0. 989	1. 048	1. 108	1. 168	1. 228	1. 287	1. 347	1. 407	1. 467
0. 24	1. 082	1. 147	1. 213	1. 278	1. 343	1. 409	1. 474	1. 540	1. 605
0. 25	1. 180	1. 251	1. 322	1. 394	1. 465	1. 537	1. 608	1. 680	1. 751
0. 26	1. 282	1. 360	1. 438	1. 515	1. 593	1. 671	1. 748	1. 826	1. 904
0. 27	1. 390	1. 474	1. 558	1. 642	1. 727	1. 811	1. 895	1. 980	2. 064
0. 28	1. 502	1. 593	1. 684	1. 776	1. 867	1. 958	2. 049	2. 140	2. 231
0. 29	1. 619	1. 718	1. 816	1. 915	2. 013	2. 111	2. 210	2. 308	2. 406
0. 30	1. 742	1. 848	1. 954	2. 060	2. 165	2. 271	2. 377	2. 483	2. 589
0. 31	1. 870	1. 983	2. 097	2. 211	2. 325	2. 438	2. 552	2. 666	2. 779
0. 32	2. 003	2. 124	2. 246	2. 368	2. 490	2. 612	2. 734	2. 856	2. 978
0. 33	2. 141	2. 271	2. 402	2. 532	2. 663	2. 793	2. 923	3. 054	3. 184
0. 34	2. 285	2. 424	2. 563	2. 702	2. 842	2. 981	3. 120	3. 259	3. 399
0. 35	2. 434	2. 582	2. 731	2. 879	3. 028	3. 176	3. 325	3. 473	3. 622
0. 36	2. 589	2. 747	2. 905	3. 063	3. 221	3. 379	3. 537	3. 695	3. 853
0. 37	2. 749	2. 917	3. 085	3. 253	3. 421	3. 589	3. 757	3. 925	4. 093
0. 38	2. 915	3. 094	3. 272	3. 450	3. 628	3. 807	3. 985	4. 163	4. 341
0. 39	3. 087	3. 276	3. 465	3. 654	3. 843	4. 032	4. 221	4. 410	4. 599
0. 40	3. 266	3. 466	3. 666	3. 866	4. 066	4. 266	4. 466	4. 666	4. 866
0. 41	3. 450	3. 661	3. 873	4. 084	4. 296	4. 507	4. 718	4. 930	5. 141

（续）

α－Q－P	34	36	38	40	42	44	46	48	50
0. 42	3. 640	3. 863	4. 087	4. 310	4. 533	4. 757	4. 980	5. 203	5. 427
0. 43	3. 837	4. 072	4. 308	4. 543	4. 779	5. 015	5. 250	5. 486	5. 721
0. 44	4. 040	4. 288	4. 536	4. 785	5. 033	5. 281	5. 529	5. 777	6. 026
0. 45	4. 249	4. 511	4. 772	5. 033	5. 295	5. 556	5. 817	6. 078	6. 340
0. 46	4. 466	4. 740	5. 015	5. 290	5. 565	5. 840	6. 114	6. 389	6. 664
0. 47	4. 688	4. 977	5. 266	5. 555	5. 844	6. 132	6. 421	6. 710	6. 999
0. 48	4. 918	5. 221	5. 524	5. 828	6. 131	6. 434	6. 737	7. 040	7. 343
0. 49	5. 155	5. 473	5. 791	6. 109	6. 427	6. 745	7. 063	7. 381	7. 699
0. 50	5. 399	5. 732	6. 065	6. 399	6. 732	7. 065	7. 399	7. 732	8. 065
0. 51	5. 649	5. 999	6. 348	6. 697	7. 046	7. 395	7. 744	8. 093	8. 442
0. 52	5. 908	6. 273	6. 638	7. 004	7. 369	7. 735	8. 100	8. 465	8. 831
0. 53	6. 173	6. 555	6. 938	7. 320	7. 702	8. 084	8. 466	8. 849	9. 231
0. 54	6. 447	6. 846	7. 245	7. 645	8. 044	8. 444	8. 843	9. 243	9. 642
0. 55	6. 727	7. 145	7. 562	7. 979	8. 396	8. 814	9. 231	9. 648	10. 065
0. 56	7. 016	7. 452	7. 887	8. 323	8. 758	9. 194	9. 630	10. 065	10. 501
0. 57	7. 313	7. 767	8. 222	8. 676	9. 131	9. 585	10. 039	10. 494	10. 948
0. 58	7. 618	8. 092	8. 565	9. 039	9. 513	9. 987	10. 461	10. 934	11. 408
0. 59	7. 931	8. 425	8. 918	9. 412	9. 906	10. 400	10. 893	11. 387	11. 881
0. 60	8. 252	8. 767	9. 281	9. 795	10. 309	10. 824	11. 338	11. 852	12. 367
0. 61	8. 582	9. 118	9. 653	10. 188	10. 724	11. 259	11. 795	12. 330	12. 865
0. 62	8. 921	9. 478	10. 035	10. 592	11. 149	11. 706	12. 264	12. 821	13. 378
0. 63	9. 268	9. 848	10. 427	11. 007	11. 586	12. 165	12. 745	13. 324	13. 904
0. 64	9. 625	10. 227	10. 830	11. 432	12. 034	12. 637	13. 239	13. 841	14. 444
0. 65	9. 991	10. 616	11. 242	11. 868	12. 494	13. 120	13. 746	14. 372	14. 998
0. 66	10. 365	11. 016	11. 666	12. 316	12. 966	13. 616	14. 266	14. 916	15. 567
0. 67	10. 750	11. 425	12. 100	12. 775	13. 450	14. 125	14. 800	15. 475	16. 150
0. 68	11. 144	11. 844	12. 545	13. 246	13. 946	14. 647	15. 347	16. 048	16. 749
0. 69	11. 548	12. 274	13. 001	13. 728	14. 455	15. 182	15. 909	16. 636	17. 363
0. 70	11. 961	12. 715	13. 469	14. 223	14. 977	15. 730	16. 484	17. 238	17. 992
0. 71	12. 385	13. 167	13. 948	14. 730	15. 511	16. 293	17. 074	17. 856	18. 637
0. 72	12. 819	13. 629	14. 439	15. 249	16. 059	16. 869	17. 679	18. 489	19. 299
0. 73	13. 264	14. 103	14. 942	15. 781	16. 620	17. 460	18. 299	19. 138	19. 977

（续）

$\alpha-Q-P$	34	36	38	40	42	44	46	48	50
0.74	13.719	14.588	15.457	16.326	17.195	18.065	18.934	19.803	20.672
0.75	14.184	15.084	15.984	16.884	17.784	18.684	19.584	20.484	21.384
0.76	14.661	15.593	16.524	17.456	18.387	19.319	20.251	21.182	22.114
0.77	15.149	16.113	17.077	18.041	19.005	19.969	20.933	21.897	22.861
0.78	15.648	16.645	17.642	18.640	19.637	20.635	21.632	22.629	23.627
0.79	16.158	17.190	18.221	19.253	20.284	21.316	22.347	23.379	24.411
0.80	16.680	17.746	18.813	19.880	20.946	22.013	23.080	24.146	25.213
0.81	17.213	18.316	19.418	20.521	21.624	22.727	23.829	24.932	26.035
0.82	17.758	18.898	20.037	21.177	22.317	23.456	24.596	25.736	26.875
0.83	18.315	19.493	20.670	21.848	23.026	24.203	25.381	26.558	27.736
0.84	18.884	20.101	21.317	22.534	23.750	24.967	26.183	27.400	28.616
0.85	19.465	20.721	21.978	23.234	24.491	25.747	27.004	28.260	29.517
0.86	20.058	21.355	22.653	23.950	25.248	26.545	27.843	29.141	30.438
0.87	20.663	22.002	23.342	24.682	26.021	27.361	28.701	30.040	31.380
0.88	21.280	22.663	24.045	25.428	26.811	28.194	29.577	30.960	32.343
0.89	21.909	23.336	24.763	26.190	27.618	29.045	30.472	31.899	33.326
0.90	22.550	24.022	25.495	26.968	28.441	29.913	31.386	32.859	34.332
0.91	23.202	24.722	26.241	27.761	29.280	30.800	32.319	33.839	35.358
0.92	23.867	25.434	27.001	28.569	30.136	31.704	33.271	34.838	36.406
0.93	24.542	26.159	27.775	29.392	31.009	32.625	34.242	35.858	37.475
0.94	25.228	26.895	28.563	30.230	31.897	33.564	35.231	36.898	38.566
0.95	25.925	27.644	29.363	31.082	32.801	34.520	36.239	37.958	39.677
0.96	26.631	28.403	30.175	31.948	33.720	35.492	37.264	39.037	40.809
0.97	27.345	29.172	30.999	32.826	34.653	36.480	38.307	40.134	41.961
0.98	28.067	29.950	31.834	33.717	35.600	37.483	39.366	41.249	43.132
0.99	28.795	30.736	32.677	34.618	36.559	38.499	40.440	42.381	44.322
1.00	29.528	31.528	33.528	35.528	37.528	39.528	41.528	43.528	45.528

B.3　$\alpha-Q-P$ 数据图

$\alpha-Q-P$ 数据曲线如图 B.1 所示。

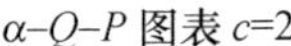

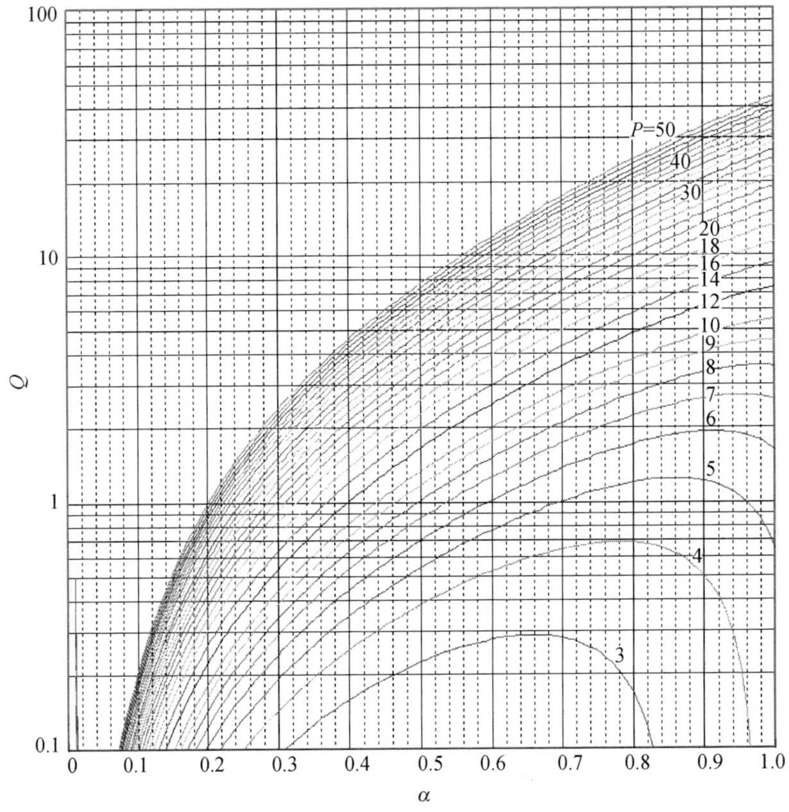

图 B.1 $\alpha-Q-P$ 曲线

参考文献

[1] 邱丽原,邱杰. $\alpha-\beta$ 滤波器的基本问题分析及仿真研究[J]. 电讯技术,2016,56(4):416-423.

[2] 周新良. 计算机辅助跟踪技术在单脉冲跟踪伺服系统中的实现与仿真[J]. 电讯技术,2008,48(6):35-39.

[3] 王冰. 面向目标跟踪的自适应雷达参数选择与波形设计[D]. 北京:清华大学,2011.

附录 

“寰宇星空”观测跟踪任务规划

C.1 概　　述

人类探索宇宙世界之梦世代不息，随着科学技术的进步，航天事业深空探测硕果累累。雷达就是观测宇宙的重要工具之一，雷达的标校也可以利用星空中的自然或人工天体，使用于雷达标校的目标更接近雷达探测目标的实际状态，提高雷达深空探测的质量。

例如在天基低轨任务中，根据低轨系统状态调用有限的预警资源跟踪（传感器），合理安排其对目标的探测跟踪序列方案[1]。对于空间探测任务系统的处理流程，观测任务规划是其中重要的一环[2]。雷达在空间目标探测与识别技术发展中起着重要作用，它实时性强，测量信息丰富，可以主动地、全天候地对目标进行探测、识别和编目[3]。

“寰宇星空”程序是雷达标定程序的一个相对独立的功能模块，支持搜索、显示测量站在某一个时间区段的星空和地球卫星过境情况，用于生成恒星、行星和卫星的观测跟踪任务规划。

C.1.1 任务规划

（1）明确规划目的是观测的卫星是光学可见还是雷达可见，还是需要光学、雷达同时可见。初步确定观测区段和重点观测星体；

（2）搜索指定时间区段的可见卫星；

（3）按光学或雷达可见条件筛选数据；

（4）保存可见轨道数据；

（5）制定观测方案、观测顺序等，包括等待点设置、模拟跟踪等。

C.1.2 工具

利用雷达标定程序的“寰宇星空”页面和“地球卫星运行参数编辑器”页面，完成卫星跟踪规划。

“寰宇星空”页面主要完成测量站点设置、时间区段设置、轨道搜索和显示、数据文件筛选和存储。地球卫星运行参数编辑器主要完成卫星星历表更新、卫星筛选等，显示页面如图 C.1(a)至(f)中(a)协议椭球系 - 经纬度直角显示；(b)协议椭球观察 - 极坐标显示；(c)测站地平 - *AE* 极坐标显示；(d)测站地平 - *XY*笛卡儿坐标投影；(e)测站地平 - *XY* 笛卡儿坐标投影(叠加背景地图)；(f)地心赤道 - *YZ* 笛卡儿坐标投影(叠加背景地图)等分图所示，地球卫星运行参数编辑器页面如图 C.2 所示。

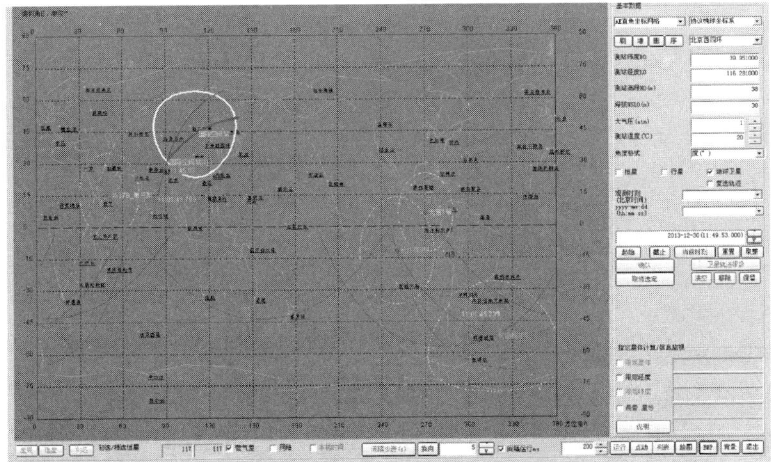

(a) 协议椭球系 - 经纬度直角显示

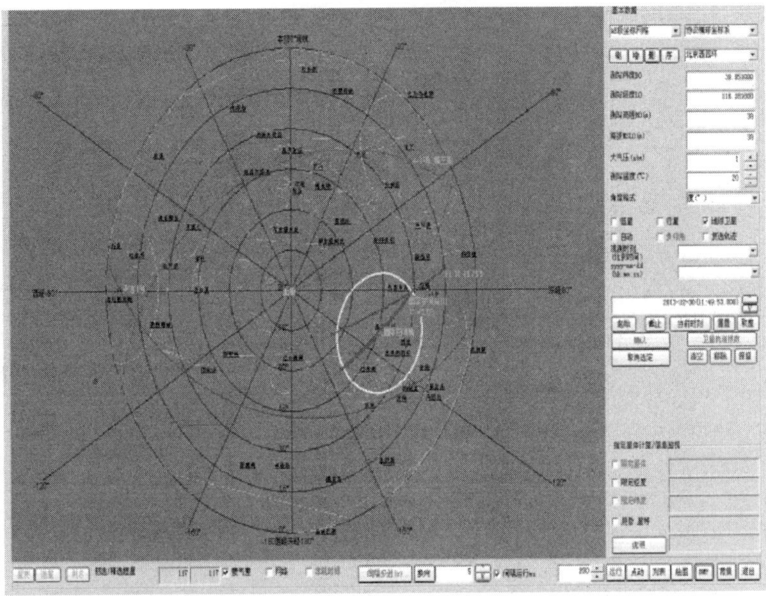

(b) 协议椭球观察 - 极坐标显示

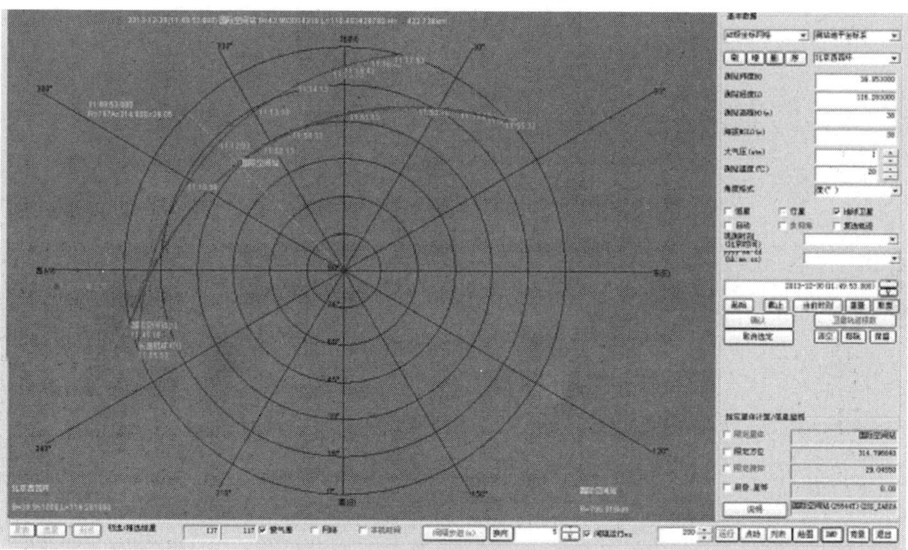

(c) 测站地平 -*AE* 极坐标显示

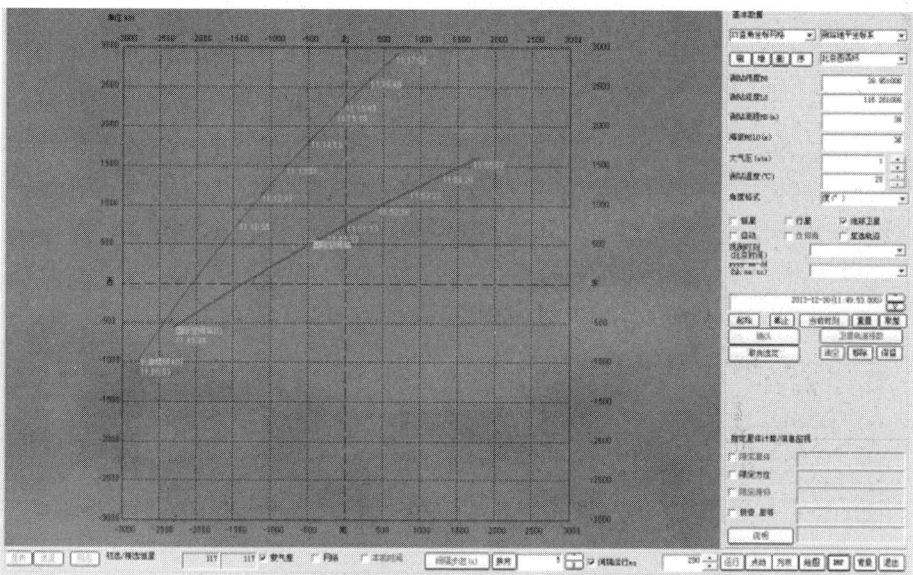

(d) 测站地平 -*XY* 笛卡儿坐标投影

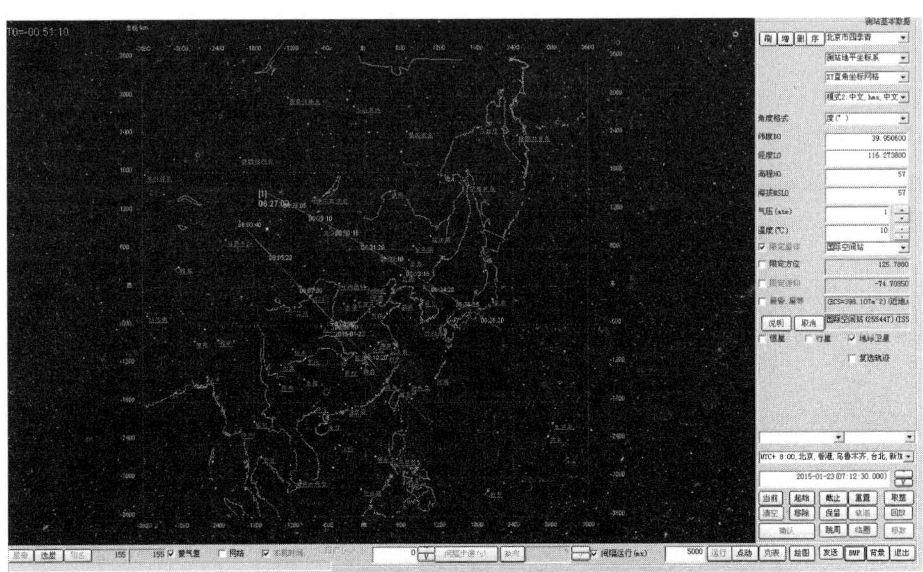

(e) 测站地平 -XY 笛卡儿坐标投影(叠加背景地图)

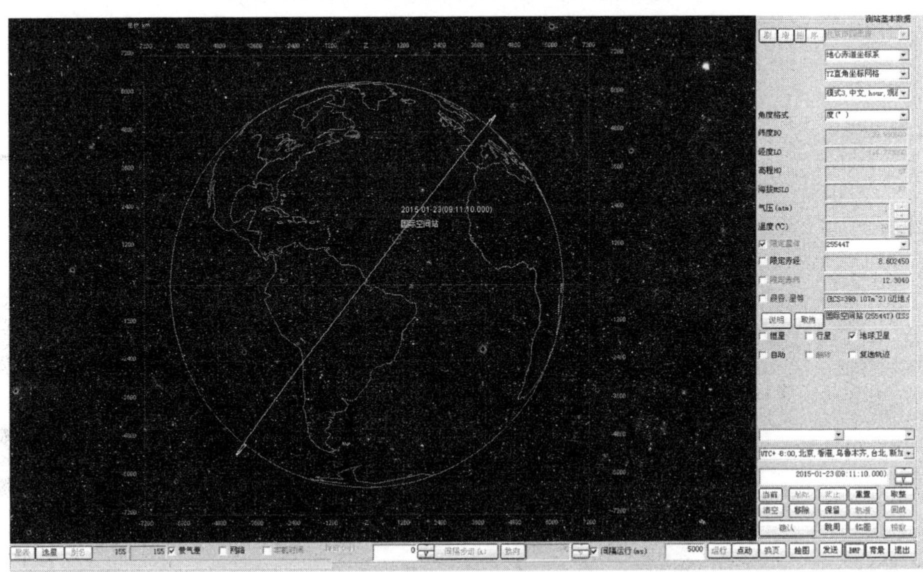

(f) 地心赤道 -YZ 笛卡儿坐标投影(叠加背景地图)

图 C.1 “寰宇星空”页面

地球卫星运行参数编辑器

列表

序号	目标代号	通用名	中文名	预报发布时间	预报时间区间1	预报时间...	时间...	根数历元	轨道半长径a...	偏
1659	14699T	COSMOS 1536	宇宙 1536	2013-02-02...	2013-02-02 (04:37:24...		UTC	2013-02-02 (04:37:24.880)	6944.29971536	0.001
1660	17295T	COSMOS 1812	宇宙 1812	2013-02-01	2013-02-01 (16:54:59...		UTC	2013-02-01 (16:54:59.233)	6926.96769037	0.001
1661	18958T	COSMOS 1933	宇宙 1933	2013-02-02...	2013-02-02 (11:45:56...		UTC	2013-02-02 (11:45:56.383)	6943.85669574	0.001
1662	19046T	SL-3 R/B		2013-02-02	2013-02-02 (04:56:58...		UTC	2013-02-02 (04:56:58.705)	6951.76768779	0.003
1663	19210T	COSMOS 1953	宇宙 1953	2013-02-02	2013-02-02 (19:23:15...		UTC	2013-02-02 (19:23:15.399)	6947.14592510	0.001
1664	19574T	SL-14 R/B		2013-02-01	2013-02-01 (13:39:59...		UTC	2013-02-01 (13:39:58.203)	7000.38438835	0.002
1665	20465T	COSMOS 2058	宇宙 2058	2013-02-01	2013-02-01 (21:07:28...		UTC	2013-02-01 (21:07:28.458)	6956.66654298	0.001
1666	21422T	COSMOS 2151	宇宙 2151	2013-02-02	2013-02-02 (20:41:24...		UTC	2013-02-02 (20:41:24.601)	6979.30615593	0.001
1667	22286T	COSMOS 2228	宇宙 2228	2013-02-01	2013-02-01 (18:22:37...		UTC	2013-02-01 (18:22:37.223)	6993.20565524	0.002
1668	22626T	COSMOS 2242	宇宙 2242	2013-02-01	2013-02-01 (18:19:18...		UTC	2013-02-01 (18:19:18.363)	6992.65206409	0.002
1669	25860T	OKEAN-O		2013-02-02	2013-02-02 (21:17:09...		UTC	2013-02-02 (21:17:09.175)	7024.97334579	0.000
1670	25861T	SL-16 R/B		2013-02-02...	2013-02-02 (11:55:19...		UTC	2013-02-02 (11:55:19.764)	7016.32109778	0.001
1671	27550T	JB-3 2 (ZI 2B)		2013-02-02...	2013-02-02 (20:36:19...		UTC	2013-02-02 (20:36:19.103)	6822.83016424	0.000
1672	39061T	IGS 8		2013-01-27...	2013-01-27 (21:33:07...		UTC	2013-01-27 (21:33:07.626)	6893.60153318	0.000
1673	20580T	HST	哈勃太空望远镜	2013-02-02...	2013-02-02 (11:48:02....		UTC	2013-02-02 (11:48:02.864)	6935.00495705	0.000
1674	37820T	TIANGONG 1	天宫1号	2013-02-02...	2013-02-02 (15:49:44....		UTC	2013-02-02 (15:49:44.524)	6726.79902326	0.000
1675	28222T	CZ-2C R/B	UnkownOjectB	2013-02-02...	2013-02-02 (01:07:09....		UTC	2013-02-02 (01:07:09.583)	6944.22699787	0.005
1676	28647T	Lacrosse 5 r	长曲棍球 5 r	2013-01-30...	2013-01-30 (18:44:30....		UTC	2013-01-30 (18:44:30.858)	6954.45402521	0.014
1677	28646T	Lacrosse 5	长曲棍球 5	2013-01-30...	2013-01-30 (18:15:50....		UTC	2013-01-30 (18:15:50.820)	7092.43063034	0.000
1678	26473T	Lacrosse 4	长曲棍球 4	2013-01-30...	2013-01-30 (17:56:00....		UTC	2013-01-30 (17:56:00.777)	7055.55515065	0.000
1679	23757T	RXTE (XTE)	X射线观测	2013-02-02...	2013-02-02 (16:15:11....		UTC	2013-02-02 (16:15:11.327)	6834.01715866	0.000
1680	39025T	OTV 3	X-37B(第三架)	2013-01-28...	2013-01-28 (19:14:40....		UTC	2013-01-28 (19:14:40.689)	6728.33866578	0.001
1681	25777T	IRIDIUM 14 [S]	铱星 14 [S]	2013-02-02...	2013-02-02 (08:54:38....		UTC	2013-02-02 (08:54:38.449)	7087.72851528	0.000
1682	25527T	IRIDIUM 2 [-]	铱星 2 [-]	2013-02-02...	2013-02-02 (02:42:48....		UTC	2013-02-02 (02:42:48.460)	6936.27273350	0.001
1683	25344T	IRIDIUM 73 [-]	铱星 73 [-]	2013-02-01...	2013-02-01 (21:18:19....		UTC	2013-02-01 (21:18:19.433)	7111.03325764	0.000
1684	24873T	IRIDIUM 921 [-]	铱星 921 [-]	2013-02-02...	2013-02-02 (05:23:10....		UTC	2013-02-02 (05:23:10.475)	6942.50557357	0.001
1685	25544T	ISS (ZARYA)	国际空间站	2013-02-02...	2013-02-02 (22:04:28....		UTC	2013-02-02 (22:04:28.988)	6788.29146619	0.001

增加 删除 清空 禁止全部条目 http://www.stoff.pl/links.php 访问 STOFF 紫台 NORAD 放弃更新 维护 按目录提取数据 从文件提取数据 从剪贴板提取数据 注册人造天体数据

控制

加载 重载 导入 导出 另存 存储 ☑ 读入前清空 ☑ 退出时注册 ☑ 零星碎片 ☐ 簇团碎片 ☑ 查询后使能 ☐ 二次查询 中文名 用寰宇星空观察 退出

(a) 列表方式查询

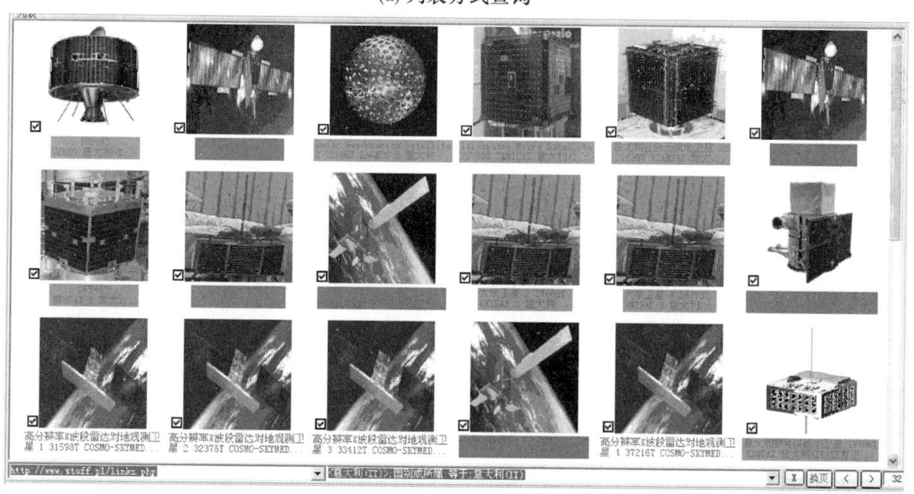

(b) 图示方式查询

图 C.2 “地球卫星运行参数编辑器”页面

C.2 基本操作步骤

(1) 更新卫星星历表。尽可能地使用轨道初元时刻最近的星历表,以提高预报精度。

(2) 选定要观测的卫星。可以根据轨道近地点高度、远地点高度、轨道倾角等参量筛选星体。

(3) 观测参数设置包括:设置观测截止时间和观测起始时间,以及步进间隔(样本数据率)、定时间隔等参数。确认观测基准、站址、气压、温度参数设置情况。

(4) 对搜索的数据进行二次筛选,删除低仰角,限定一些方位角等。

(5) 保存。形成规划数据文件,文件中包含了时刻、方位角、俯仰角、斜距、卫星名等信息。

C.3 操作说明

C.3.1 更新卫星星历表

C.3.1.1 更新卫星星历表的方法

更新卫星星历表的方法很多,包括自动下载、剪贴表粘贴、文件导入、子目录导入、手动输入等方式。

1) 自动下载

如果程序运行在互联网的机器上,打开"地球卫星运行参数编辑器"页面时,则会自动启动从网站(http://www.celestrak.com/NORAD/elements/)(图C.3)下载TLE(Two - line Element两行根数)数据并更新列表(状态提示监视TLE下载过程)。注意:为了不影响"寰宇星空"的运行,如果"寰宇星空"页面处于激活状态,下载完数据后需要手动点击"自动更新"按钮。在自动下载过程中如果不想继续下载,可以点击"取消下载"按钮。

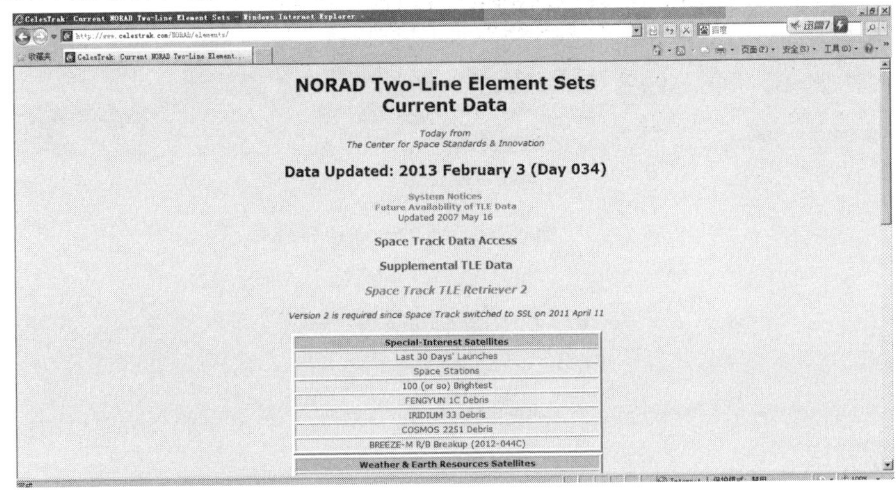

图C.3 北美洲防空司令部(NORAD)的网站

自动下载也可以从其他的两行根数网站(如 https://www.space-track.org)下载数据,需要提前准备好用户名和密码。

2) 剪贴表粘贴

可以把包含 TLE 的数据粘贴到 Windows 系统的剪贴板上,然后在“地球卫星参数编辑器”页面上点击“从剪贴板提取数据”按钮,提取轨道根数数据。这个方法适合临时更新部分数据。由于没有文件操作,过程很简单。这个方法也适合从紫金山天文台网站(http://www.pmo.jsinfo.net/renzaotiantiguance 2013.htm)下载业余级别的轨道根数数据。如图 C.4 所示。图中显示的是2013 年的网站、页面、该页面逐年有变化。

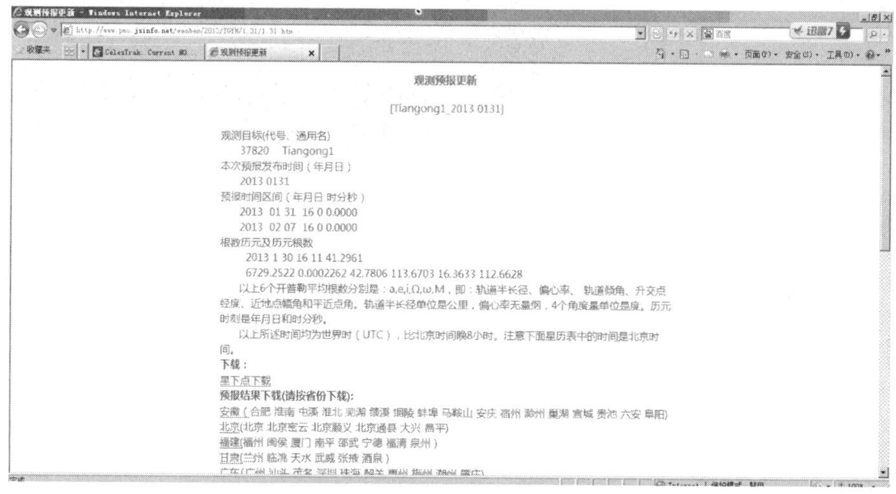

图 C.4 紫金山天文台业余网站观测预报更新

3) 文件导入

可以预先下载或者编辑好 TLE 文件,然后按“从文件提取数据”按钮,打开这个 TLE 文件,读入其中的信息到列表中。这个方法适合设有互联网连接的机器更新 TLE 数据。具体操作时,利用能上网的机器(例如手机或者互联网终端)访问指定网站,下载数据,然后把数据录入到一个 TLE 数据模板上(由于 TLE 数据格式有严格的定义,可事先建立以免出错)。录入完成后再导入。

4) 子目录导入

通过子目录导入也是很方便的,一次导入数据目录中全部文件。这个方法适合处理从一些特殊网站(例如 http://www.stoff.pl/downloads.php)下载打包的 TLE 数据(http://www.stoff.pl/tle/tle.zip),如图 C.5 所示。只要将下载的数据文件解压缩到一个子目录,就可以导入。

5) 手动输入

双击列表中一个单元格即可输入相应的数据。对于新下载的数据文件,通

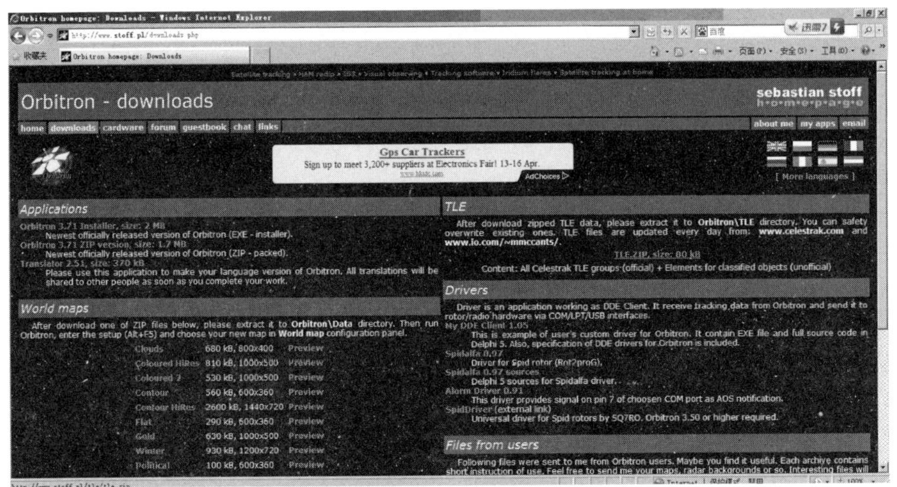

(a) “Stoff”网站

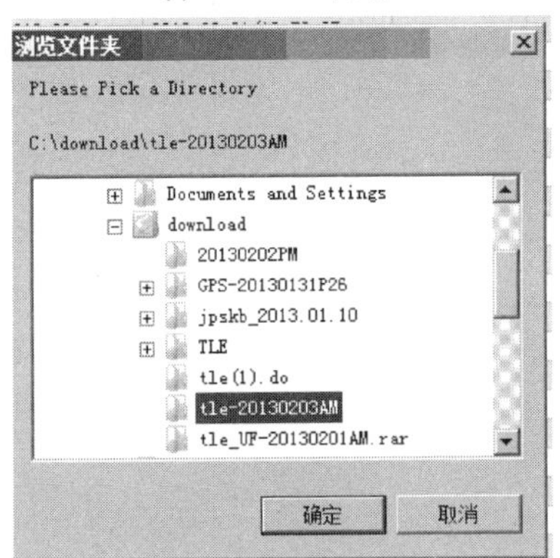

(b) 导入目录

图 C.5 从目录中导入 TLE 数据

常要保证目标代号、通用名、中文名称、根数历元、轨道半长径 a(km)、轨道倾角 i(°)、升交点赤经 Ω(°)、近点幅角 ω(°)、平近点角 M(°)、TLE 一阶项、TLE 二阶项、BSTAR 拖调制系数参数。其中根数历元、轨道半长径 a(km)、轨道倾角 i(°)、升交点赤经 Ω(°)、近点幅角 ω(°)、平近点角 M(°)通常又被称为轨道六根数。

手动输入可以使用“增加”“删除”“清空”等按钮命令。在右侧项目双击鼠标还会自动切换列表宽度。

C.3.1.2 有效性处理

(1) 需要说明的是导入到列表中的轨道根数如果有重复,则只保留最新初元时刻的轨道根数数据。例如，列表中某一颗卫星的根数历元是“2013－02－02(05:23:10.475)”，如果该卫星新导入的根数历元是“2013－02－02(12:13:11.475)”，则用该卫星新导入的数据覆盖列表已有的数据。覆盖前先从原来的卫星条目中提取包括中文名称、用途、参数和有效性等信息，然后更新到新根数历元对应的条目中。

(2) 新导入的数据不破坏原有的有效性。例如卫星原来在列表中的状态是无效，则新导入后还是无效状态。原来有效的条目，新导入后还是有效，并且集中放在列表末尾以便检查使用。原来列表中没有，新创建的卫星数据则自动设置成有效模式。

(3) 如果想导入以前某个时刻的卫星根数历元数据，这个时候先清空列表，然后再导入。这种方法适用于对以前某个时段的数据进行对比分析时使用。

C.3.2 选定观测卫星

列表中包含了大量的卫星，有效性栏目中没有无效标记的卫星都可以被“寰宇星空”显示。为了从列表中挑选有用的信息，可以采取下面几种方法。

C.3.2.1 手动点击挑选

(1) 单击“禁用全部条目”按钮，使全部数据都变成无效状态。

(2) 在列表中右键单击指定行“中文名”以左(含)的条目。条目自动变亮。如果撤销则可以再次单击。

C.3.2.2 查询筛选

(1) 勾选“查询后使能”。

(2) 在查询条目中选择指定的栏目(例如“近地点高度 km”)，在查询内容中选择相应数据(例如“505.388800”)，列表自动筛选出符合条件的条目并放置在列表末尾。

(3) 如果需要再次附加条件做进一步筛选，选择“二次查询”。

(4) 在查询条目中选择指定栏目(例如“远地点高度 km”)，在查询内容中选择相应数据(例如“520.005600”)，列表自动从步骤(2)中获得有效数据，进一步筛选出符合条件的条目并放置在列表末尾。

(5) 如果还需要附加其他条件，则继续重复步骤(4)直到满足所有筛选条件，如图C.6所示。

C.3.2.3 筛选后处理

(1) 单击“注册人造天体数据”(“注册地球卫星数据”)，保存筛选结果。

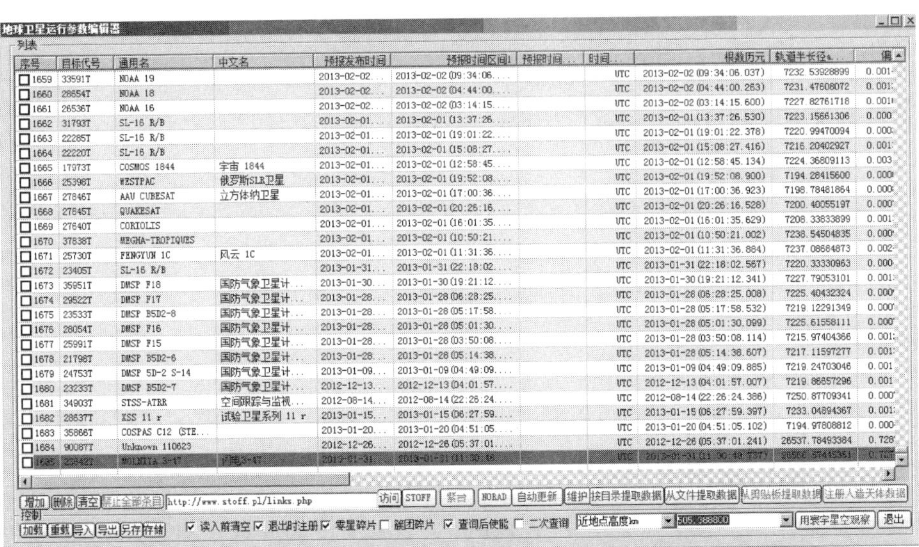

(a) 一次筛选

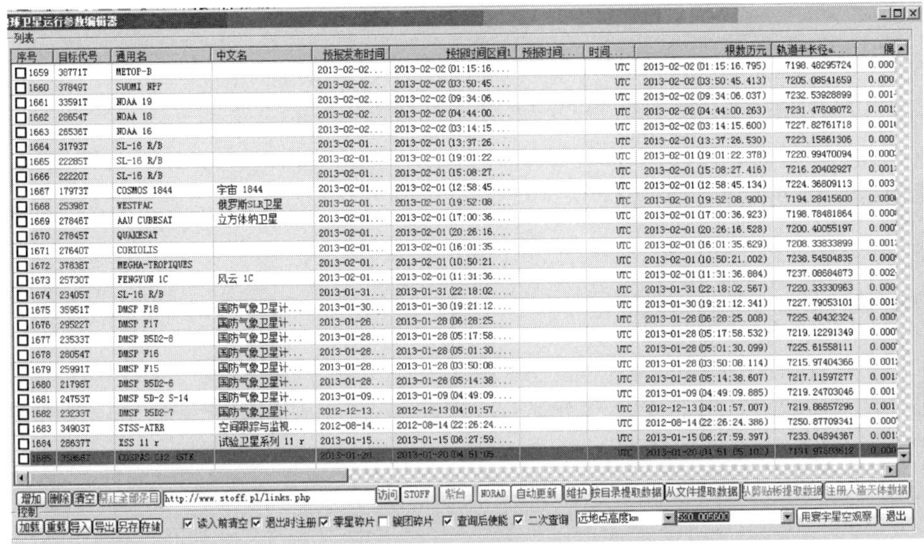

(b) 二次筛选

图 C.6　数据筛选

(2) 单击“用寰宇星空观察”切换到“寰宇星空”页面。“寰宇星空”自动读取“地球卫星参数编辑器”注册的有效卫星数据。

(3) 如果想在“寰宇星空”中重点观察选定的卫星，点击“用寰宇星空观察”按钮。切换到“寰宇星空”页面（如果“寰宇星空”页面没有打开，则提示打开）。

C.3.3 观测参数设置

C.3.3.1 初次使用设置

“寰宇星空”作为雷达标定程序的一个功能模块，运行时需要设置一些参数。这些参数保存在雷达标定程序共用的 INI 文件中。可以通过菜单选择“设置”→“选项”打开设置页面，“选取”“数据文件所在目录”。单击“确认”，以后作为默认值使用，如图 C.7 所示。

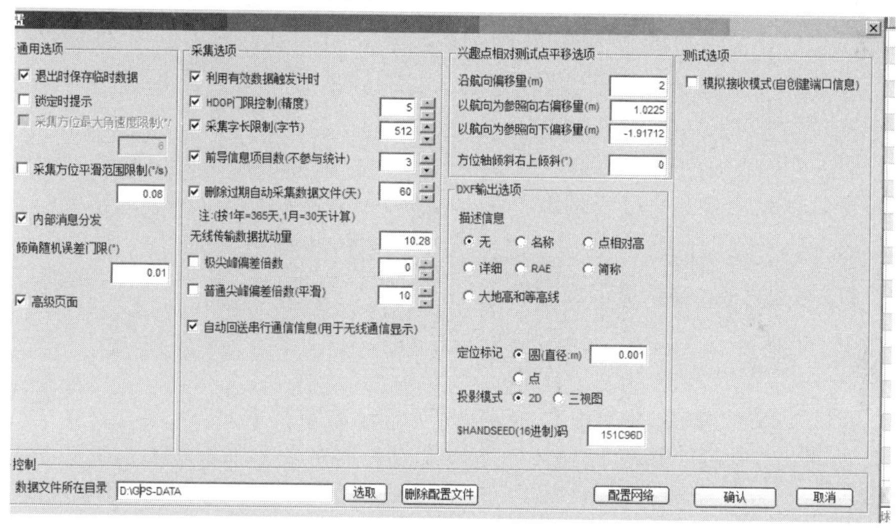

图 C.7　初次使用的数据文件所在位置设置

C.3.3.2 测站设置

C.3.3.2.1　进入“寰宇星空”页面

菜单选择“模拟”→“寰宇星空”。初次使用“寰宇星空”需要自动和手动做一些设置。

自动加载并挑选恒星星表。从 SAO(Smithsonian Astrophysical Observatory)星表中挑选比可视星等 6 级还亮的恒星。挑选完毕后单独存储起来。这个过程下次启动时就直接使用挑选后的星体。除非单击“星表”按钮重新选星表。程序使用的星表是“哈佛 - 史密松”天文台的 SAO 星表。SAO 星表收录了 216462 颗恒星赤经、赤纬以及自行、亮度、光谱信息。

C.3.3.2.2　观测基准和点位大地坐标信息

(1) 设置默认的观测基准。选择“测站地平坐标系”。这个坐标系是以观测站为中心。方位零位指向正北，俯仰零位地平线起算，头顶为俯仰 90°。

（2）设置测站大地坐标。包括测站纬度 B_0、测站经度 L_0、测站高程 H_0、测站海拔 MSL0、测站所在位置的大气压、温度（℃）以及角度格式等。这些参数一经设置自动保存。设置完成后在测站名上输入测站具体名称，点击“增”按钮，保存到默认的站址列表中（要修改时单击“刷”就可以重新更新数据，单击“删”可以从地址列表中删除该条目，单击“序”可以按名称对站址列表进行排序）。

C.3.3.2.3 搜索参数设置

（1）搜索截止时间设置。可以设置搜索截止时间，也可以不设置搜索截止时间。如果设置了搜索截止时间，则定时到截止时间就停止搜索了（响铃提示到达设定的步进截止时刻，步距变成 0）。如果没有设置搜索截止时间，则由用户手动单击“停止”按钮，终止搜索。

（2）设置间隔步进量。在“间隔步进（s）”右侧编辑框输入步进量，这个步进量就是轨道引导数据的数据率。步进量越大，相邻数据时间间隔越长。

（3）设置定时间隔（ms）。在“定时间隔”编辑框输入定时间隔，则按该值定时计算，生成数据，刷新显示。

C.3.4 搜索

单击“定时”按钮，开始搜索。显示屏上显示轨道数据。

（1）页面切换。单击“列表”切换到表格数据显示。再次单击显示帮助，再次单击回到图形页面。

（2）过程控制。单击“间隔步进（s）” 按钮则暂停步进，再次单击，则继续步进，单击“反向”则回退。注意：回退时不存储数据。

（3）选择特定星体。在绘图页面上单击选择“限定星体”，则自动捕捉，重点显示该星体的参数。去掉“限定星体”选项则又变成普通方式显示了。限定方式只对选定的星体进行绘图和数据生成，速度较快。

（4）在限定星体模式下，可以设置方位门限和俯仰门限，当限定的星体运行到限定位置时自动响铃提示，并表格数据显示停止下来。例如用这个方法可以使得星体在俯仰 0°时（出地平线）停下来，提示星体开始进入。

C.3.5 筛选

切换到列表数据页面，如图 C.8 所示。

（1）移出不需要的卫星。在组合框中选择卫星名，单击“筛选”。

（2）限制仰角。在条件中输入仰角下限 ，例如只显示 5°以上的星体（则选择“保留”，选“俯仰角 E（°）”，第一个编辑框输入 5°，单击筛选）。

（3）还可以继续按其他模式进行筛选，直至列表中的数据确实满足需要。

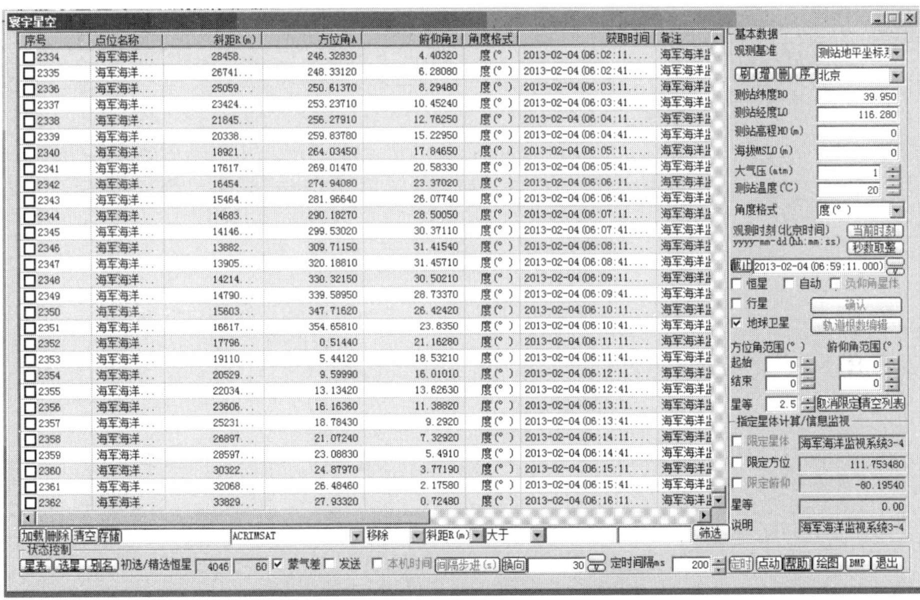

图 C.8 “寰宇星空”数据列表页面

C.3.6 保存

单击“存储”。提示输入文件名。保存列表数据。

同时保存四类格式文件:通用 txt 格式、xls 格式、OBS 格式以及 kml 格式。其中 OBS 格式与 TRAKSTAR/SGP4 输出的格式一致。通用格式如表 C.1 所列。kml 格式为 Google earth 使用的一种标记语言格式,用于在 Google earth 中以三维方式叠加显示卫星的轨迹。

表 C.1 通用格式

序号	字段索引	内容
0	点位名称	国防气象卫星计划 F17
1	纬度 $B/(°)$	57.449882290
2	经度 $L/(°)$	94.650482560
3	高程 $H/(m)$	858990.79130000
4	斜距 $R/(m)$	2773532.9254
5	方位角 $A/(°)$	328.53830
6	俯仰角 $E/(°)$	6.49170
7	椭球系	WGS84(GPS 椭球系)
8	角度格式/(°)	度(°)
9	获取时间	2013-02-03(18:32:42.000)
10	备注	国防气象卫星计划 F17(29522T)(DMSPF17)/北京/测站地平坐标系
11	状态	未锁定

C.3.7 自动选星

上面介绍的选择星体并生成轨道的方法适合特定卫星挑选。“寰宇星空”还提供了一种自动选择星体方法，即根据卫星的可观测特性，自动挑选未来特定时间内过境的卫星。自动挑选依据卫星的 RCS、轨道高度、过境仰角等参数进行。

C.4 观测小提示

C.4.1 光学观测小提示

很多低轨卫星是可以用肉眼观测的。例如国际空间站、“天宫”1 号、“天宫”2 号、“哈勃”太空望远镜、X37B 空天飞机（在轨期间）、长曲棍球、铱星等，还有一些火箭碎片也可以观测。观测的时间区段一般为日落后 0.5 ~ 1.5h 的区间，以及日出前 0.5 ~ 1.5h 的区间。过境仰角越高，卫星越近，越容易观测。观测时一般先用上面介绍的方法或者其他程序计算过境轨道，尤其注意卫星通过天空中某些亮恒星、行星、月球等星体附近的时刻，作为等待点，做到有准备观测。观测时要比预报时间提前 3 ~ 5min 选择好观测地点，观测地点周围以及观测方向尽量避开地面灯光，让眼睛能够适应环境。一个等待点没有观测到，可以迅速地转向另外一个等待点。低仰角的卫星通常很难观测到，主要是由于距离比较远的缘故，如图 C.9、图 C.10 所示。

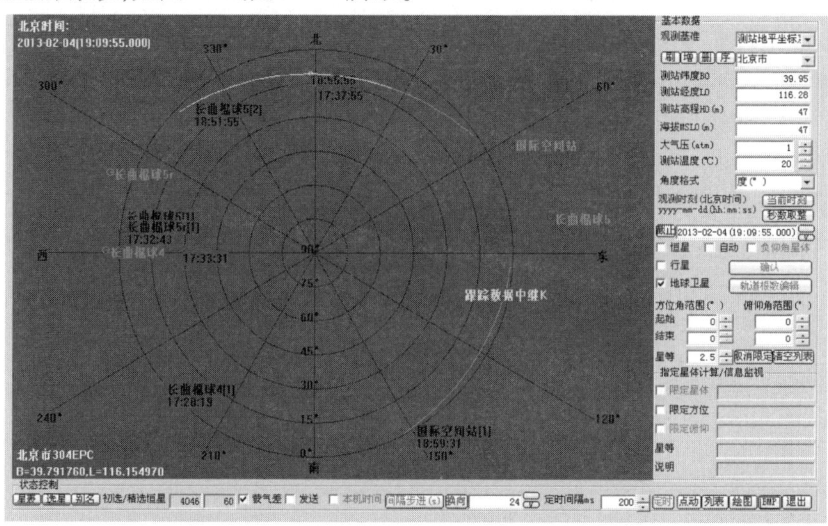

其中：白色－光学可观测

图 C.9　分颜色显示可观测弧段

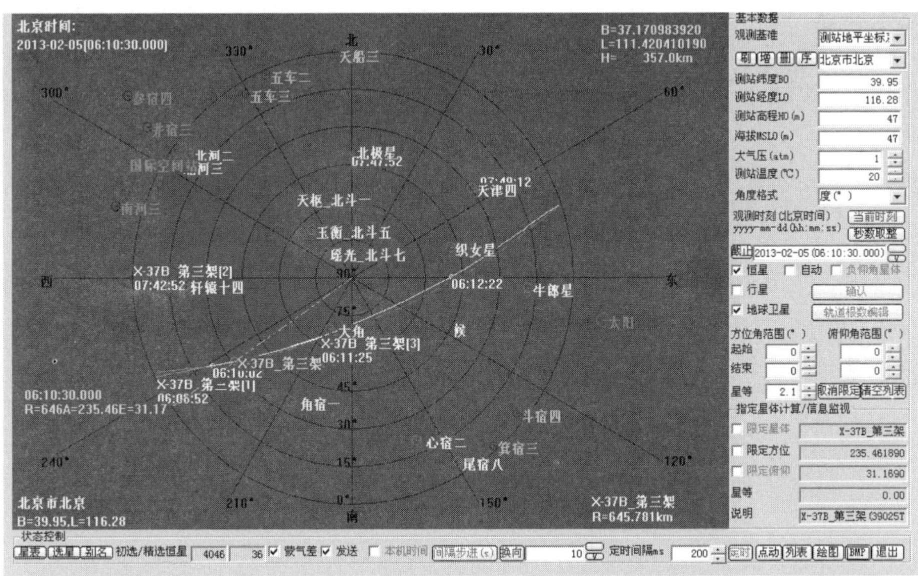

图 C.10　光学观测等待点 06:11:25(通过大角星南侧)

C.4.2　雷达跟踪小提示

雷达跟踪卫星比光学观测要方便得多,可以不受天气、时间限制。但雷达观测也有几点需要注意的。一是提前计算轨道,设置好等待点。特别是大型雷达波束比较窄,对轨道预报精度要求比较高,而通过官方或者非官方网站获得的轨道数据推算跟踪时刻的卫星位置会存在一定的误差,这就要求尽可能使用最新时刻的轨道根数数据,同时提前数秒在预报位置等待截获。二是卫星仰角很高时跟踪角加速度也会很大,这个时候要注意必要的限位或者采取辅助手段避开过大的角加速度对雷达天线及周边转动设备的影响。

C.5　小　　结

“寰宇星空”程序可以直观地显示处理卫星两行根数信息和精确轨道信息,形成卫星轨道数据,并以多种模式显示、储存、发送数据,十分适合做雷达和人工观测的轨道预报和引导。同时“寰宇星空”软件还支持恒星、行星的位置计算。

根据卫星星历表,利用“寰宇星空”软件还可利用其他商业化或者公开的卫星轨道程序计算卫星观测位置参数,不能做到十分精确,特别是低轨卫星,受到地球引力摄动、大气阻力等因素影响,推算的轨道也可能会出现微小的差别。

参考文献

[1] 简平,邹鹏,等. 基于周期的低轨预警系统任务动态重规划策略[J]. 电讯技术,2013,53(5):538 – 542.

[2] 卢建斌,肖慧,等,基于非精确计算的空间探测相控阵雷达任务规划算法[J]. 飞行器控制学报,2007,26(3):18 – 24.

[3] 李玉书. 空间目标监视雷达技术探讨[J]. 飞行器控制学报,2003,22(4):62 – 66.

附录D 雷达跟踪精度处理方法

D.1 分区间处理

按照雷达目标俯仰角的不同，分为低仰角区域和非低仰角区域两种情况（低仰角指俯仰受地面多路径影响的空域）。为了接近平稳性的要求，一般将录取的数据划分为若干个区间，然后对各区间的数据进行处理。

D.2 雷达跟踪数据有效性

比正常值明显偏大或偏小的测量值称为“野值”。在实际测量数据中往往会有“野值”出现，大多来源于操作失误或数据传输线路故障，必须将明显不合理的数据去掉。利用外推拟合法可以识别和检验“野值”。外推拟合法是以前面连续正常的观测数据为依据，应用最小二乘估计和时间多项式外推后一时刻（第$n+1$个）观测数据估计值，与该时刻的实测数据作差，识别差值是否超过给定的门限σ。若差值大于门限σ，则认为该实测值为“野值”，并用估值代替“野值”，否则认为是正常值。通常取前4个或5个连续正常的观测数据，采用一阶或二阶多项式进行计算。得到平均值E和均方根误差σ，以$E\pm3\sigma$为置信区间，超出区间时为异常值，对数据进行分析。有证据表明是由于偶然偏离造成的，或产生于操作和录取中的失误，应把这些数据在数据处理中予以剔除。当异常数据可能是由于雷达性能所造成的、固有的随机变异性的极端表现，可参照GB/T 4883—2008（数据的统计处理和解释正态样本离群值的判断和处理）的规则进行异常数据的判断和处理。当某区间剔除的数据量超出本区间数据总量的10%时，认为该区间数据无效[1]。

D.3 基准值数据有效性

根据基准值数据T_1时刻位置和速度，对下一帧时刻T_2位置进行预测，设定

预测位置误差为 d_r。若 $d_r < d_{r0}$，则 T_1 时刻数据有效，否则无效。d_{r0} 为常数，视考核的区间确定；若连续大于某设定的时间没有基准数据（如设定的时间为5s），则不给出该区间的基准值数据。

D.4 非低仰角误差统计处理方法

D.4.1 一次样本统计

1）系统误差

系统误差为

$$\Delta_i(R_k) = \frac{1}{n}\sum_{j=1}^{n}\delta X_{ij}(R_k) \tag{D.1}$$

式中：R_k 为第 k 区间的中心距离值；$\delta X_{ij}(R_k)$ 为第 i 次进入第 k 区间上第 j 点的受试参数的一次误差。

2）起伏误差

起伏误差统计为

$$e_i(R_k) = 0.6745\sqrt{\frac{1}{N-1}\sum\left[\delta X_{ij}(R_k) - \Delta_i(R_k)\right]^2} \tag{D.2}$$

D.4.2 二次样本统计

1）系统误差

将相同航线的所有进入经过系统误差一次样本统计的结果，再进行二次样本的统计。样本均值为

$$\overline{\Delta}(R_k) = \frac{1}{M}\sum_{i=1}^{M}\Delta_i(R_k) \tag{D.3}$$

式中：M 为有效进入次数。

样本均方差为

$$\sigma_\Delta(R_k) = \sqrt{\frac{1}{M-1}\sum_{i=1}^{M}\left[\Delta_i(R_k) - \overline{\Delta}(R_k)\right]^2} \tag{D.4}$$

式中：$\sigma_\Delta(R_k)$ 为第 k 区间受试参数的系统误差的均方根误差。

2）起伏误差

将相同航线的所有进入经过起伏误差一次样本统计的结果，按照如下方法进行二次样本的统计。

样本均值为

$$\bar{e}_\Delta(R_k) = \frac{1}{M}\sum_{i=1}^{M}e_i(R_k) \tag{D.5}$$

第 k 区间受试参数的起伏误差的均方差为

$$\sigma_e(R_k) = \sqrt{\frac{1}{M-1}\sum_{i=1}^{M}[e_i(R_k) - \bar{e}(R_k)]^2} \tag{D.6}$$

D.4.3　综合误差评定

按下列步骤进行误差的综合评定，判断其是否满足相关技术指标要求。

（1）系统误差综合评定：

$$\Delta_s(R_k) = |\bar{\Delta}(R_k)| + \sigma_\Delta(R_k) \tag{D.7}$$

式中：$\Delta_s(R_k)$ 为第 k 区间上受试参数的系统误差综合评定值；$\bar{\Delta}(R_k)$ 为多次进入第 k 区间受试参数的系统误差平均值。

（2）起伏误差综合评定：

$$\sigma_s(R_k) = \bar{e}(R_k) + \sigma_e(R_k) \tag{D.8}$$

（3）最大误差综合评定：

$$\mathrm{err}_{\max}(R_k) = \Delta_s(R_k) + 3\sigma_s(R_k) \tag{D.9}$$

式中：$\mathrm{err}_{\max}(R_k)$ 为在第 k 区间上受试参数的最大误差综合评定值。

D.5　低仰角误差统计处理方法

D.5.1　一次样本统计

D.5.1.1　系统误差

先进行 M 点滑动平均，得到单次进入该区间随时间缓慢变化的误差均值，即

$$E_{ij}(R_k) = \frac{1}{M}\sum_{j=1}^{t+M-1}\delta X_{ij}(R_k) \tag{D.10}$$

式中：M 为滑动窗宽度，一般取 7 ~ 9 点；t 为滑动窗的起始点；$\delta X_{ij}(R_k)$ 为第 i 次进入第 k 区间上第 j 点的受试参数的一次误差。

再对该区间误差均值的绝对值取最大，得到每次进入的系统误差 $\Delta_i(R_k)$ 为

$$\Delta_i(R_k) = \max(|E_{ij}(R_k)|) \tag{D.11}$$

D.5.1.2　起伏误差

起伏误差为

$$e_i(R_k) = \sqrt{\frac{1}{n-1}\sum_{j=1}^{n}[\delta X_{ij}(R_k) - E_{ij}(R_k)]^2} \tag{D.12}$$

式中:n 为第 i 次进入第 k 区间的采样数。

D.5.2 二次样本统计

见 D.4.2 节二次样本统计。

D.5.3 综合误差评定

见 D.4.3 节综合误差评定。

参考文献

[1] 袁勇. 基于精密星历的雷达测量误差标定技术研究[D]. 长沙:国防科学技术大学,2008.

主要符号表

A	天线的方位角(°);信号幅度;接收机增益控制量
$A(t)$	真值或系统误差;星体理论方位角(°);目标方位角(°)
$\boldsymbol{A},\boldsymbol{E}$	雷达测角数据矢量
A_{ij}^0	第 i 颗星第 j 次采样获得的方位角理论值
A_{0i}	方位误差电压为零时的方位角
A_0	雷达方位零值(°),方位角初始值(°);大地测量给出相对雷达中心的方位角(°)
A_{10}	方位角零值(°)
A_{1m}	天线座下倾的最大方位角(°)
$A_{c(t)}$	t 时刻天线方位角(°)
A_c	修正后的方位角(°);实际测量方位角(°)
A_{Gi},A_{Li}	i 时刻标校球/雷达的方位角(°)
A_{ij}	第 i 颗星第 j 次采样获得的方位角测量值
A_i	测点 i 处方位角(°),码盘测量值;方位角大地测量值;信号幅度(V);第 i 个飞行周期目标方位角(°)
$\overline{A}_i$	第 i 颗星方位角平均值
A_i	方位标的方位角大地测量值(°);信号幅度(V)
A_{j-1}	多项式各项系数
A_L	光轴对准时,方位轴角编码器输出的数据(°)
A_M	方位轴偏移方向的方位角(°);被测量目标的 AGC 值
A_{ni}	雷达测量射电量方位角度编码器输出
A_n	方位轴角编码器输出值(°)
A_R	光轴对准时,方位轴角编码器输出的数据(°)
A_r	样本 r 阶原点距
A_T	喇叭天线的方位角
A_X	校正的方位角值(°)
$\dot{A}$	目标方位角速度
A_i'	观测 i 号方位标时,方位轴角编码器的输出值(°)

A'_{ni}	经视差修正的 i 号方位标的方位观测值(°)；电轴对准时，方位轴角编码器输出的数据；经视差修正后的 i 号方位标的雷达方位观测值(°)
$A_{\mathrm{i}}^{\mathrm{o}}$	射电量实时计算基准坐标(方位角)
a	平均误差；系统误差；地球平均半径(m)；最大径向加速度($\mathrm{m/s^2}$)；椭球长半轴；望远镜十字垂线与标志板垂线偏差；赤经；轨道半长径(km)
$a(t)$	星体的赤经(°)
$a_{0\mathrm{i}}$	分误差的固定值
a_0	系统误差中的固定误差
a_{11}	天线大盘水平度的方位修正值(°)
a_{12}	方位轴、俯仰轴垂直度(°)
a_{13}	光机轴平行度(°)
a_{14}	方位光电轴平行度(°)
a_{15}	角编码器非线性度(°)
a_{D}	WGS－84 坐标系下的椭球长半轴(m)
a_{m}	设备本身具有的平均误差
a_{n-1}	$n-1$ 个样本时的平均误差
a_n	n 个样本时的平均误差
a'_{0i}	分量的固定误差
a'_0	完全相关的固定误差
B	调频带宽(Hz)；经过测量点 M 的椭球法线与赤道平面的夹角；大地纬度
B_0	雷达站的大地纬度
B_{n}	跟踪回路带宽(Hz)
B_{P0}	固定点位的纬度(°)
$B_{\mathrm{P}i}$	固定点纬度的 BD/GPS 测量值(°)
B_r	样本 r 阶中心距
b	地球的短半轴
C	线膨胀系数；信噪比标定常数
C_e,C_E	丰度系数
C_s	偏度系数
C_u	变异系数
c	光速(m/s)；置信度系数
D	雷达天线最大尺寸(m)；数学方差

$D(X)$　样本方差

D_{ij}　第 i 颗星的第 j 次采样时的北京标准时(h min s)

D_j　采样时的北京标准时

d　信号源天线最大尺寸(m)

E　天线的俯仰角(°);平均值

$E(t)$　星体理论俯仰角(°);目标俯仰角(°)

E_{ij}^0　第 i 颗星第 j 次采样获得的俯仰角理论值

E_{0i}　方位误差电压为零时的俯仰角

E_0　雷达俯仰零值(°);大地测量俯仰角(°);误差电压为零时俯仰角(°);初始仰角(°)

E_{10}　仰角的零值(°)

E_{1d}　电轴在俯仰上(0°~90°区间)对准信号源时俯仰码盘读数

E_{1g}　光轴在俯仰上(0°~90°区间)对准光标时俯仰码盘读数

E_1　折算到俯仰轴端的俯仰角(°)

E_{2d}　电轴在俯仰上(90°~180°区间)对准信号源时俯仰码盘读数

E_{2g}　光轴在俯仰上(90°~180°区间)对准新对应光标时俯盘读数

E_2　望远镜垂直偏移引起的地标俯仰角差(°)

$E_c(t)$　t 时刻天线俯仰角(°)

E_c　修正后的俯仰角(°);实际测量俯仰角(°)

E_{Gi}, E_{Li}　i 时刻标校球/雷达仰角(°)

$E_{ij}(R_k)$　第 i 次进入第 k 区间受试参数随时间缓慢变化的误差均值

E_{ij}　第 i 颗星第 j 次采样获得的俯仰角测量值

$\overline{E_i}$　第 i 颗星俯仰角平均值

E_i　方位标的俯仰角大地测量值(°);第 i 个飞行周期时的目标俯仰角(°)

E_L　光轴对准时,俯仰轴角编码器输出的数据(°)

E_{mg}　天线重力下垂角(°)

E_{ni}　雷达测量射电量俯仰角度编码器输出

E_n　俯仰轴角编码器输出值(°)

E_R　光轴对准时,俯仰轴角编码器输出的数据(°)

E_T　喇叭天线的俯仰角

E_X　校正的俯仰角(°)

$\dot{E}_v$　目标垂直机动时引起目标仰角速度((°)/s)

$\dot{E}$　目标仰角变化的速率(rad/s)

E_i'	观测 i 号方位标时,俯仰轴角编码器的输出值(°)
E_{ni}'	经视差修正后的 i 号方位标的俯仰观测值(°)
$E_{\mathrm{i}}^{\mathrm{o}}$	射电量实时计算基准坐标(俯仰角)
e	角位置传感器与回转轴线偏心距(m)
e_{11}	天线大盘水平度的俯仰修正值(°)
e_{12}	俯仰光电轴平行度(°)
e_{13}	天线重力变形(°)
e_{14}	俯仰角编码器非线性度(°)
e^2	椭球第一偏心率平方
e_{D}	WGS-84 坐标系下的椭球体的第一偏心率
$e_i(R_k)$	第 i 次进入第 k 区间受试参数的起伏误差
$\mathrm{err}_{\max}(R_k)$	在第 k 区间上受试参数的最大误差综合评定值
e_{w}	湿度(水汽压)(Pa)
$\bar{e}_{\Delta}(R_k)$	多次进入第 k 区间受试参数的起伏误差平均值
F_1	复杂函数
F_2	复杂函数
F_{I}	和/差耦合度(dB)
f_0	发射脉冲信号的频率(Hz)
f_{c}	时钟频率(Hz)
f_{d}	脉冲多普勒频率(Hz)
f_{r}	跟踪数据率(Hz)
G	雷达天线增益
G_{n}	天线差波瓣零值深度
$\overline{G}_{\mathrm{se}}$	在反射方向的方向图主瓣对边瓣的比,均方根边瓣电平
G_{SL}	天线主副瓣比
H	喇叭天线的架设高度(m);测量点 M 沿椭球法线至基准椭球面的距离;目标飞行高度(m)
H_0	雷达站天线椭球高
H_1	望远镜到雷达中心的垂直距离(mm)
h	海拔(m);雷达天线架设高度(m)
h_0	雷达天线坐标原点的海拔(m)
ht	低层天气与电离层分界的海拔高度(m)
h_{T}	目标的海拔(m)
I	单位向量
i	轨道倾角(°)

K	雷达性能系数
K_a	方位定向灵敏度(V/(°));接收机开环直流增益
K_e	俯仰定向灵敏度(V/(°))
K_J	接收机角度定向灵敏度(V/rad)
k	平滑系数;玻耳兹曼常数;拟合多项式待定系数;跟踪目标总数
k_m	单脉冲天线归一化差斜率
L	在对流层中传播路径长度(m);经过测量点的子午面与格林尼治零度子午面的夹角;斜距;经度
L_0、B_0、H_0	坐标原点(雷达站)的地心大地坐标
L_0	雷达站的大地经度
L_1	望远镜到雷达中心的水平距离(mm)
L_A	箔条走廊水平面宽度(km)
L_B	箔条走廊垂直面厚度(km)
L_K,B_K,H_K	K点的WGS-84大地坐标
L_{P0}	固定点位的经度(°)
L_{Pi}	固定点经度的BD/GPS测量值(°)
L_r,B_r,H_r	r点的WGS-84大地坐标
L_{rs}	目标纵向尺寸(m)
L_{SB}	最小量化单位(m)
L_s	雷达系统损耗
L_x	估计方位角误差时表示目标横向水平尺寸(m)
L_y	估计俯仰角误差时表示目标垂直尺寸(m)
l	差分取值的步长
M	X方向天线单元数;数学期望;样本中值;有效进入次数;滑动窗宽度;平近点角(°)
m	测回数;所取差分数据的组数;样本均差
m^2	均方误差;总误差
N_h	水平机动过载量(g)
$\boldsymbol{N}_j$	岁差修正矩阵
N_L	俯仰或方位上线阵移相器单元数
N_s	海平面折射率
N_t	目标附近对流层折射率
N_v	垂直机动过载量(g)
N	Y方向天线单元数;大气折射率;采样数;卯酉圈曲率半径
n	移相器位数;测量次数;大气折射指数;第i次进入角K区间的采

样数

n_0 h_0高度处的折射指数

n_e 有效脉冲积累数

n_i 周年视差

n_k 第 k 组 p 阶差分的个数

P 气体总压力(Pa);移相器位数;测站气压;归一化波门;目标航路捷径

P_1,P_2 方位编码器非线性(°)

P_3,P_4 俯仰编码器非线性(°)

$\boldsymbol{P}_j$ 章动矩阵

P_t 雷达发射峰值功率(W)

p 差分的阶数

Q 归一化速度;目标航路角

Q 目标航路角(°)

Q_0 目标初始航路角(°)

Q_0 目标初始航路角(°)

$\dot{Q}$ 目标的航路角速度((°)/s)

$\dot{Q}$ 目标航路速度(°/s)

q 角度最小量化单位(rad);计算机数据位数

R 目标到雷达距离(m);每分钟抛撒的箔条包数

R 斜距(m)

$\bar{R}_{\max i}$ 第 i 次进入的最大稳定跟踪距离(m)

$\bar{R}_{\max}$ 最大稳定跟踪距离的平均值(m)

$\bar{R}_{\min i}$ 第 i 次目标最小跟踪距离(m)

$\bar{R}_{\min}$ 最小跟踪距离的平均值(m)

R_0 目标初始距离(m)

R_0 目标的真实距离(m);雷达距离零值(m);目标初始距离(m);地标到雷达中心的水平距离(mm)

R_1 雷达原点到距离标的距离(m)

R_{at} 视在距离(m)

R_B 跟踪标校球的距离(m)

R_B 雷达跟踪标准球的距离(m)

R_c 斜距测量值(m)

R_{dt} 地标到雷达俯仰轴端的水平距离(mm)

R_{DZ} 大气折射误差(m)

R_{Gi}, R_{Li}	i 时刻标校球/雷达斜距(m)
R_{i+1}	平滑量的外推值
R_i	i 号目标(飞行周期)与雷达距离(m);本周期的平滑值;i 号方位标与雷达坐标之间的距离(m)
R_i	第 i 个飞行周期时的目标距离(m)
R_k	第 k 区间的中心距离值
$R_{\max m}$	第 m 次测量的最大稳定跟踪距离(m)
$R_{\max}$	折算到典型目标雷达散射面积下的最大稳定跟踪距离(m)
R_{mt}	地标到望远镜的水平距离(mm)
R_M	被测量目标的跟踪距离(m)
R_M	被测目标跟踪距离(m)
R_m	最大作用距离(m)
R_n	雷达测量距离值(m)
R_{pt}	地标到雷达俯仰轴端的斜距(mm)
R_X	修正后的距离值(m);跟踪标准星时的距离
R_Z	目标雷达反射截面积 $\sigma = 1m^2$ 和信噪比 $S/N = 12dB$ 条件下雷达跟踪目标的距离(m)
R、A、E	大地球坐标
$\dot{R}_v$	目标垂直机动时引起目标径向速度(m/s)
$\dot{R}$	目标径向速度(m/s)
R_i'	第 i 次测量的距离值(m)
r	抽样总数
r	角位置传感器度盘半径(m); 抽样总数;机动半径(m)
$\vec{r}_j$	t_j时刻射电星位置
$\vec{r}_0$	t_0时刻射电星位置
$\bar{r}_{Ej}$	周年视差
r_h	水平机动半径(m)
r_k, θ_k, η_k	k 点的地面极坐标
$(S/N)_{12}$	信噪比 12dB
$(S/N)_B$	雷达稳定跟踪标准球时的信噪比
$(S/N)_X$	雷达稳定跟踪标准星时的信噪比
S/I	最大干扰信噪比
S/N	单脉冲信噪比
S_0	世界时零点恒星时(h,min,s)

S_b	光机偏差(°)
s	标准差
s^2	样本修正方差
T	大气热力学温度(K);雷达脉冲重复周期(s);平滑外推的周期;测站温度(K)
T_0	观察目标时间(s)
T_d	信号时间宽度(s)
T_r	脉冲重复周期(s)
T_s	取样周期(s),系统噪声温度(K)
t	绝对时间(s);滑动窗起始点
$(t_j-t_0)v_j$	射电星自行修正项
t_{ij}	第 i 颗星的第 j 次采样时的恒星时(h,min,s)
t_i	数据抽样时间
t_j	绝对时间
U_Σ、U_A、U_E	和、方位差、俯仰差信号
V	目标运动速度(m/s)
V_{Ai}	接收机方位误差电压
V_{Ei}	接收机俯仰误差电压
V_m	补偿剩余速度(m/s)
v	目标(载机)相对雷达径向运动速度(m/s);视向速度(km/s);目标飞行速度(m/s)
v_d	空气团的漂移速度(m/s)
v_{Ej}	t_j 时刻地球日心赤道坐标系中的速度
v_E	俯仰方向光轴和电轴不匹配角(rad)
v_m	目标运动的最大径向速度(m/s)
v_M	目标最大速度(m/s)
v_T	水平方向光轴和电轴不匹配角(rad)
X	光轴与雷达天线机械轴线之间的水平距离(m);随机序列
X_j,Y_j,Z_j	j 时刻射电星视位置笛卡儿坐标
X_{max}	极大值
X_{min}	极小值
X'、Y'、Z'	雷达相对于全站仪的笛卡儿坐标(m)
$\overline{X}$	均值
x_0、y_0、z_0	坐标原点在地心空间笛卡儿坐标
x_{dx},y_{dx},z_{dx}	地心空间笛卡儿坐标

x_g、y_g、z_g 大地北天东坐标
x_{or},y_{or},z_{or} r 点的 WGS－84 笛卡儿坐标
x_{rk},y_{rk},z_{rk} k 点的地面笛卡儿坐标
x_{wk},y_{wk},z_{wk} k 点的 WGS－84 笛卡儿坐标
Y 光轴与雷达天线机械轴线之间的垂直距离(m)
$y(t)$ 测量值或误差值
α 滤波器位置平滑系数;位置增益;赤经
α_0 目标的真实俯仰角(°);平赤经(°)
α_{CD} 跟踪环路位置平滑常数
α_{i+1} 位置平滑增量值
α_i 第 i 颗星当日(h,min,s)的视赤经(°)
α_j j 时刻射电星视赤经(°)
β 滤波器的速度平滑系数
β_{CD} 跟踪环路速度平滑常数
β_{i+1} 速度平滑外推的位置增量
β_x 方位轴不垂直于地平面(大盘水平)修正 x 分量(°)
β_y 方位轴不垂直于地平面(大盘水平)修正 y 分量(°)
ξ 高程异常
$\boldsymbol{\xi}$ 回归系数 ξ_0,ξ_1,ξ_2,ξ_3 组成的矢量
$\xi(t)$ 零平均值的随机误差
ξ_0 方位编码器零值(°)
$\xi_1,\eta_1,\xi_2,\eta_2$ 大盘水平系数
ξ_3 方位轴与俯仰轴正交度(°)
ξ_4 编码器轴与电轴横向偏差(°)
ξ_i 随机变量
$\overline{\Delta}(R_k)$ 多次进入第 k 区间受试参数的系统误差平均值
$\Delta A,\Delta E$ 测量角度数据与射电星位置预报数据之差(向量)
ΔA_0 方位编码器零位偏差(°)
ΔA_1 大盘水平方位校正量(°)
ΔA_a 两轴线不垂直引起的方位角误差(rad)
ΔA_e 光轴与电轴不匹配引起的方位角误差(rad)
ΔA_{GD} 方位光电轴偏差(°)
ΔA_{GJ} 方位光机轴偏差校正值(°)
ΔA_i 测量第 i 颗星的方位角偏差角(°);测距 i 时刻雷达与标校方位角偏差(°);测量第 i 时刻雷达与标校球方位偏差(°);方位角修正误

差(°)

$\overline{\Delta A_i}$	测量第 i 颗星的方位角偏差均值(°)
ΔA_{JD}	机械轴与电轴方位偏差(°)
ΔA_L	方位光电轴偏差(°)
ΔA_p	光轴不垂直于俯仰轴线方位角误差(rad);方位光电轴偏差校正值(°)
ΔA_R	方位光电轴偏差(°)
ΔA_x	方位线性化误差
ΔA	方位系统误差
Δ_c	差波瓣的交叉极化响应信号幅度(V)
ΔE_0	俯仰编码器零位偏差(°)
ΔE_1	大盘水平俯仰校正量(°)
ΔE_e	光轴与电轴不匹配引起的俯仰角误差(rad)
ΔE_{GD}	俯仰光电轴偏差(°)
ΔE_g	天线重力下垂引起的仰角偏差(°)
ΔE_i	测量第 i 颗星的俯仰角偏差角(°);测量第 i 时刻雷达与标校球俯仰角偏差(°);俯仰角修正误差(°)
$\overline{\Delta E_i}$	测量第 i 颗星的俯仰角偏差均值(°)
ΔE_{JD}	机械轴与电轴俯仰偏差(°)
ΔE_L	方位轴线不垂直引起的仰角误差(rad);光轴位于井字标左下角时,俯仰光电轴偏差(°)
ΔE_P	俯仰光电轴偏差校正量(°)
ΔE_R	光轴对准井字标的右上角位置时,俯仰光电轴偏差(°)
ΔE_X	俯仰线性化误差
$\Delta E'$	俯仰角大气传播误差(°)
ΔE	仰角系统误差
ΔF_j	雷达接收机带宽
$\Delta_i(R_k)$	第 i 次进入第 k 区间受试参数的系统误差
Δ_i	第 i 次测量值与真值之差
ΔL	单元间距误差(m)
$\Delta^p y_{k+il}$	第 k 组数据的 p 阶向前差分
ΔR_i	测量第 i 时刻雷达与标校球斜距偏差(m)
ΔR	距离折射误差(m);测距误差;信号重心偏离波的中心的距离误差;距离系统误差
$\Delta_s(R_k)$	第 k 区间上受试参数的系统误差综合评定值

Δt	f_d 引起的调频斜线在时间轴上的移动
ΔT_L	横向角误差
Δt_s	最大脉冲抖动时间(s)
Δt_y	应答机及馈线的时延(s)
ΔT	天线阵面温度不均匀差,横跨阵面温度梯度
ΔU_a	方位角误差电压(V)
ΔU_e	俯仰角误差电压(V)
ΔV_a	信号起伏的幅度(V)
$\Delta \delta_r$	大气折射误差(°)
$\Delta \varphi$	单元最大相位误差(m)
δ	角位置传感器偏心误差;赤纬
$\delta(t)$	随时间变化星体赤纬(°)
δ_0	平赤纬(°)
$\delta_A, \delta_{A+180°}$	方位角 $A, A+180°$处判读数据(°)
δ_i	第 i 颗星当日(h,min,s)的视赤经(°)
δ_j	j 时刻射电星视赤纬
δ_M	天线俯仰轴不垂直于方位轴误差
δ_n	俯仰轴不垂直方位轴
δR	距离起伏误差
$\delta X_{ij}(R_k)$	第 i 次进入第 k 区间上第 j 点的受试参数的一次误差
ε_0	俯仰角折射误差(°)
φ	相移(rad);张角(°); 纬度(°);测量点的天文纬度(°)
φ_A	方位差信号初始相位
φ_E	俯仰差信号初始相位
γ	或然误差;天线波束指向角(°);目标垂直飞行爬升角(°);垂直平面内目标速度矢量和雷达天线波束指向之间的夹角(°)
$\dot{\gamma}$	目标的爬升角速度((°)/s)
η	箔条走廊体密度(m^2/km^3)
η_0	俯仰编码器零值、编码器轴与电轴纵向差之和(°)
η_3	重力下垂误差(°)
η_4	编码器轴与电轴横向偏差
η_a	方位角定向灵敏度(V/(°))
η_e	俯仰角定向灵敏度(V/(°))
$\boldsymbol{\eta}$	回归字数 $\eta_0, \eta_1, \eta_2, \eta_3$ 组成的向量
ϕ	发射和接收信号之间的相位差(rad);天文纬度(°)

$\phi(t)$	测量点的天文纬度(°)
ϕ_0	雷达站的天文纬度(°)
$\ddot{\phi}$	最大角加速度(rad/s^2)
λ	波长(m);天文经度(°);测量点的天文经度(°)
$\lambda(t)$	测量点的天文经度(°)
λ_0	雷达站的天文经度(°)
μ	民用时化恒星时系数
μ_3	三阶中心矩
μ_4	四阶中心矩
$\mu_A\theta_A$	方位幅度系数
μ_a	赤经自行
μ_A	方位归一化差斜率
$\mu_E\theta_E$	俯仰幅度系数
μ_E	俯仰归一化差斜率
μ_δ	赤纬自行
ρ	地面反射系数;相关系数
ρ_{ij}	变化分量间的相关系数
θ	角位置传感器从偏心方向开始计算的转角(°);雷达天线垂直波束宽度(°)
θ_0	天线阵面法向与电轴之间的夹角(rad);目标的视在俯仰角(°)
θ_3	天线 3dB 波束宽度(°)
θ_{A1}	天线方位波束宽度(°)
θ_A	电波方向偏离天线瞄准轴的方位角(°)
θ_d	天线波束扫描角度(°)
θ_{E1}	天线俯仰波束宽度(°)
θ_E	电波方向偏离天线瞄准轴的俯仰角(°)
θ_{ij}	测量点 i 处第 j 测回水平度测量值(°)
θ_i	测点 i 处水平度平均值(°)
θ_M	方位轴线不垂直于地平面大盘水平引起的最大仰角误差(rad)
Σ	对数据求和
Σ	和波瓣的交叉极化响应信号幅度(V)
$\sum\limits_m$	对 m 组的数据求和
σ	标准误差;误差的变化分量;雷达反射截面积(m^2);门限;均方根误差;每包箔条有效截面积(m^2)

σ_1	目标雷达反射截面积($1m^2$)
σ_{n-1}^2	$n-1$ 个样本的标准误差
σ_n^2	n 个样本的标准误差
$\sigma_{A/D}$	A/D 变换误差
σ_a	系统误差中的变化误差
σ_B	标准球雷达反射截面积;纬度误差(°)
σ_c/σ	交叉极化的雷达截面积与期望目标截面积之比
σ_D	动态滞后误差(mrad)
$\sigma_e(R_k)$	第 k 区间受试参数的起伏误差的均方差
σ_{fd}	多路径引起多普勒频率误差(Hz);速度动态滞后误差(m/s)
σ_{FM}	距离调频误差(m)
σ_{fR}	测距时钟量化误差(m)
σ_{fs}	目标闪烁的速度误差(m/s)
σ_f	摩擦和噪声误差
σ_H	移相器相位散布及单元相位误差
σ_i	波束扫描总误差;分误差的变化分量
σ_I	耦合误差(rad)
σ_L	目标角闪烁误差(rad);经度误差(°)
σ_{MR}	多路径误差
σ_{MV}	目标多路径引起的测速误差(m/s)
σ_M	被测量目标雷达反射截面积(m^2)
σ_m	设备本身具有的标准误差;传动联轴节游动误差;第 m 次试验目标雷达截面积
σ_n	波束宽度内的零值偏离误差
σ_N	对流层中距离延迟变化所形成的多普勒速度误差(m/s)
σ_o	角度交叉极化误差(rad)
σ_{PR}	发射机同步脉冲的时间抖动引起距离测量误差(m)
σ_{PV}	脉冲抖动误差(m/s)
σ_p	单元相位误差(rad);移相器量化误差(rad);定位位置误差
σ_{QR}	距离量化误差(m)
σ_{QV}	目标速度量化误差(m/s)
σ_q	角度量化误差(rad)
σ_{rd}	动态滞后误差(m)
σ_{rs}	目标闪烁的距离误差(m)
σ_R	热噪声误差(rad)

$\sigma_{s}(R_{k})$	在第 k 区间上受试参数的起伏误差综合评定值
σ_{sw}	轴承摆动误差
σ_{s}	伺服噪声误差
σ_{TE}	对流层起伏造成的距离变化率误差(m/s)
σ_{TR}	热噪声误差(m)
σ_{TV}	速度热噪声误差(m/s)
σ_{t}	阵面温度不均匀引起的指向差(rad)
σ_{V}	信号幅度起伏误差(rad)
σ_{w}	观测值标准偏差(m/(°))
σ_{w}	阵风误差
σ_{X}	相移误差(rad);标准星雷达反射截面积(m^2)
σ_{i}'	第 i 组系统误差的变化分量
σ_{j}'	第 j 组系统误差的变化分量
σ'	系统误差变化分量
$\sigma_{\Delta}(R_{k})$	第 k 区间受试参数的系统误差的均方根误差
σ_{ε}	移相器量化造成的单元相位误差
$\sigma_{\theta 1}$	波束指向误差(rad)
$\sigma_{\theta A}$	方位角量化误差(rad)
$\sigma_{\theta E}$	俯仰角量化误差(rad)
$\sigma_{\theta i}$	杂波误差(rad)
$\sigma_{\theta m}$	多路径传播误差
σ_{φ}	天线单元相位误差(rad)
τ	雷达发射的脉冲宽度(s)
τ_{e}	等效脉冲宽度(s)
Ω	升交点赤经(°)
ω	近点幅角(°)
ω_{a}	目标旋转等效的角频率(rad/s)
ω_{h}	水平机动角速度((°)/s)
ω_{v}	垂直机动角速度((°)/s)
ϖ	信号角频率
ψ	光轴倾斜角(rad)

缩略语

2DRMS	2 – Dimensional Root Mean Square Value	两维均方根值
A/D	ADC Analog to Digital Converter	模拟/数字变换
ADS – B	Automatic Dependent Surveillance – Broadcast	广播式自动相关监视
AGC	Automatic Gain Control	自动增益控制
BD	Beidou Navigation and Positioning System	北斗导航定位系统
BSTAR	B – star(B *)	拖调制系数
C/A Code	Coarse Acquisition Code	粗捕获码
CCD	Charge Conpled Device	电荷偶合器件
CPU	Central Processing Unit	中央处理器
DGPS	Differential Global Positioning System	差分全球定位系统
EA	Electronic Attack	电子攻击
ECCM	Electronic Counter – Countermeasure	电子反对抗
ECM	Electronic Counter Measure	电子对抗
ESJ	Escort Jammer	护航干扰机
EW	Electronic Warfare	电子战
FPGA	Field – Programmable Gate Array	现场可编程门阵列
GLONASS	global Navigation Satllite System	全球导航卫星系统
GNSS	Global Navigation Satellite System	全球导航卫星系统
GPS	Global Position System	全球定位系统
HDOP	Horizontal Geometric Dilution Precision	水平圆精度
HDOP	Horizontal Dilution of Precision	水平精度因子
IC	Integrated Circuit	集成电路

KML	Keyhole Markup Language	Keyhole 公司标记语言
MTI	Moving Target Indication	动目标显示
NOKAD	North American Aerospace Defense Command	北美防空司令部
RBN - DGPS	Radio Beacon - Differential Global Position System	沿海无线电指向标 - 差分全球定位系统
RCS	Radar Cross Section	雷达反射截面
RTK	Real - time Kinematic	实时动态差分法
SAO	Smithsonian Astrophysical Observatory	史密松天体物理台
SFJ	Stand - Forward Jammer	近距离干扰机
SLR	Satellite Laser Ranging	卫星激光测距
SOJ	Standoff Jammer	远距离干扰机
SSJ	Self - defence Jammer	自己式干扰机
TLE	TWO - line Element	两行根数
WGS - 84	World Geodetic System - 1984 Coordinate System	世界地理系统 - 1984 比较系统

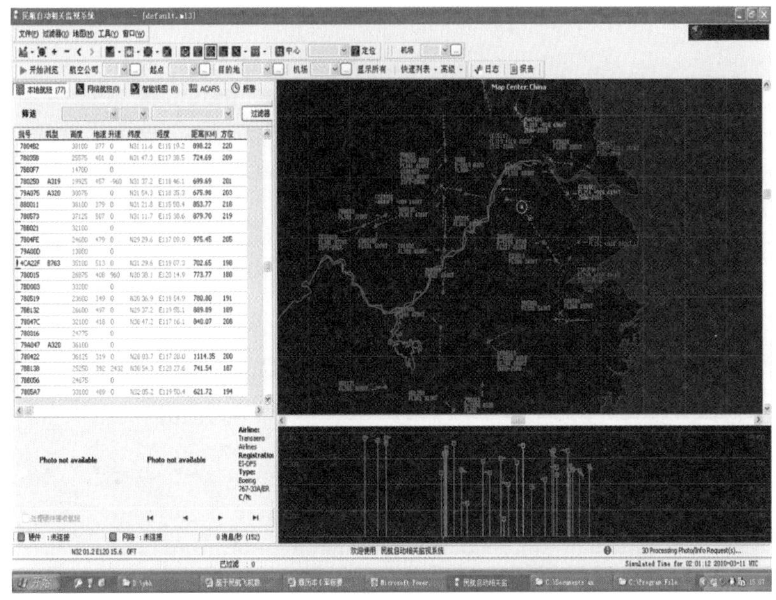

图 6.4　雷达动态精度验证及跟踪引导系统目标监控软件

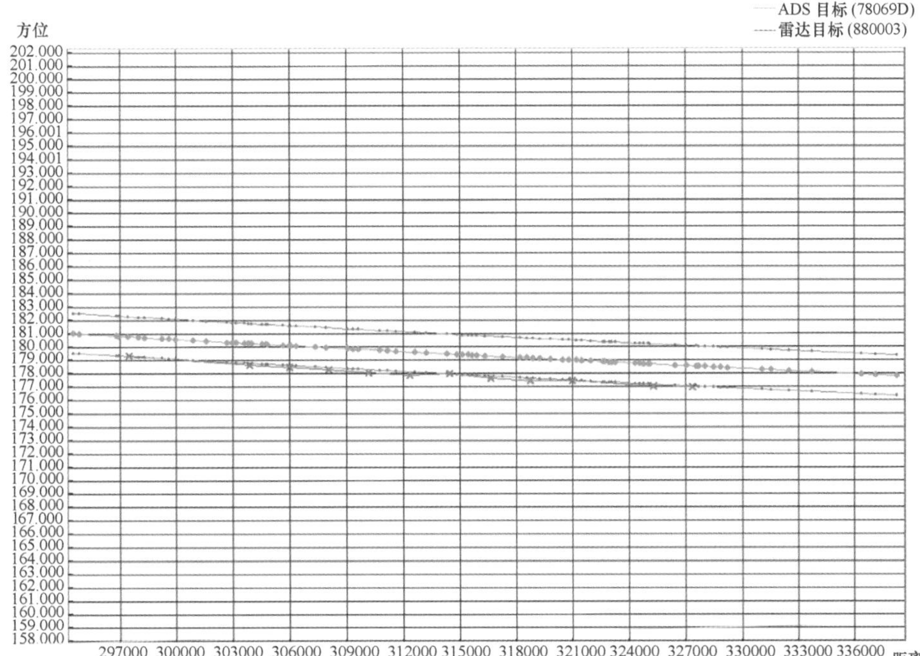

图 6.5　雷达动态精度验证及跟踪引导系统与雷达距离 - 方位误差比对曲线

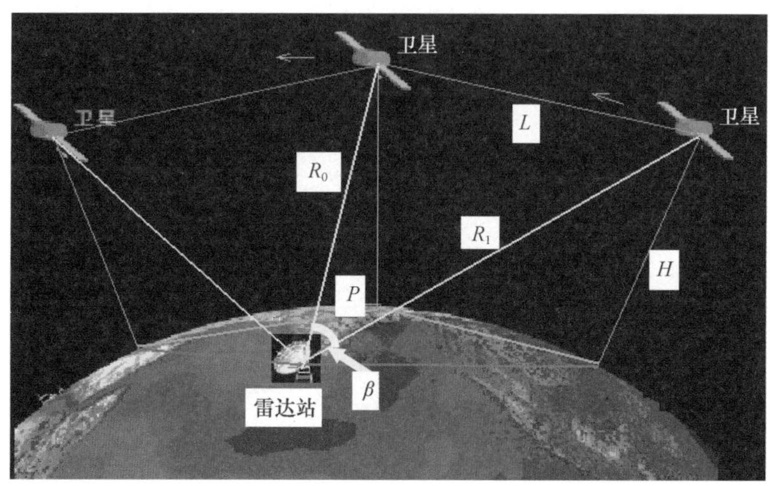

图 7.1　基于“卫星”的雷达标校示意图

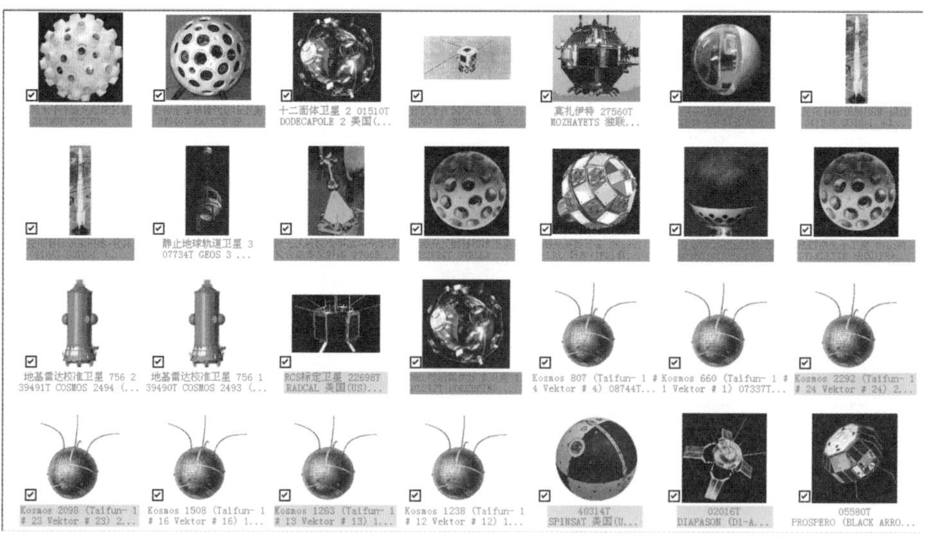

图 7.2　部分低轨卫星

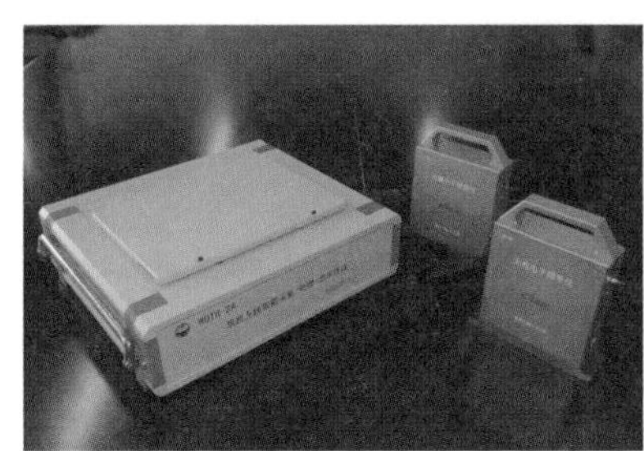
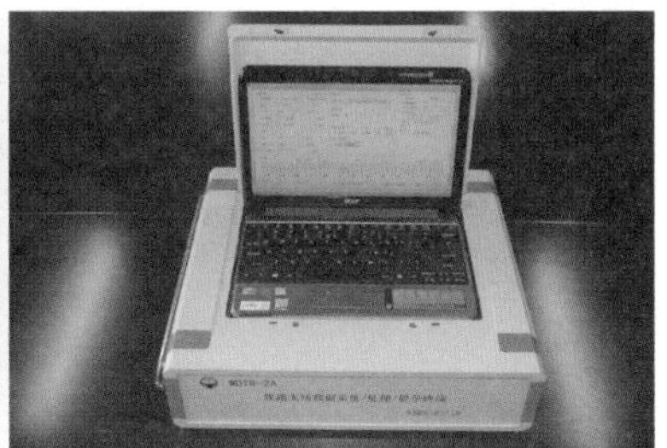

图 9.10　无线电子倾角仪

图 9.11　中短基线定位定向设备

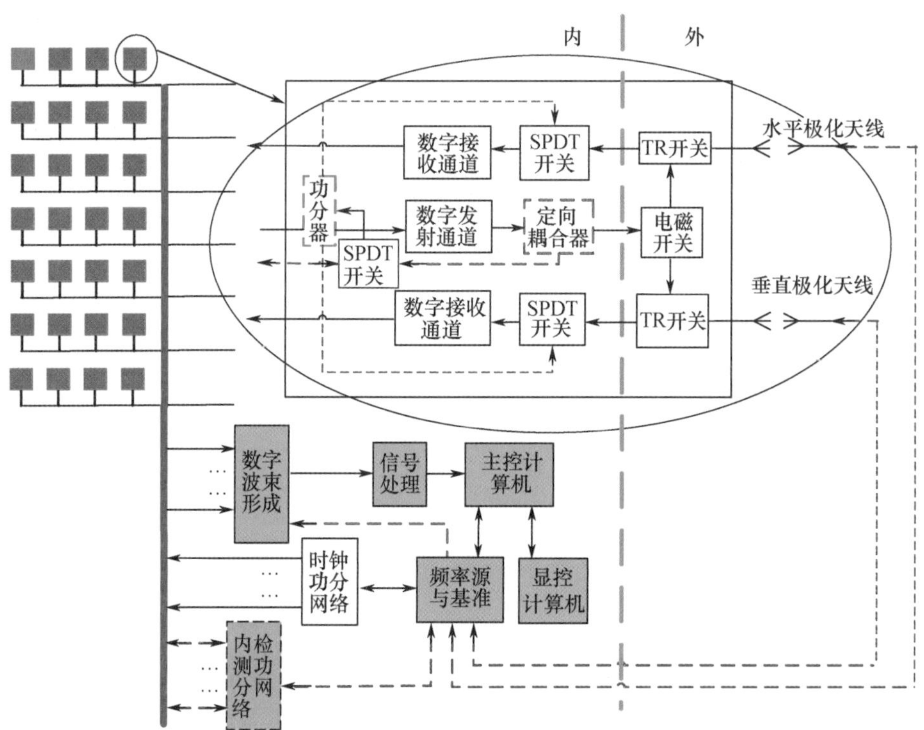

图 10.3　射频模拟系统原理框图

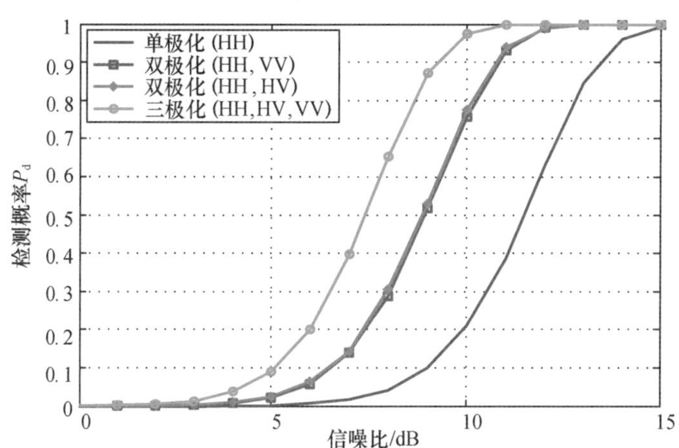

图 10.14　非起伏(确定)目标检测性能曲线

彩
/
4

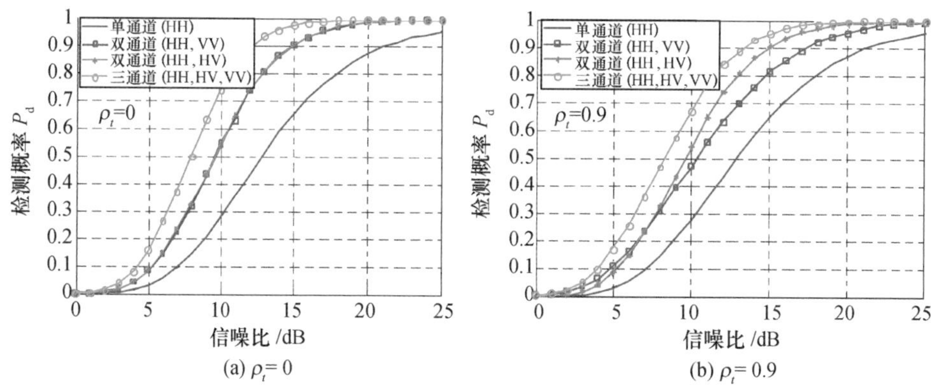

(a) ρ_t= 0　　(b) ρ_t= 0.9

图 10.15　起伏目标检测性能曲线

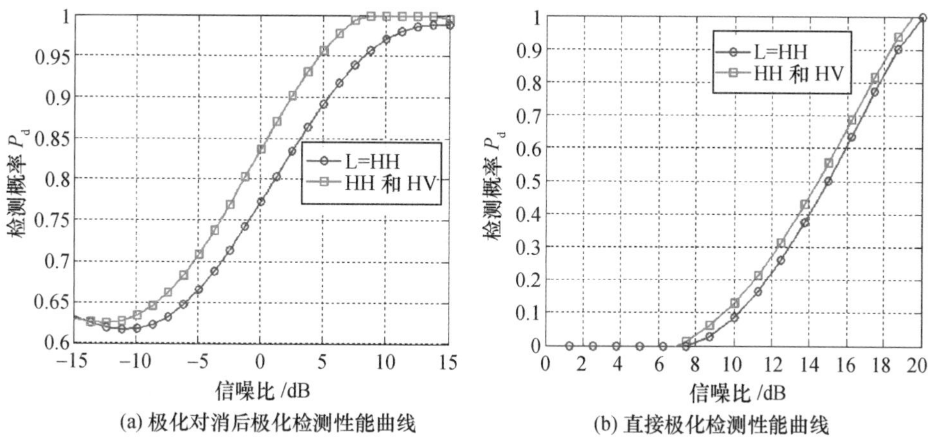

(a) 极化对消后极化检测性能曲线　　(b) 直接极化检测性能曲线

图 10.16　极化对消前后极化检测性能曲线

彩 / 5